普通高等教育测控技术与仪器专业规划教材

微弱信号检测技术

刘国福　杨　俊　编著

U0239511

机 械 工 业 出 版 社

本书主要讲解噪声产生的原因和规律、低噪声电子电路的设计方法、微弱信号检测的方法以及相应的理论基础。全书内容共分 8 章，内容包括：微弱信号检测的含义、特点、常用方法和发展状况，随机信号与噪声基础，电路和系统中的噪声源及特性，低噪声电路的分析与设计，相关检测与锁定放大，取样积分器与数字多点平均器，匹配滤波器，光子计数技术等。

本书适合于仪器仪表类、机电类、自动化类、信息类等相关专业的高年级本科生和研究生以及工程技术人员参考。

图书在版编目（CIP）数据

微弱信号检测技术/刘国福，杨俊编著. —北京：
机械工业出版社，2014.9（2024.1 重印）
普通高等教育测控技术与仪器专业规划教材
ISBN 978-7-111-47890-4

Ⅰ.①微…　Ⅱ.①刘…②杨…　Ⅲ.①信号检测-高
等学校-教材　Ⅳ.①TN911.23

中国版本图书馆 CIP 数据核字（2014）第 200354 号

机械工业出版社（北京市百万庄大街 22 号　邮政编码 100037）
策划编辑：王小东　责任编辑：王小东　韩　静
封面设计：张　静　责任校对：陈秀丽
责任印制：李　昂
北京捷迅佳彩印刷有限公司印刷
2024 年 1 月第 1 版·第 5 次印刷
184mm×260mm · 11.75 印张 · 281 千字
标准书号：ISBN 978-7-111-47890-4
定价：39.00 元

电话服务　　　　　　网络服务
客服电话：010-88361066　机 工 官 网：www.cmpbook.com
　　　　　010-88379833　机 工 官 博：weibo.com/cmp1952
　　　　　010-68326294　金 书 网：www.golden-book.com
封底无防伪标均为盗版　机工教育服务网：www.cmpedu.com

序

微弱信号检测技术是一门新兴的技术学科，是利用电子学、信息论和物理学的方法，分析噪声产生的原理和规律，研究被测信号的特点与相关性，检测被噪声背景或干扰信号淹没的微弱信号。这一技术的应用范围遍及几乎所有的科学领域。微弱信号检测技术所针对的检测对象，是用常规和传统的方法无法检测到的信号。此技术的发展为现代科学技术、军事和工农业生产提供了强有力的测试手段。

在科学技术、生产力高度发展的今天，科研、生产、国防、工程技术、生物医学、物理、化学、光学等众多领域中，存在大量的微弱信号检测方面的技术问题。我国高等院校为了培养适应 21 世纪建设人才的需要，在教学计划中应增加和开设有关微弱信号检测技术方面的教学内容，已越来越受到各高校的高度重视，并形成了共识，逐步列入教学计划。但是，由于微弱信号检测技术的教材缺乏，到目前为止，尚无适合我国国情的微弱信号检测技术的理想教材，给一些高校开设此课程带来了困难。本书的出版为我国微弱信号检测技术的课程提供了一本好教材。

微弱信号检测技术是一门技术学科，就学习方法而言，必须要结合实际。通过教学实验加深理解，才能体会到有关检测方法和传统常规检测方法的区别，了解其中的奥妙和乐趣，为将来解决工作中的实际问题打下坚实的基础。

本书的出版，不但为在校大学生和研究生学习提供了一本好教材，也为广大科学工作者和工程技术人员提供了有价值的有关微弱信号检测技术方面的读物，将为推动我国微弱信号检测技术的发展和进步作出贡献。

唐鸿宾

前　言

在研究自然现象和规律的科学研究和工程实践中，经常会遇到需要检测微纳伏量级信号的问题，如测定地震的波形和波速、材料分析时测量荧光光强、卫星信号的接收、红外探测以及生物电信号的测量等。这些问题都归结为噪声中微弱信号的检测。因此，从某种意义上来说，微弱信号检测是一种专门与噪声作斗争的技术；只有抑制噪声，才能提取信号。

微弱信号检测技术是一门新兴的技术性学科，主要研究噪声中微弱信号检测的原理和方法，是测量技术中的综合技术。它是运用电子学和信息论等学科知识，分析噪声产生的原因和规律，研究被测信号和噪声的统计特征及差别，分析电路中噪声和干扰的抑制方法，介绍和分析各种信号处理方法，以达到检测被背景噪声覆盖的微弱信号的目的。微弱信号检测技术通过利用信号与噪声不同的统计特征和规律使测量精度得到大幅度提高，也是发展新技术、探索及发现新规律的重要测量手段。

微弱信号检测与处理技术为现代科学技术和工农业生产提供了强有力的测试手段，应用范围遍及几乎所有的科学领域，已成为现代科技必备的常用仪器。运用这些原理和方法可以测量到传统方法不能测量的微弱量，如弱光、微位移、微振动、微温差、小电容、弱磁、弱声、微电导和微电流等。在物理、化学、生物医学、遥感和材料学等领域都有广泛应用。

目前，准确地掌握一定的低噪声电子电路分析与设计技术、微弱信号检测的新方法以及相应的理论基础，已成为科学研究和工程技术人员的一项基本素质和能力要求。为培养学生掌握微弱信号检测系统的分析与设计的基本理论与方法，为将来从事高精度检测系统开发与应用，尤其是如何提高系统的检测能力和精度等工作建立良好的基础，作者在整理多年教学与科研成果的基础上参考了大量的最新文献，撰写了此书，奉献给广大读者。

为了使读者能对微弱信号检测得到一个较完整的概念，能够运用微弱信号检测技术解决面临的各种微弱物理量的检测问题，本书紧密围绕传感器和电路系统中产生噪声的大小及其测量这个问题来展开论述，全书内容共分为8章。第1章为绪论，介绍微弱信号检测的含义、特点、常用方法和发展状况；第2章介绍随机信号与噪声的基础知识，重点讨论噪声的基本概念，对噪声的机理、性质、统计特征作了必要的叙述，给出了噪声通过电路系统后的响应；第3章介绍电路和系统中的噪声源及其特性，讨论常用电路元器件，如电阻、电容、电感、二极管、双极型晶体管、场效应晶体管与运算放大器的噪声性能；第4章介绍低噪声放大电路的分析与设计方法，给出低噪声放大电路设计的一般原则与方法；第5章讨论相关检测与锁定放大，介绍相关函数的概念、相关检测的原理、典型相关器电路、基于相关检测技术的锁定放大器及其性能指标等知识；第6章介绍取样积分器与数字多点平均器，讨论取样积分器与数字多点平均器的原理、构成与方法；第 7 章介绍白噪声背景下的匹配滤波器和色噪声背景下的广义匹配滤波器的原理与设计方法；第 8 章介绍光子计数技术，讨论弱光信号的随机计数原理及技术。

本书由刘国福、杨俊编著并对全书进行了统稿。感谢罗晓亮、杨云、朱金涛、熊艳等老师和研究生为本书的编写做出的工作。其中，罗晓亮和杨云为本书的编写搜集了相关资料，朱金涛完成了本书的插图绘制工作，熊艳完成了本书的排版工作。

本书承蒙我国著名微弱信号检测专家南京大学微弱信号检测中心唐鸿宾教授写序，对此表示衷心感谢。

在本书内容策划与撰写过程中，承蒙清华大学丁天怀教授、中国计量学院李东升教授等对我们的工作给予了热情支持与帮助，并提出了许多宝贵意见，在此表示衷心感谢。

本书在编写过程中学习和参考了许多文献，还吸收了国内外科技人员近几年的科研成果，在此谨向文献的作者们表示衷心感谢。

本书的内容选材、编写形式是一种新的尝试，由于作者水平有限，且成书时间仓促，书中难免存在疏漏甚至错误，恳请广大读者批评指正，我们将不胜感激。

编著者

目　录

第1章 绪 论

微弱信号处理技术主要是解决伴有噪声的信号的检测、降噪和分离问题。在人们的日常生活中，噪声干扰随处可见，它常常与有用信号共存，并且普通方法难以将其分离，从而严重影响系统的运行和目标信号的正常监测。因此在信号处理领域，总是想方设法去除干扰噪声以获取有用信号。而在目前一些科学研究和工程实践中，我们经常会遇到噪声很强的情况，就是在噪声中检测微弱信号（纳伏数量级）的问题，这无疑增加了信号检测的难度，比如测定材料分析时测量荧光光强、地震的波形和波速检测、红外探测、生物电信号测量、卫星信号的接收等，这些问题都归结为噪声中微弱信号的检测。所以微弱信号主要是指被强噪声淹没的小幅度信号，微弱信号检测的目的是从强噪声中提取有用信号，或用一些新技术和新方法来提高检测系统输出信号的信噪比。

微弱信号检测作为一门新兴的技术学科，应用范围遍及光、电、磁、声、热、生物、力学、地质、环保、医学、激光、材料等领域，对微弱信号检测理论的研究，探索新的微弱信号检测方法，研制新的微弱信号检测设备是当今检测技术领域的一个热点。目前，微弱信号检测技术主要采用电子学、信息论、计算机及物理学的手段，分析噪声产生的原因和统计特性，研究被测信号的特点与相关性，从而检测被噪声淹没的微弱有用信号。常用的检测方法有窄带滤波、取样积分、相关检测、随机共振、混沌检测、小波变换等方法，其宗旨都是研究如何从强噪声中提取有用信号，任务是研究微弱信号检测的理论、探索新方法和新技术，从而将其应用于各个学科领域当中。

1.1 微弱信号检测基础知识

国际通用计量学基本名词中，检测（Detect）指示某些特殊量的存在但无需指示量值的过程。信号检测指对信号存在与否的判决。测量（Measurement）指以确定量值为目的的一组操作。检测技术指为了对被观测量进行定性判决或定量测量所采用的理论方法和技术措施。微弱信号检测则不同于一般的检测技术，它注重的不是传感器的物理模型、传感原理、相应的信号转换电路和仪表实现方法，而是如何抑制噪声和提高信噪比。因此可以说，微弱信号检测是一门专门抑制噪声的技术。

1.1.1 噪声与干扰

在几乎所有的微弱信号测量领域，微弱的物理量信号最终都是转变为微弱的电信号再进行放大处理。微弱信号不仅表现为其幅值极其微弱，更表现在其可能被各种噪声信号所严重淹没。在广泛意义上，可以认为噪声就是扰乱或干扰被测信号的某种不期望的扰动。噪声可以来自检测系统内部，也可以来自系统外部，而且噪声源的种类可以有很多，并且可以具有不同的特点，对信号检测的影响可以不同。

噪声一般分两种情形讨论。一是扰动源位于电路外部，例如，附近有电力输电线、电话线、带触点的电器(继电器、开关)、以电动机作动力的设备(电钻、机床、电扇)等，通过电磁耦合来影响有用信号，习惯上将这种扰动称为干扰。干扰对系统的影响往往带有一定的周期性、瞬时性(脉冲性)，有一定的规律性，一般可以采用电磁屏蔽、去耦合、滤波、元器件的合理布局及合理走线等方法，使干扰减小或消除。二是如果扰动源位于电路内部，由构成电路的材料或器件的物理原因所产生的扰动，称之为噪声(或称固有噪声、基本噪声)。噪声是电系统内部的随机扰动源，是由一系列的随机电压所组成的，其频率和相位都是彼此不相关的，而且是连续不断的。例如，处于绝对零度以上的导体中出现的热噪声、通过势垒的载流子构成的散粒噪声等。固有噪声是我们以后各章讨论的重点。

克服干扰和噪声的影响是研制电子设备要考虑的首要问题。其中，克服噪声的影响又是至关重要的，因为噪声是电系统极限性能(最小可检测电平、动态范围)的限制因素。以通信系统为例，限制通信距离的不是信号电平的微弱程度，而是噪声干扰的程度。对于高质量的信号传送和处理、发生器和测量仪器，噪声更是影响质量的重要因素。因此，如何对付噪声是电子系统面临的根本问题之一，这正是我们以后各章如何从低噪声设计观点设法降低系统内部噪声要详加讨论的问题。而干扰往往影响电系统工作的可靠性和稳定性，干扰严重时，系统根本无法正常工作。可见，在花很大力气研究系统内部噪声时，头脑应十分清醒，必须先设法排除外来干扰对系统的影响后，所做的降低系统内部噪声的工作才是有意义的。下面介绍一个有效区分噪声和干扰的方法。

假定有一个系统噪声很大，但是这种噪声是干扰引起的还是固有噪声引起的尚难肯定，这时可以先加屏蔽。频率高于 1kHz 或阻抗大于 1kΩ 时，一般采用金属导体屏蔽，如铝或铜等。对于低频或小阻抗，可以采用磁屏蔽(如铁镍导磁合金、锰游金属等)和双绞线，还可以将前置放大器用单独电池供电。如果这样做有好处，就可以进一步加以屏蔽。也可以换一个地方调试，或在比较安静的晚间进行测量。如果这些方法还不能减少干扰，就认为噪声主要是系统内部的随机的基本噪声，即真正的噪声，对此噪声的控制方法在以后各章节中要详加讨论。

1.1.2 信噪比与信噪改善比

噪声的存在，使得探测器的分辨能力下降，并且限制了系统的动态范围。一般地说，无论多么微弱的信号总是可以放大到所要求的大小，但与此同时，噪声也被放大，这是因为在放大器中噪声与信号是相对存在的。在低噪声电路中，单独谈信号的大小或者噪声的高低是不能说明问题的。在实际工作中，常用信号与噪声的功率之比来衡量电子电路在弱信号工作时的情况，这个比值简称为信噪比(Signal to Noise Ratio, SNR)，即

$$SNR = \frac{P_s}{P_n}$$

式中，P_s 和 P_n 分别为信号功率和噪声功率。

当用分贝(dB)表示信噪比时，有

$$SNR(dB) = 10\log\frac{P_s}{P_n} = 20\log\frac{V_s}{V_n}$$

式中，V_s 和 V_n 分别代表信号和噪声电压的有效值。

信噪比越大,信号质量越好。注意,信噪比只反映了系统外部加上系统内部总噪声对信号影响的程度,它反映不出系统内部噪声对信号的影响程度。为此,在第3章专门引入噪声系数来度量系统内部噪声的大小。

微弱信号检测的关键是提高信噪比。评价一种微弱信号检测方法的优劣,经常采用两种指标[1-6]:一种是信噪改善比(Signal Noise Improvement Ratio,SNIR),另一种是检测分辨率。信噪改善比定义为

$$SNIR = \frac{SNR_o}{SNR_i}$$

式中,SNR_o 是系统输出端的信噪比;SNR_i 是系统输入端的信噪比。SNIR 越大,表明系统抑制噪声的能力越强。

微弱信号检测的另一个指标是检测分辨率,它的定义是检测仪器示值可以响应与分辨的最小输入量的变化值。当输入变量从某个任意值开始缓慢增加,直至可以观测到输出量的变化时为止的输入量的增量即为检测仪器的分辨率。分辨率可以用绝对值表示,也可以用满刻度的百分比表示。例如,某位移传感器的分辨率为 0.001mm,某指针式仪表的分辨率为 0.01% FS(FS 表示满量程)等。对于数字式仪表,分辨率是指数字显示器的最末一位数字间隔所代表的被测量值。例如,某光栅式位移传感器与 100 细分的光栅数显表相配时的分辨率为 0.0001mm,与 20 细分的光栅数显表相配时的分辨率为 0.0005mm 等。

1.1.3 微弱信号检测的含义与特点

微弱信号(Weak Signal)有两个方面的含义[1-6]:其一是指有用信号的幅度相对于噪声或干扰来说十分微弱。如输入信号的信噪比为 10^{-1}、10^{-2} 以至 10^{-4},也就是说有用信号的幅度比噪声小 10 倍、100 倍乃至万倍。这时有用信号完全淹没在噪声之中,要检测这种信号,真可谓"大海捞针"。二是指有用信号幅度绝对值极小。如检测 μV、nV、pV 量级的电压信号,检测每秒钟多少个光子的弱光信号与图像。利用微弱信号检测技术和仪器设备,可以大大提高信噪改善比。常规检测方法的信噪改善比为 10 左右,而通过微弱信号检测技术则信噪改善比可达 $10^4 \sim 10^5$,检测分辨率达到电压 $\leqslant 0.1$nV、电流 $\leqslant 10^{-14}$A、温度 $\leqslant 5 \times 10^{-7}$K、电容 $\leqslant 10^{-5}$pF、微量分析 $\leqslant 10^{-8}$mol、位移 $\leqslant 10^{-3} \sim 10^{-4}$μm 等,比常规测量灵敏度高 3~4 个数量级。

微弱信号检测具有两个重要特点:第一,要求在较低的信噪比下检测信号;第二,要求检测具有一定的快速性和实时性。工程实际中所采集的数据长度或持续时间往往会受到限制,这种在较短数据长度(或较短采集时间)下的微弱信号检测在诸如通信、雷达、声呐、地震、工业测量、机械系统实时监控等领域有着广泛的需求。因此,微弱信号检测技术的发展应该归结为两个方向:一是提高检测能力,尽可能降低其所能达到的最低检测信噪比;二是提高检测速度,最大限度满足现场实时监测和故障诊断的要求。正是由于微弱信号检测技术应用的广泛性和迫切性,使之成为一个热点,并促使人们不断探索与研究微弱信号检测的新理论、新方法,以期能更快速、更准确地从强噪声背景中检测微弱信号。

1.2 微弱信号检测方法

1.2.1 微弱信号检测的基本方法[1-6]

1. 滤波

滤波就是根据被测信号的特点，使用滤波器对信号进行滤波处理，以减少其他频率范围的信号和噪声对被测信号的影响，提高信噪比。滤波消噪只适用于信号与噪声的频谱不重叠的情况。利用滤波器的频率选择特性，可以把滤波器的通带设置为能够覆盖有用信号的频宽，所以滤波不会使有用信号衰减。而噪声的频带一般较宽，当通过滤波器时，通带之外的噪声功率受到大幅度衰减，从而使得信噪比得以提高。

2. 相关检测

相关函数和协方差函数用于描述不同随机过程之间或同一随机过程内不同时刻取值的相互关系。确定性信号的不同时刻取值一般都具有较强的相关性，而对于干扰噪声，因为其随机性较强，不同时刻取值的相关性一般较差，相关检测技术就是基于这种信号和噪声统计特性间的差异来进行检测的。因此，从本质上说，相关函数是两个时域信号（有时是空间域信号）相似性的一种度量。

相关检测方法，既利用了信号的频率特征，也利用了信号的相位特征，即利用与被测信号同步的参考信号来和被测信号进行相干检测，从而仅仅检测出与被测信号同频同相的信息，因此噪声大为减小。埋在比自己大百万倍噪声中的信号，也可用这种方法检测出来。

3. 锁定放大器

锁定放大器（Lock-in Amplifier，LIA）是一种相干检测，也是相关接收，它是一个积分过程：

$$\int_0^T [s(t) + n(t)]\varphi(t)\mathrm{d}t$$

式中，$\varphi(t)$是一个取决于接收方法的加权函数。

若$\varphi(t) = s(t-\tau) + n(t-\tau)$，即$\varphi(t)$为经过延迟后的输入函数时，则是自相关。对于频域信号（例如正弦信号的处理），经过延迟后的输入函数在这里就意味着固定频率，并具有一定相位差的参考信号，因此锁定放大是自相关的一个特例与变通形式。加权函数$\varphi(t)$中的τ是一个常数，在时域中表示为固定延迟，在频域测量中则意味着相位的固定，由于噪声的随机特性，锁定放大完成了相位的锁定。一般来说，带通滤波器的Q值为$10\sim100$，而锁定放大器的等效Q值可达10^8，噪声几乎被抑制殆尽。

4. 取样积分与数字式平均

取样积分与数字式平均是检测频率已知的微弱周期信号的很有效的方法，而且适合于频率成分复杂的信号。早在20世纪50年代，国外的科学家就提出了取样积分的概念和原理。1962年，加利福尼亚大学劳伦茨实验室的Klein用电子技术实现了取样积分，并命名为Boxcar积分器。为了恢复淹没于噪声中的快速变化的微弱信号，必须把每个信号周期分成若干个时间间隔，间隔的大小取决于恢复信号所要求的精度。然后对这些时间间隔的信号进行取样，并将各个周期中处于相同位置（对于信号周期起点具有相同的延时）的取样进行积分或平均。积分过程常用模拟电路实现，称之为取样积分；平均过程常通过计算机以数字处理的方式实现，称之为数字式平均。对信号进行 m 次取样并累积平均，根据同步累积法的原理，输出信噪比的改善与 $\sqrt{m}$ 成正比，平均次数 m 越大，信噪比的改善也越大。因此，如果想得到较高的信噪比，则需要较长的检测时间。

多年来，取样积分在物理、化学、生物医学、核磁共振等领域得到了广泛的应用，对于淹没在噪声中的周期或似周期脉冲波形卓有成效，例如，生物医学中的血流、脑电或心电信号的波形测量，核磁共振信号的测量等，并研制出各种测量仪器。随着集成电路技术和微型计算机技术的发展，以微型计算机技术为核心的数字信号平均器应用也越来越广泛。

特别要指出的是，平均的方法不仅用于测量信号幅度和恢复信号的波形，还可测量未知的时间间隔，不过积累的是计数脉冲数。这是一种启示，平均将开拓更多的方法，渗透更多的测量领域。

5. 光子计数器

光信息的测量是信号检测领域中的一项重要内容。当一束光照射一个物质时，测量入射光及反射光、透射光、散射光和激发出另一种波长光，就可以确定该样品的组分、结构、能态等。在近代科学研究中，例如物理、化学、生物医学等领域，被测量的光往往是很微弱的，因此这种弱光检测就成为微弱信号检测的一个专门分支，引起了各方面的重视，由此产生了许多针对极微弱光信号测量的新方法及设备仪器。

一个光子计数器一般包括光电探测器、前置放大器、幅度甄别器及计数器等几部分。在充分分析噪声特性的情况下，人们采用以下措施来提高光子计数系统的信噪比：一是对探测器低温制冷以降低热电子发射；二是设置合适的鉴别电平以除去倍增极上的热噪声和外来高能辐射噪声；三是采用不同的测量方式消除背景干扰、光源强度波动及脉冲堆积效应等引入的误差。同理，这种方法对于其他形式的离散信号检测也有一定的借鉴作用。

6. 自适应消噪

自适应消噪属于自适应信号处理的领域，它是以干扰噪声为处理对象，利用噪声与被测信号不相关的特点，自适应地调整滤波器的传输特性，尽可能地抑制和衰减干扰噪声，以提高信号检测或信号传递的信噪比。自适应消噪不需要预先知道干扰噪声的统计特性，它能在逐次迭代的过程中将自身的工作状态自适应地调整到最佳状态，对抑制宽带噪声或窄带噪声都有效。因此，自适应消噪在通信、雷达、声呐、生物医学等工程领域得到了广泛的应用。例如，水下侦查系统中的发射器和接收器靠得很近，为了探测水下远程目标，发射信号的功率必须很强，这必然会串扰到接收器中，所以接收到的远程目标的反射波就被淹没在串扰信号中，必须采取有效的串扰抵消措施，才可能利用反射波的到达时间测出发射点到目标的距离。

1.2.2 微弱信号检测的新方法

近年来，国内外研究学者将更多先进的算法用于微弱信号检测领域，并根据测试结果积极对算法进行研究改进，从而取得了丰硕的成果。下面主要介绍一下目前较为先进的微弱信号检测算法。

1. 混沌检测[7-9]

当前基于混沌理论的微弱信号检测技术是混沌理论在信息科学领域的一个重要分支。混沌理论应用于信息处理领域是现阶段混沌学发展的主要趋势。目前基于混沌背景中的微弱信号检测在通信、自动化等需实时处理领域中都有很广阔的应用前景。因此，若能够对已证明的混沌检测模型加以利用，寻求更好的相空间重构方法，采用混沌理论和方法检测微弱信号，一方面可以有效地提高信号检测性能，另一方面也是对现有方法的补充。混沌系统对小信号的敏感性及对噪声的强免疫力，使得它在微弱信号检测中有着十分广阔的应用前景。

混沌系统之所以能检测微弱周期信号，就是因为它对与系统策动力频率相近的微小信号极其敏感，相反，对噪声却有很强的免疫力，从而使它在微弱信号检测领域具有很好的发展前景。

2. 随机共振理论微弱信号检测方法[10]

随机共振理论最初是用来解释气象中冰期和暖气候期周期交替出现的现象，近年来随着科学的发展，人们研究发现将随机共振技术用于微弱信号检测有很好的应用前景。传统的微弱信号检测方法，无论是用硬件实现还是软件实现，都立足于减弱噪声，采用各种措施尽量抑制噪声，然后把有用信号提取出来。随机共振方法则不同，它通过一个非线性系统，利用将噪声的部分能量转化为信号能量的机制来增强检测微弱特征信号。

长期以来，人们较多认为"噪声"是讨厌的东西，它破坏了系统的有序行为，降低了系统的性能，是微弱特征信号检测的一大障碍。但是人们研究发现，在某些非线性系统中，噪声的增加不仅没有进一步恶化某些特定频带范围内输出的特征信号，反而使得输出局部信噪比得到一定的改善，增强了信号的显现，这一现象被称为"随机共振"。随机共振现象及在此基础上拓展的一些非线性现象为微弱特征信号的增强检测开辟了一条新途径，在理论上和应用上具有重要意义。

3. 基于小波变换的微弱信号检测[11-14]

小波变换的思想来源于伸缩和平移方法，其概念是在1984年由法国地球物理学家 J. Morlet 正式提出的。Mallat 于1987年将计算机视觉领域内的多分辨率分析思想引入到小波分析中，提出了多分辨率的概念，并提出了相应的分解和重构算法。研究表明，小波分析可以成功地进行非平稳信号、带有强噪声的信号等的分析与检测。但是，常用的基于二进特性的小波具有明显的局限性，而且在频域中具有明显的移相特性；某些二进小波不具有明显的表达式，只能给出滤波器系数的数值，不便于信号的细节分析和频域分析。

1993年，Newland 提出的谐波小波在信号分解过程中可保持数据信息量不变，算法实现简单，且具有明确的表达式。同时，谐波小波还具有相位定位特性。谐波小波的这些优点使其在信号处理中得到应用。在谐波小波分解的基础上对微弱振动信号进行频段提取，并与二进特性的小波提取结果进行对比，提取所关心频段的数据点，并重构信号。谐波小波具有的优良信号频域识别能力已成为分析电力系统非平稳谐波畸变、机械振动、雷达回波信号和电视图像等信号时进行噪声滤波的有力工具。

4. 基于稀疏分解的微弱信号检测方法[15]

为了寻找有效信号检测方法，必须从信号处理的底层问题——信号表示与信号分解出发进行研究。信号稀疏分解是一种新的信号分解方法，信号稀疏分解为微弱信号提取提供了一种新的解决方案。经典的 Fourier 分解在信号处理中有着重要的应用，并曾经有力地推动了信号处理的发展。经典的 Fourier 分解用以表示信号时，把信号分解成一个个具有不同强度和不同频率的分量的组合。但是 Fourier 分解仅能刻画信号频域特性，而无法刻画信号时域特性。小波分解很好地解决了这个问题，但小波分解的局限性在于，在进行小波分解时，小波基是确定的，这限制了小波分解的灵活性。为了实现对信号更加灵活、简洁和自适应的表示，在小波分析的基础上，Mallat 和 Zhang 总结前人研究成果，于 1993 年提出了信号在过完备库上分解的思想。通过信号在过完备库上的分解，用来表示信号的基可以自适应地根据信号本身的特点灵活选取，分解的结果将可以得到信号的一个非常简洁的稀疏表示，而得到信号稀疏表示的过程称为信号的稀疏分解。

由于信号稀疏表示的优良特性，信号稀疏分解很快被应用到信号处理的许多方面，如信号时频分析、信号去噪、信号分选等。目前针对信号稀疏分解已经发展了多种算法，其中最常用的是 1993 年 Mallat 等提出的信号稀疏分解的匹配跟踪(Matching Pursuit)方法。

1.3 本书主要内容

为了使读者能对微弱信号检测得到一个较完整的概念，能够运用微弱信号检测技术解决面临的各种微弱物理量的检测问题，除第 1 章绪论中给出微弱信号检测的含义、特点、常用方法和发展状况外，我们通过下述章节对微弱信号检测的主要内容进行介绍。

第 2 章 随机信号与噪声基础：重点讨论噪声的基本概念，对噪声的机理、性质、统计特征作了必要的叙述，给出了噪声通过电路系统后的响应。

第 3 章 电路和系统中的噪声：讨论常用电路元器件，如电阻、电容、电感、二极管、双极型晶体管、场效应晶体管、运算放大器(简称运放)的噪声性能。

第 4 章 低噪声电路的分析与设计：给出低噪声放大电路分析、设计与计算的一般原则与方法。

第 5 章 相关检测与锁定放大：介绍相关函数的概念、相关检测的原理、典型相关器电路、基于相关检测技术的锁定放大器及其性能指标等知识。

第 6 章 取样积分器与数字多点平均器：讨论取样积分器与数字多点平均器的原理、构成与方法。

第 7 章 匹配滤波器：介绍白噪声背景下的匹配滤波器和色噪声背景下的广义匹配滤波器的原理与设计方法。

第 8 章 光子计数技术：讨论弱光信号的随机计数原理及技术。

思考题与习题

1. 简述微弱信号的含义。
2. 简述微弱信号检测的特点，说明与一般检测技术的区别与联系。
3. 简述微弱信号检测的目的。
4. 干扰对检测系统的影响有何特点？怎样减小或消除干扰？
5. 什么是噪声？简述噪声的性质。
6. 为什么说研制电子设备首先要考虑的问题是克服干扰和噪声的影响？
7. 简述评价某种微弱信号检测方法优劣的指标。
8. 常用的微弱信号检测方法有哪些？

第2章　随机信号与噪声基础

噪声是限制信号检测系统性能的决定性因素，因此它是信号检测中的不利因素。对于微弱信号检测来说，若能有效地克服噪声，就可以提高信号检测的灵敏度。电路中噪声是一种连续型随机变量，即它在某一时刻可能出现各种可能数值。电路处于稳定状态时，噪声的方差和数学期望一般不再随时间变化，这时噪声电压称为广义平稳随机过程。若噪声的概率分布密度不随时间变化，则称为狭义平稳随机过程（或严格平稳随机过程）。显然，一个严格平稳随机过程一定为广义平稳随机过程，反之则不然。

噪声是一种典型的随机过程，因而必须采用随机信号分析与处理方法来研究噪声的统计特性和在系统中的行为[16-22]。在下面各节中采用的叙述方法是先介绍随机信号分析与处理的基本理论，再举例说明噪声的特性，这样可以使读者得到一个完整的概念，为以后各章的深入讨论打下一定的基础。

2.1　确定信号与随机信号

工程实际和各种物理现象中存在一类随时间变化的信号，它们是时间 t 的函数。在电子技术领域，如电压、电流等电信号均属于这一类信号。通常，信号的形式体现为两种：确定信号和随机信号。确定信号可用明确的数学关系式来描述，而随机信号则不能，也无法预测其未来时刻的精确值，只能用概率分布函数或概率密度函数来描述，或用统计平均来表征。对于确定性信号其时域表示是确定的，其频域表示（频谱）可用傅里叶变换求取。随机信号无始无终，具有无限能量，因而不满足绝对可积条件，其傅里叶变换不存在，需要研究其功率在频域上的分布，即功率密度谱或功率谱。

2.1.1　确定信号

按确定性规律变化的信号称为确定信号。确定信号可以用数学解析式或确定性曲线准确地描述，在相同的条件下能够重现。因此，只要掌握了变化规律，就能准确地预测它的未来。

确定信号中又有周期确定信号与非周期确定信号之分。周期信号是最简单的确定信号，例如正弦周期信号

$$s(t) = A\sin\omega t \tag{2.1}$$

和非正弦周期信号

$$s(t) = A_1\sin\omega_1 t + A_2\sin\omega_2 t + A_3\sin\omega_3 t + \cdots \tag{2.2}$$

均为确定信号，因为无论任何时刻，信号大小可由式（2.1）与式（2.2）分别确定。图 2.1a 和 b 是这两种周期信号的波形。

非周期确定信号有三种：一种是概周期信号，另一种是一次过程，还有一种是瞬态过程。概周期信号（见图 2.2a）是一种含有谐波分量的周期信号的延伸，可将它看做是一些正

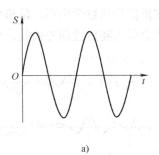

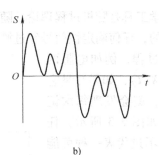

图 2.1　周期信号

a）正弦周期信号　b）非正弦周期信号

弦项（或余弦项）的叠加，如式（2.2）所示，其中 $\omega_1 \neq \omega_2 \neq \omega_3 \neq \cdots$，这表示各个分量的频率是相互无关的，相互之间的比值既非整数也非有理分数，而是 $\omega_i / \omega_j =$ 无理数。就是说，信号波形要在无限长时间以后才重现。一次过程的信号是在整个观察时间内，信号仅出现一次，不再重复，在信号出现期间，它可以用确定的函数式 $s(t)$ 表示，也可以用图形（见图 2.2b）表示。在无限长时间内，仅出现一个矩形脉冲或者一周正弦波等就属于一次过程的例子。瞬态过程一般发生在电路状态改变时，电路状态的改变可以是电路与电源接通或断开造成的，也可以是电路参数突然变化（短路、开路）造成的。无论是哪一种原因，电路都要从一种稳定状态过渡到另一种稳定状态，中间经历的过渡状态就是瞬态过程。电路形式一定，改变电路状态的方式也一定，瞬态过程便是确定的。图 2.2c 代表一个实际电容接通直流电源时的瞬态过程。实际上的瞬态过程会比这复杂得多，但是，只要重复同一状态的改变，瞬变过程便重现原来的过程一次。

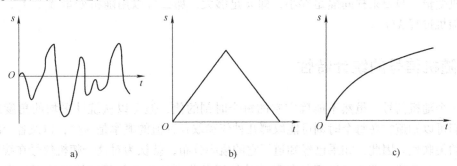

图 2.2　非周期确定信号

a）概周期信号　b）一次过程　c）瞬态过程

2.1.2　随机信号

不遵循任何确定性规律变化的信号称为随机信号。随机信号的未来值不能用精确的时间函数描述，无法准确地预测，在相同的条件下，它也不能准确地重现。电路里的噪声、电网电压的波动量、生物电、地震波等都是随机信号。

尽管随机信号取何种波形是不可预测的、随机的，但它们的统计特性却显得很有规律，这就提供了用其统计特性而不是一些确定性的方程来描述随机信号的依据。研究随机信号统计规律性的数学工具是随机过程理论，随机过程是随机信号的数学模型。随机信号或随机过程是普遍存在的，任何确定性信号经过测量后往往就会引入随机性误差而使该信号随机化。

一个随机过程，例如电阻两端的噪声电压 $X(t)$，如果测量它随时间的变化，就会发现每次记录都不一样。如图 2.3 所示，任何一个 $x(t)$ 只不过代表一种可能的结果。当然，$x(t)$ 一经测定，它就是时间 t 的已知函数了。设想有 m 个性质完全相同的噪声源，它们的工作条件一样，服从同样的统计规律。我们用仪器同时记录这 m 个噪声源的输出电压，分别为 $x_1(t)$，$x_2(t)$，…，

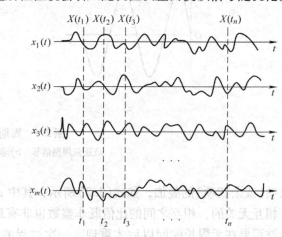

图 2.3 电阻上的噪声电压

$x_m(t)$。这些噪声电压组成一个集合或一个记录组。记录组内每一个 $x_k(t)$（$k = 1，2，…，m$）称为样本函数。在理论上，为了完全确定一个随机过程，记录组内的样本函数应为无限多个。

在 n 个时刻 t_1，t_2，…，t_n 上对随机过程 $X(t)$ 诸样本进行均匀采样，在任意时刻 t_1，采样结果为 $x_1(t_1)$，$x_2(t_1)$，…，$x_m(t_1)$，此时，随机过程在 $t = t_1$ 时刻的状态为 $X(t = t_1) = X(t_1)$。这样，由各样本函数在 $t = t_1$ 时刻的诸采样值便构成一个随机变量 $X_1 = X(t_1)$。同理，在 t_2，t_3，…，t_n 各时刻的采样值便构成另外 $n - 1$ 个随机变量，可得到 X_2，X_3，…，X_n 等其他随机变量。只要采样间隔足够小，即 n 足够大，那么可以用随机变量 X_1，X_2，…，X_n 来描述随机过程 $X(t)$。

2.2 随机信号的统计特性

对一个随机信号，虽然不能确定它的每个时刻的值，但可以从统计平均的角度来认识它。我们可以知道它在每个时刻可能取哪几种值和取各种值的概率是多少，以及各个时间点上取值的关联性。因此，如果已经知道了它的概率分布，就认为对这个随机信号在统计意义上有了充分的了解。而随机过程的各种统计特征量分别从各个侧面间接反映了概率分布特性。

2.2.1 概率密度函数

设随机过程 $X(t)$，在 t_1 时刻观测可得到一随机变量 X_1，X_1 的幅度落在小于或等于某一幅值 x_1 范围内的概率为

$$F(x_1；t_1) = P(X_1 \leqslant x_1) \tag{2.3}$$

式（2.3）称为 $X(t)$ 的一维累积分布函数。如果 $F(x_1；t_1)$ 对 x_1 的一阶导数存在，则有

$$p(x_1，t_1) = \frac{\mathrm{d}F(x_1，t_1)}{\mathrm{d}x_1} \tag{2.4}$$

$p(x_1, t_1)$ 称为随机过程 $X(t)$ 的一维概率密度函数（Probability Density Function，PDF），它表示某一时刻各样本函数的数值落在指定范围内的概率。假设在 t_1 时刻，m 个样本函数中有 n 个数值落在 x_1 到 $x_1 + \Delta x_1$ 范围内，当 $m \to \infty$ 时，比值 n/m 反映了正确的概率。在一般情况下，改变 x_1 或者 t_1，上述概率就发生变化。就 $p(x_1, t_1)$ 和 x_1 的关系而言，$p(x_1, t_1)$ 是 x_1 的概率密度函数。

上述一维概率密度函数只描述随机过程在某一固定时刻的统计特性。实际上，只用一维概率密度函数描述随机过程是远远不够的，随机过程不同时刻的随机变量之间并不是孤立的。为了完整地表征随机过程，还需要了解随机过程的二维及多维统计特性。

考虑在 t_1 和 t_2 时刻对随机过程 $X(t)$ 进行采样，得到两个随机变量 X_1 和 X_2，定义 t_1 和 t_2 两个时刻的随机变量 X_1 和 X_2 之间的二维累积分布函数为

$$F_2(x_1, x_2; t_1, t_2) = P(X_1 \leqslant x_1, X_2 \leqslant x_2) \tag{2.5}$$

如果 $F_2(x_1, x_2; t_1, t_2)$ 对 x_1 与 x_2 的二阶混合偏导存在，则定义 X_1 和 X_2 之间的联合概率密度函数为

$$p_2(x_1, x_2; t_1, t_2) = \frac{\partial^2 F_2(x_1, x_2; t_1, t_2)}{\partial x_1 \partial x_2} \tag{2.6}$$

要完整地反映随机过程 $X(t)$ 的统计特性，应按式（2.6）的方法继续取下去，就可以得到 $X_1, X_2, \cdots, X_n$ 的 n 维累积分布函数和 n 维联合概率密度函数

$$F_n(x_1, x_2, \cdots, x_n; t_1, t_2, \cdots, t_n) = P(X_1 \leqslant x_1, X_2 \leqslant x_2, \cdots, X_n \leqslant x_n) \tag{2.7}$$

$$p_n(x_1, x_2, \cdots, x_n; t_1, t_2, \cdots, t_n) = \frac{\partial^n F_n(X_1 \leqslant x_1, X_2 \leqslant x_2, \cdots, X_n \leqslant x_n)}{\partial x_1 \partial x_2 \cdots \partial x_n} \tag{2.8}$$

2.2.2　统计平均

随机过程的概率密度函数描述需要很多信息，这些信息在实际中有时是很难全部得到的。然而随机过程的许多主要特性可以用与它的概率密度函数有关的一阶和二阶统计平均量来表示，有的甚至完全由一阶和二阶统计平均量确定，如高斯随机过程。

研究一族随机变量 $X_1, X_2, \cdots, X_n$ 的统计平均特性称为集合平均，而研究某一样本函数的统计平均特性称为时间平均。本节介绍这两种平均的含义与联系。

1. 集合平均

随机过程的统计特性可以用各样本函数在某一时刻的集合平均来表示，常用的集合平均有下列几种。

（1）均值

$$\mu_X(t) = \overline{x(t)} = E[X(t)] = \int_{-\infty}^{\infty} x p(x, t) \mathrm{d}x \tag{2.9}$$

式中，E 为数学期望运算子。随机过程的均值函数 $\mu_X(t)$ 在 t 时刻的值表示随机过程在该时刻状态取值的理论平均值。如果 $X(t)$ 是电压或电流，$\mu_X(t)$ 可理解为在 t 时刻的直流分量。

（2）均方值

$$\overline{x^2(t)} = E[X^2(t)] = \int_{-\infty}^{\infty} x^2 p(x, t) \mathrm{d}x \tag{2.10}$$

如果 $X(t)$ 是电压或电流，$\overline{x^2(t)}$ 可以理解为在 t 时刻它在 1Ω 电阻上消耗的平均功率。

（3）方差

$$\sigma_X^2(t) = E\left[(X(t) - \mu_X(t))^2\right] = \int_{-\infty}^{\infty} (x(t) - \mu_X(t))^2 p(x,t)\mathrm{d}x \qquad (2.11)$$

式中，$\sigma_X(t)$ 称为随机过程的标准差。方差 $\sigma_X^2(t)$ 表示随机过程在 t 时刻其取值偏离其均值 $\mu_X(t)$ 的离散程度。如果 $X(t)$ 是电压或电流，$\sigma_X^2(t)$ 可以理解为在 t 时刻它在 1Ω 电阻上消耗的交流功率。

容易证明

$$\sigma_X^2(t) = \overline{x^2(t)} - \mu_X^2 \qquad (2.12)$$

（4）自相关函数

$$R_X(t_1, t_2) = E\left[X(t_1)X(t_2)\right] = \int_{-\infty}^{\infty}\int_{-\infty}^{\infty} x_1 x_2 p_2(x_1, x_2; t_1, t_2)\mathrm{d}x_1\mathrm{d}x_2 \qquad (2.13)$$

自相关函数是 t_1 和 t_2 两个时刻函数值的乘积对集合取平均，它表示随机过程的两个瞬时数据之间的相关性。不同类型的噪声、干扰和信号，其自相关函数各有特征，测量和分析自相关函数就可以对它们作出鉴别。

显然

$$R_X(t, t) = \overline{x^2(t)} \qquad (2.14)$$

2. 平稳随机过程

一般情况下，随机过程的集合平均 $\overline{x(t)}$、均方值 $\overline{x^2(t)}$ 等是所取时间 t 的函数，自相关函数 $R(t_1, t_2)$ 除了取决于时间差 $\tau = t_1 - t_2$ 之外，还和时间 t_1 有关。凡是集合平均不随时间 t 变化的随机过程称为严（完全）平稳随机过程；反之，称为非平稳随机过程。平稳随机过程的均值和均方值是常数，自相关函数仅与时间差 τ 有关。因此 $\overline{x(t)}$、$\overline{x^2(t)}$ 和 $R(t_1, t_2)$ 可写为 $\overline{x}$、$\overline{x^2}$ 和 $R(\tau)$。

完全平稳的要求是非常苛刻的。一般可使用较弱的条件，即用 m 阶平稳来描述一个随机过程，阶数越高，越接近平稳。信号的平均值与 t 无关的过程叫做一阶平稳过程（$m=1$）。二阶（$m=2$）平稳过程需满足

$$E[X(t)] = \mu_X \qquad (2.15)$$

$$R_X(t_1, t_2) = E[X(t_1)X(t_2)] = R_X(\tau) \qquad (2.16)$$

且

$$E[X^2(t)] < \infty \qquad (2.17)$$

如果过程是高斯过程，则二阶平稳意味着完全平稳。因此，以后我们至少把二阶平稳过程叫做准平稳过程或广义（宽）平稳过程。今后我们所提到的平稳随机过程均认为是广义平稳随机过程。

3. 时间平均

一个样本函数对时间取平均用符号"< >"表示。

（1）均值（时间平均）

$$<x_k> = \lim_{T \to \infty} \frac{1}{T}\int_{-T/2}^{T/2} x_k(t)\mathrm{d}t \qquad (2.18)$$

式（2.18）表示第 k 个样本函数 $x_k(t)$ 对时间求平均。平均值给出该波形的直流分量。

（2）均方值（时间平均）

$$<x_k^2> = \lim_{T \to \infty} \frac{1}{T}\int_{-T/2}^{T/2} x_k^2(t)\mathrm{d}t \qquad (2.19)$$

对于噪声，均方值反映的是随机噪声的归一化功率，它表示的是随机电压或电流在 1Ω 电阻上消耗的功率，单位为 V^2 或 A^2。

（3）自相关函数（时间平均）

求第 k 个样本函数 $x_k(t)$ 对时间平均的自相关函数时，取一个时间段 T，将相隔时间为 τ 的两个函数值的乘积 $x_k(t)x_k(t+\tau)$ 在 T 内取时间平均，当 T 趋于无穷时，这个平均乘积的极限即为自相关函数。

$$<x_k(t)x_k(t+\tau)> = \lim_{T\to\infty}\frac{1}{T}\int_{-T/2}^{T/2}x_k(t)x_k(t+\tau)\mathrm{d}t \tag{2.20}$$

需要说明，上述自相关函数的定义是对能量无限而功率（即均方值）有限的信号而言的，如噪声电压和周期信号等。实际按式（2.20）计算自相关函数时常常在有限的时间段 T 内取平均，因此

$$<x_k(t)x_k(t+\tau)> = \frac{1}{T}\int_{-T/2}^{T/2}x_k(t)x_k(t+\tau)\mathrm{d}t \tag{2.21}$$

4. 各态遍历

上面讨论了一些统计特征量的定义与求法，都需要预先知道一维、二维概率分布，在实际上这是不现实的。虽然用无穷多个平行样本序列（集合）的平均得到的统计特性倾向于统计平均，但要对一个平稳随机过程获得很多的平行样本序列在实际中也是很困难的。

若平稳随机过程的概率分布不随时间的平移而变化，全体集合的平均就可以用无穷时间的平均来代替，这就是各态遍历假设。

各态遍历随机信号（Ergodic Random Signal）是指所有样本函数在某给定时刻的统计特性与单一样本函数在长时间内的统计特性一致的平稳随机信号。也就是说，单一样本函数随时间变化的过程可以包括该信号所有样本函数的取值经历（Valued History）。

随机信号的各态遍历特性（Ergodicity），使我们能由单一样本函数的时间平均来代替集总（Ensemble）平均。随机信号的平稳特性使我们能从任意时间原点开始求取统计特征，使得在实际工作中，估计统计平均量成为现实。

根据随机信号的各态遍历特性，可以得到

$$\bar{x} = <x> \tag{2.22}$$

$$\overline{x^2} = <x^2> \tag{2.23}$$

$$R(\tau) = \overline{x(t)x(t+\tau)} = <x(t)x(t+\tau)> = \frac{1}{T}\int_{-T/2}^{T/2}x(t)x(t+\tau)\mathrm{d}t \tag{2.24}$$

实践表明，稳定物理现象的随机过程，一般是各态遍历过程，下面主要分析这种过程。可以证明，平稳随机过程通过时不变线性系统后仍为平稳随机过程，并且各态历经的特性不变。但是，平稳随机过程通过时变线性系统后就不再是平稳随机过程，这是因为时变系统参数与 t 有关，输出的集合平均一般是 t 的函数。

例 2.1　随机过程 $X(t)=A\cos(\omega_0 t+\theta)$，角频率 ω_0 为常数，振幅 A 和初相 θ 均为随机变量，两者统计独立，θ 在 $(0, 2\pi)$ 之间均匀分布。试问 $X(t)$ 是否平稳？$X(t)$ 是否是各态遍历过程？

解：（1）随机过程 $X(t)$ 的集平均与集自相关函数分别为

$$\mu_X(t) = E[X(t)] = E[A\cos(\omega_0 t + \theta)] = 0$$

$$R_X(t,\ t+\tau) = E[X(t)X(t+\tau)] = E[A^2\cos(\omega_0 t + \theta)\cos[\omega_0(t+\tau)+\theta]]$$

$$= E[A^2]E[\cos(\omega_0 t + \theta)\cos[\omega_0(t+\tau)+\theta]]$$

$$= \frac{E[A^2]}{2}\cos(\omega_0\tau)$$

可知该随机过程满足均值和自相关函数的平稳性条件，所以这个随机过程至少是广义平稳随机过程。

（2）随机过程 $X(t)$ 的时间平均与时间自相关函数分别为

$$<x(t)> = \lim_{T\to\infty}\frac{1}{T}\int_0^T x(t)\mathrm{d}t = 0$$

$$<R_x(\tau)> = \lim_{T\to\infty}\frac{1}{T}\int_0^T x(t)x(t+\tau)\mathrm{d}t = \lim_{T\to\infty}\frac{1}{T}\int_0^T A^2\cos(\omega_0 t + \theta)\cos[\omega_0(t+\tau)+\theta]\mathrm{d}t$$

$$= \frac{A^2}{2}\lim_{T\to\infty}\frac{1}{T}\int_0^T[\cos(\omega_0\tau)+\cos(2\omega_0 t + \omega_0\tau + 2\theta)]\mathrm{d}t = \frac{A^2}{2}\cos(\omega_0\tau)$$

显然，该过程满足平稳性的条件，但并不具备各态遍历性。

当 A 不是随机变量时，有 $R_x(\tau) = <R_x(\tau)>$。因此，恒定振幅随机相位信号既是平稳随机过程，也是各态遍历过程。

2.2.3　平稳随机过程的自相关函数

相关函数是研究平稳随机过程的一个重要概念。因为随机过程的一、二阶矩均可以通过相关函数加以描述，另一方面，相关函数不仅揭示了平稳随机过程任意两个不同时刻之间的内在联系，而且还展现了随机过程的谱特性。因此它成为随机信号分析的有力工具。

1. 自相关函数及其性质

平稳随机过程 $X(t)$ 的自相关函数定义为

$$R_X(\tau) = E[X(t)X(t+\tau)] = \int_{-\infty}^{\infty}\int_{-\infty}^{\infty}x_1 x_2 p_2(x_1,x_2;\tau)\mathrm{d}x_1\mathrm{d}x_2 \tag{2.25}$$

它具有如下性质：

1）实函数的自相关函数是偶函数，即

$$R_X(\tau) = R_X(-\tau) \tag{2.26}$$

由此可知，$R_X(\tau)$ 的波形以 $\tau=0$ 处的纵坐标对称。

2）当 $\tau=0$ 时，自相关函数具有最大值，$R_X(0) = E[x^2(t)]\geqslant 0$。此时对于能量信号有

$$R_X(0) = \int_{-\infty}^{\infty}x^2(t)\mathrm{d}t \tag{2.27}$$

对于功率信号有

$$R_X(0) = \lim_{T\to\infty}\frac{1}{T}\int_{-T/2}^{T/2}x^2(t)\mathrm{d}t \tag{2.28}$$

式（2.27）和式（2.28）说明平稳过程的均方值可由自相关函数在 $\tau=0$ 时确定，且为非负，其物理意义表示平稳过程 $X(t)$ 的总平均功率。

3）对于周期平稳过程 $X(t) = X(t+T)$，其自相关函数也是周期 T 的函数，但不具有原信号的相位信息。例如，正弦信号 $A\sin(\omega t + \varphi)$ 的自相关函数为 $R_X(\tau) = \dfrac{A^2}{2}\cos(\omega\tau)$，即

$$R_X(\tau) = R_X(\tau + T) \tag{2.29}$$

4）两个不同频率的周期信号互不相关。

5）对于非周期平稳过程 $X(t)$，如果 $X(t)$ 和 $X(t+\tau)$ 在 $|\tau| \to \infty$ 时相互统计独立，则有

$$\lim_{|\tau| \to \infty} R_X(\tau) = \mu_X^2 \tag{2.30}$$

6）在满足 5）的条件下，有

$$\sigma_X^2 = R_X(0) - R_X(\infty)$$

2. 自协方差函数、自相关系数与相关时间

平稳随机过程 $X(t)$ 的自协方差函数定义为

$$C_X(\tau) = E\big[\,(X(t) - \mu_X)(X(t+\tau) - \mu_X)\,\big] \tag{2.31}$$

自协方差函数表示随机过程的两个随机变量之间的相关程度。对平稳过程两个不同时刻取值之间的内在联系进行描述时，还常用相关系数这一概念。定义

$$r_X(\tau) = \frac{R_X(\tau) - R_X(\infty)}{\sigma_X^2} = \frac{C_X(\tau)}{\sigma_X^2} \tag{2.32}$$

为平稳过程 $X(t)$ 的相关系数，也称为归一化自相关系数或标准自协方差函数。

对于自相关系数，若存在 $r_X(\infty) = 0$，则这两个不同时刻取值间的相关性几乎为零，即统计独立。实际上，不同平稳过程的自相关函数的形状可能大不一样。工程应用中，当 τ 达到一定程度时，如果 $r_X(\tau)$ 很小，则可近似地认为 $X(t)$ 和 $X(t+\tau)$ 之间已不存在任何关联性。因此，有必要引入相关时间 τ_0 这一概念。当 $\tau > \tau_0$ 时，则可认为 $X(t)$ 和 $X(t+\tau)$ 之间已不相关。定义平稳随机过程的相关系数降至 5% 的时间间隔为相关时间 τ_0，即 $|r(\tau_0)| \leq 0.05$。

相关时间 τ_0 的大小直接反映了平稳过程的变化程度。相关时间越大，说明随机过程两个不同时刻取值之间的关联性越大，即变化过程越缓慢。反之，相关时间越小，说明随机过程两个不同时刻取值之间的关联程度越小，即变化过程越剧烈。

2.2.4　平稳随机过程的互相关函数

互相关函数描述了随机过程 $X(t)$ 在任意时刻 $t = t_1$ 与平稳过程 $Y(t)$ 在任意时刻 $t = t_2$ 取值之间的关联性。如果 $X(t)$ 和 $Y(t)$ 满足平稳性，那么，它们之间的互相关函数是时间间隔 $\tau = t_2 - t_1$ 的一维函数，即

$$R_{XY}(\tau) = E\big[X(t_1)Y(t_1 + \tau)\big] \tag{2.33}$$

并称平稳过程 $X(t)$ 和 $Y(t)$ 之间是广义联合平稳的。类似地，广义平稳过程 $X(t)$ 和 $Y(t)$ 的互协方差函数为

$$C_{XY}(\tau) = E\big[\,[X(t) - \mu_X][Y(t+\tau) - \mu_Y]\,\big] = R_{XY}(\tau) - \mu_X\mu_Y \tag{2.34}$$

定义 $X(t)$ 和 $Y(t)$ 的相关系数为

$$r_{XY}(\tau) = \frac{C_{XY}(\tau)}{\sqrt{\sigma_X^2 \sigma_Y^2}} \qquad (2.35)$$

1. 平稳随机过程的统计独立、不相关和正交

关于平稳过程 $X(t)$ 和 $Y(t)$ 之间的相互关系，存在以下三种特殊情况。

1) 如果平稳过程 $X(t)$ 与 $Y(t)$ 统计独立，则有

$$p_2(x, y) = p(x)p(y) \qquad (2.36)$$

于是，它们之间的互相关函数为

$$R_{XY}(\tau) = E[X(t)Y(t+\tau)] = E[X(t)]E[Y(t+\tau)] = \mu_X \mu_Y \qquad (2.37)$$

相应的互协方差函数为

$$C_{XY}(\tau) = R_{XY}(\tau) - \mu_X \mu_Y = 0 \qquad (2.38)$$

也就是说，如果平稳过程 $X(t)$ 与 $Y(t)$ 统计独立，那么，它们的互相关函数一定为常数，互协方差函数为零。

2) 如果平稳过程 $X(t)$ 与 $Y(t)$ 的互相关函数和互协方差函数分别为

$$R_{XY}(\tau) = \mu_X \mu_Y \qquad (2.39)$$

$$C_{XY}(\tau) = 0 \qquad (2.40)$$

则称平稳过程 $X(t)$ 与 $Y(t)$ 互为不相关。

以上结果表明，只要过程 $X(t)$ 与 $Y(t)$ 统计独立，则它们必互不相关；但是，反之则不一定成立。只有对于高斯过程，上面的关系才互为成立。

3) 如果平稳过程 $X(t)$ 与 $Y(t)$ 在任意时刻 t_1 和 t_2 都满足

$$R_{XY}(\tau) = 0 \quad \text{或} \quad C_{XY}(\tau) = -\mu_X \mu_Y \qquad (2.41)$$

则称过程 $X(t)$ 与 $Y(t)$ 互为正交。

2. 平稳随机过程互相关函数性质

在一般情况下，互相关函数并不一定具备自相关函数的性质。特别要注意，与自相关函数不同，互相关函数一般不是 τ 的偶函数，而是 τ 的非奇非偶函数。可以证明，平稳过程 $X(t)$ 与 $Y(t)$ 之间的互相关函数具有如下性质：

1) $R_{XY}(\tau) = R_{YX}(-\tau)$。

2) $|R_{XY}(\tau)| \leqslant \sqrt{R_X(0)R_Y(0)}$。

3) 两周期信号的互相关函数仍然是同频率的周期信号，但保留了原信号的相位信息。

如正弦信号 $A\sin(\omega t)$ 与 $B\sin(\omega t + \varphi)$ 的互相关函数为 $R_{XY}(\tau) = \dfrac{AB}{2}\cos(\omega \tau + \varphi)$。

4) 设 $Z(t) = X(t) + Y(t)$，其中 $X(t)$ 与 $Y(t)$ 为联合平稳的随机过程，则 $Z(t)$ 也是平稳过程，且其相关函数为

$$R_Z(\tau) = R_X(\tau) + R_Y(\tau) + R_{XY}(\tau) + R_{YX}(\tau)$$

上式中，若 $X(t)$ 为有用信号，$Y(t)$ 为一零均值平稳噪声，且 $X(t)$ 与 $Y(t)$ 互不相关，则有

$$R_{XY}(\tau) = R_{YX}(\tau) = 0$$

所以，有

$$R_Z(\tau) = R_X(\tau) + R_Y(\tau)$$

2.2.5　平稳随机过程的功率谱密度

1. 功率谱密度函数

若一个确定信号 $s(t)$，满足狄氏条件，且绝对可积，即满足

$$\int_{-\infty}^{\infty} |s(t)| \, \mathrm{d}t < \infty \tag{2.42}$$

则 $s(t)$ 的傅里叶变换存在，为

$$S(\omega) = \int_{-\infty}^{\infty} s(t) \mathrm{e}^{-\mathrm{j}\omega t} \mathrm{d}t \tag{2.43}$$

$s(t)$ 与 $S(\omega)$ 满足帕塞瓦（Parseval）定理

$$\int_{-\infty}^{\infty} s^2(t) \, \mathrm{d}t = \frac{1}{2\pi} \int_{-\infty}^{\infty} |S(\omega)|^2 \mathrm{d}\omega \tag{2.44}$$

一般平稳随机过程，它既是非周期信号，又是能量无限信号。因此，无法直接利用傅里叶变换进行分析。对于能量无限的随机过程，假设随机过程 $X(t)$ 某一样本函数 $x_i(t)$ 的平均功率有限，且满足

$$P = \lim_{T \to \infty} \frac{1}{T} \int_{-\infty}^{\infty} |x_i(t)|^2 \mathrm{d}t < \infty \tag{2.45}$$

则可以由此引出平稳过程的功率谱密度函数（Power Spectral Density，PSD）的概念。截取 $x_i(t)$ 在 $-T/2 \sim T/2$ 范围内的一段称为 $x_{iT}(t)$，$x_{iT}(t)$ 在 T 内的平均功率为

$$P_T = \frac{1}{T} \int_{-T/2}^{T/2} x_{iT}^2(t) \, \mathrm{d}t \tag{2.46}$$

在 $T \to \infty$ 时，$x_{iT}(t)$ 的平均功率 P_T 趋于 $x_i(t)$ 的平均功率 P，所以

$$P_T = \lim_{T \to \infty} \frac{1}{T} \int_{-T/2}^{T/2} x_{iT}^2(t) \, \mathrm{d}t = \lim_{T \to \infty} \frac{1}{T} \int_{-\infty}^{\infty} |X_{iT}(\omega)|^2 \mathrm{d}f = \int_{-\infty}^{\infty} G_i(\omega) \mathrm{d}f \tag{2.47}$$

这里 $X_{iT}(\omega)$ 是 $x_{iT}(t)$ 的像函数。式中

$$G_i(\omega) = \lim_{T \to \infty} \frac{1}{T} |X_{iT}(\omega)|^2 \tag{2.48}$$

如果式（2.48）的极限存在，则称 $G_i(\omega)$ 为平稳随机过程 $X(t)$ 的样本函数 $x_i(t)$ 的功率谱密度函数，简称功率谱。它表示单位频带内信号 $x_i(t)$ 所具有的功率，或理解为信号功率在频率轴上的分布情况。

以上分析仅是随机过程 $X(t)$ 的某一样本函数 $x_i(t)$ 的情况。对各态遍历随机过程的功率谱密度 $G_X(\omega)$，有 $G_X(\omega) = G_i(\omega)$。功率谱密度是从频率角度描述 $X(t)$ 统计规律的最主要的数字特征，但它仅表示了 $X(t)$ 的平均功率按频率分布的情况，没有包含过程的任何相位信息。

由于功率谱定义在整个 ω 轴上，因此，称为数学功率谱或双边功率谱密度函数。如果只考虑正频率轴，那么可得物理功率谱或单边功率谱密度函数为

$$F_X(\omega) = \begin{cases} 2G_X(\omega), & \omega \geqslant 0 \\ 0, & \text{其他} \end{cases} \tag{2.49}$$

在 $T \rightarrow \infty$ 时，$|X_T(\omega)|^2 \rightarrow |X(\omega)|^2$，$|X(\omega)|^2$ 是能量谱密度。如果 $|X(\omega)|^2$ 为有限值，则由式(2.48)可知 $G_X(\omega) \rightarrow 0$。这种能量谱密度为有限值而功率谱密度为零的信号，称为能量信号。单个有限宽度、有限幅度的信号 $f(t)$，就是能量信号，式(2.43)的傅里叶变换存在，$|S(\omega)|$ 为有限值。反之，由式(2.48)可以看出功率谱密度不为零的信号，能量谱密度函数 $|X(\omega)|^2$ 必为无限值，这种信号称为功率信号。周期性信号、平稳随机信号或噪声都是功率信号。

2. 功率谱密度函数与自相关函数之间的关系

根据著名的维纳-辛钦定理(Wiener-Khinchin)，对于有限能量的平稳随机过程 $X(t)$，它的功率谱密度函数 $G_X(\omega)$ 与自相关函数 $R_X(\tau)$ 构成一对傅里叶变换对，表示如下：

$$G_X(\omega) = \int_{-\infty}^{\infty} R_X(\tau) e^{-j\omega\tau} d\tau \tag{2.50}$$

$$R_X(\tau) = \frac{1}{2\pi} \int_{-\infty}^{\infty} G_X(\omega) e^{j\omega\tau} d\omega \tag{2.51}$$

由式(2.10)和式(2.12)可得平稳信号的平均功率为

$$P_X = E[X^2(t)] = R_X(0) = \sigma_X^2 + \mu_X^2 = \frac{1}{2\pi} \int_{-\infty}^{\infty} G_X(\omega) d\omega \tag{2.52}$$

3. 功率谱密度函数的主要性质

1) $G_X(\omega)$ 是非负的函数，即

$$G_X(\omega) \geqslant 0$$

2) $G_X(\omega)$ 是 ω 的偶函数，即

$$G_X(\omega) = G_X(-\omega)$$

3) 当 $\omega = 0$ 或 $\tau = 0$ 时，$G_X(\omega)$ 与 $R_X(\tau)$ 的变换关系为

$$G_X(0) = \int_{-\infty}^{\infty} R_X(\tau) d\tau \tag{2.53}$$

$$R_X(0) = \frac{1}{2\pi} \int_{-\infty}^{\infty} G_X(\omega) d\omega \tag{2.54}$$

式(2.53)说明，$X(t)$ 的功率谱的零频率分量等于 $X(t)$ 的自相关函数曲线下的总面积；因为 $R_X(0) = E[X^2(t)]$，所以式(2.54)表示 $X(t)$ 的功率谱曲线下的总面积等于 $X(t)$ 的平均功率。

例 2.2 已知一平稳过程 $X(t)$ 的相关函数为 $R_X(\tau) = \exp(-2|\tau|)\cos\tau + 1$，求其功率谱密度及平均功率。

解： 根据维纳-辛钦定理，有

$$G_X(\omega) = F[R_X(\tau)] = F[\exp(-2|\tau|)\cos\tau + 1]$$

$$= \frac{1}{2\pi} \left\{ \frac{4}{\omega^2+4} * \pi[\delta(\omega+1) + \delta(\omega-1)] \right\} + 2\pi\delta(\omega)$$

$$= \frac{2}{(\omega+1)^2+4} + \frac{2}{(\omega-1)^2+4} + 2\pi\delta(\omega)$$

由式(2.52)，有

$$P_X = R_X(0) = \exp(-2|0|)\cos0 + 1 = 1 + 1 = 2$$

例 2.3　已知非周期广义平稳随机过程 $X(t)$ 的功率谱密度为 $G_X(\omega) = \dfrac{6\omega^2}{\omega^4 + 5\omega^2 + 4}$，求 $R_X(\tau)$、$\sigma_X^2(t)$ 以及平均功率 P_X。

解：$G_X(\omega) = \dfrac{6\omega^2}{\omega^4 + 5\omega^2 + 4} = \dfrac{-2}{\omega^2 + 1} + \dfrac{8}{\omega^2 + 4}$

根据维纳-辛钦定理，有

$$R_X(\tau) = F^{-1}[G_X(\omega)] = -\exp(-|\tau|) + 2\exp(-2|\tau|)$$

$$\sigma_X^2(t) = R_X(0) - \mu_X^2 = R_X(0) - R_X(\infty) = 1$$

$$P_X = R_X(0) = 1$$

4. 互谱密度函数及其性质

平稳随机过程 $X(t)$ 与 $Y(t)$ 的互相关函数 $R_{XY}(\tau)$ 的傅里叶变换称为互谱密度函数（Cross Power Spectral Density），即

$$G_{XY}(\omega) = \int_{-\infty}^{\infty} R_{XY}(\tau) e^{-j\omega\tau} d\tau \tag{2.55}$$

$$R_{XY}(\tau) = \frac{1}{2\pi} \int_{-\infty}^{\infty} G_{XY}(\omega) e^{j\omega\tau} d\omega \tag{2.56}$$

互谱密度函数的性质：

1) $G_{XY}(\omega) = G_{YX}(-\omega) = G_{YX}^*(\omega)$。

2) $\mathrm{Re}[G_{XY}(\omega)]$ 和 $\mathrm{Re}[G_{YX}(\omega)]$ 是 ω 的偶函数，$\mathrm{Im}[G_{XY}(\omega)]$ 和 $\mathrm{Im}[G_{YX}(\omega)]$ 是 ω 的奇函数。

3) 若平稳过程 $X(t)$ 与 $Y(t)$ 相互正交，则有 $G_{XY}(\omega) = 0$。

2.3　常见随机噪声及特性

噪声是一个随机过程，根据实际问题和环境，它可以取不同的数学模型。在电子信息系统中，描述噪声统计特性的数学模型也有多种，其中十分重要、也是最常用的数学模型是时域的高斯噪声和频域的白噪声。

2.3.1　高斯噪声

幅度起伏遵从高斯分布（正态分布）的噪声称为高斯噪声。自然界发生的许多随机量属于高斯分布。如果噪声是由很多相互独立的噪声源产生的综合结果，则根据中心极限定理，该噪声服从高斯分布

$$p(x) = \frac{1}{\sqrt{2\pi}\sigma_x} \exp\left[-\frac{(x - \mu_x)^2}{2\sigma_x^2}\right] \tag{2.57}$$

式中，μ_x 为噪声电压平均值，$\mu_x = \bar{x} = \lim_{T\to\infty} \dfrac{1}{T} \int_0^T x \mathrm{d}t$，一般为零；$\sigma_x^2$ 为噪声电压方差，在 $\mu_x =$

0 时，σ_x^2 为噪声电压均方值，σ_x 为噪声电压方均根值。在低噪声设计和检测中，主要关心的是 σ_x，它是衡量系统噪声大小的基本量。

图 2.4 为典型的电压噪声波形及通用的高斯曲线。高斯曲线包围的面积代表不同噪声电压产生的概率，概率的取值在 0～1 之间，所以总面积代表 1。波形集中在零电平附近，高于或低于这个电平的噪声波形的瞬时值的概率等于 0.5，超过 e_1 电平值的概率如图中所示的阴影区面积。作为工程近似，一般认为电噪声都位于 6.6 倍的噪声方均根值之内，峰-峰电压在 99.9% 的时间内小于 6.6 倍的方均根值。

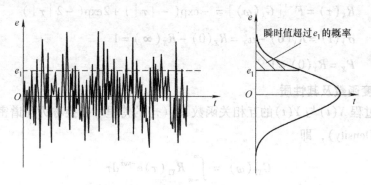

图 2.4 高斯噪声波形与概率密度函数（时间平均）

（1）高斯分布的特点

1）以 $x = \mu_x$ 为轴，呈对称分布，$x = \mu_x$ 取得最大值 $p(\mu_x) = \dfrac{1}{\sigma_x \sqrt{2\pi}}$。

2）$x \rightarrow \pm\infty$ 时，$p(x)$ 逼近横轴。

3）$x = \pm\sigma_x$ 时有拐点。

4）$\mu_x - 3\sigma_x < x < \mu_x + 3\sigma_x$ 域内的概率为 99.7%，$\mu_x - 2\sigma_x < x < \mu_x + 2\sigma_x$ 域内的概率为 95.4%，$\mu_x - \sigma_x < x < \mu_x + \sigma_x$ 域内的概率为 68.3%。

（2）高斯噪声的特性

1）高斯噪声的线性组合仍是高斯噪声。

2）高斯噪声与一固定数值相加的结果只改变噪声平均值，不改变其他特性。

3）对独立的噪声源产生的噪声求和时，按功率相加。

4）高斯噪声通过线性系统后，仍是高斯噪声。

2.3.2 白噪声、高斯白噪声和限带白噪声

1. 白噪声

噪声过程的频域描述是其功率谱密度 $G_n(\omega)$。如按平稳过程 $n(t)$ 的功率谱密度形状来分类，其中在理论分析和实际应用中具有重要意义的是经过理想化了的白噪声。白噪声是功率谱均匀分布在整个频率轴上（$-\infty$，$+\infty$）的一种噪声过程。若噪声功率谱按正、负两个半轴上定义，则噪声功率谱密度为 $G_n(\omega) = N_0/2$，如图 2.5a 所示。工程上取频率（0，$+\infty$）时，$G_n(\omega) = N_0$。

白噪声的自相关函数为

$$R_n(\tau) = \frac{1}{2\pi} \int_{-\infty}^{\infty} G_n(\omega) e^{j\omega\tau} d\omega = \frac{N_0}{4\pi} \int_{-\infty}^{\infty} e^{j\omega\tau} d\omega = \frac{N_0}{2} \delta(\tau) \tag{2.58}$$

这说明，白噪声在不同时刻的取值互不相关，只有当 $\tau = 0$ 时，$R_n(\tau)$ 才不等于零，其形状如图 2.5b 所示。通常，白噪声过程的均值为零，以后不再说明。因此，白噪声也可定义为均值为零、自相关函数 $R_n(\tau)$ 为 δ 函数的噪声随机过程。

由于白噪声在频域上其功率谱密度是均匀分布的，而在时域上其自相关函数 $R_n(\tau)$ 为 δ 函数，所以它的任意两个不同时刻的随机变量 $n(t_i)$ 和 $n(t_j)$($\tau = t_i - t_j \neq 0$)是不相关的。这是白噪声过程的重要特性之一。因为一般认为噪声过程具有遍历性，所以白噪声的上述特性表示，其样本函数在任意两个不同时刻采样所得的随机变量 $n(t_i)$ 和 $n(t_j)$ 之间互不相关，这在实际中是非常有用的。

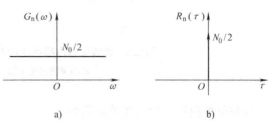

图 2.5　白噪声的功率谱
密度函数与自相关函数
a)白噪声的功率谱密度函数　b)白噪声的自相关函数

白噪声过程是一种理想化的数学模型，由于其功率谱密度在整个频域上均匀分布，所以其能量是无限的，但实际上这种理想白噪声并不存在。讨论这种理想化的白噪声过程的意义在于：由于所采用的系统相对于整个频率轴来说是窄带系统，这样只要在系统的有效频带附近的一定范围内噪声功率谱密度是均匀分布的，就可以把它作为白噪声过程来看待，这并不影响处理结果，而且可以带来数学上的很大方便。

2. 高斯白噪声

如果一个噪声，它的幅度分布服从高斯分布，而它的功率谱密度又是均匀分布的，则称它为高斯白噪声。高斯白噪声的重要特性是：任意两个或两个以上不同时刻的随机变量不仅是互不相关的，而且是相互统计独立的。

3. 限带白噪声

具有矩形功率谱的白噪声称为限带白噪声。

（1）低频限带白噪声

低频限带白噪声的功率谱密度函数为

$$G_n(\omega) = \frac{N_0}{2} \text{rect}\left(\frac{\omega}{2B}\right) \tag{2.59}$$

式中，rect(·)是矩形函数。低频限带白噪声的自相关函数为

$$R_n(\tau) = \frac{1}{2\pi} \int_{-B}^{B} G_n(\omega) e^{j\omega\tau} d\omega = \frac{N_0}{4\pi} \int_{-B}^{B} e^{j\omega\tau} d\omega = \frac{N_0 B}{2\pi} \frac{\sin B\tau}{B\tau} \tag{2.60}$$

低频限带白噪声的功率谱密度函数与自相关函数的形状分别如图 2.6a 与 b 所示。

（2）高频限带白噪声

高频限带白噪声的功率谱密度函数为

$$G_n(\omega) = \frac{N_0}{2}\left[\text{rect}\left(\frac{\omega - \omega_0}{B}\right) + \text{rect}\left(\frac{\omega + \omega_0}{B}\right)\right] \tag{2.61}$$

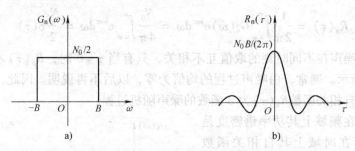

图 2.6　低频限带白噪声的功率谱密度函数与自相关函数
a) 功率谱密度函数　b) 自相关函数

高频限带白噪声的自相关函数为

$$R_{n}(\tau) = \frac{N_0 B}{2\pi} \frac{\sin(B\tau/2)}{B\tau/2} \cos\omega_0\tau \tag{2.62}$$

高频限带白噪声的功率谱密度函数与自相关函数的形状分别如图 2.7a 与图 2.7b 所示。

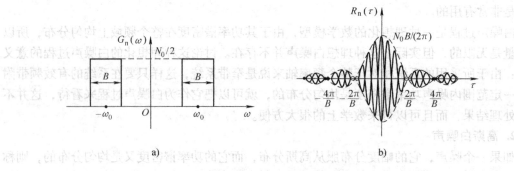

图 2.7　高频限带白噪声的功率谱密度函数与自相关函数
a) 功率谱密度函数　b) 自相关函数

2.3.3　有色噪声

如果噪声过程 $n(t)$ 的功率谱密度在频域上的分布是不均匀的，则称其为有色噪声。在有色噪声中，通常采用具有高斯功率谱密度的模型，即

$$G_n(f) = G_0 \exp\left[-\frac{(f-f_0)^2}{2\sigma_f^2} \right] \tag{2.63}$$

这是因为均值 f_0 代表噪声的中心频率，方差 σ_f^2 反映噪声的谱密度。

2.4　随机过程通过线性系统

在实际工程应用中，需要对信号进行采集、存储、变换、传输和处理，因而必须研究随机信号通过各类系统的各种关系。通常系统分为线性系统和非线性系统两大类。本节主要讨论平稳随机过程通过线性时不变系统后输出信号的统计特性以及系统输入、输出之间的一些重要关系。

2.4.1　确定信号通过线性时不变系统

如图 2.8 所示，设线性时不变系统输入、输出和系统冲激响应分别为 $x(t)$、$y(t)$ 和 $h(t)$，它们的傅里叶变换分别为 $X(\omega)$、$Y(\omega)$ 和 $H(\omega)$，则如下关系成立：

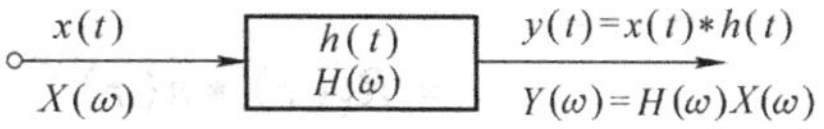

图 2.8　确定信号通过线性时不变系统

1）在时域，有

① 非因果系统　$y(t) = \int_{-\infty}^{\infty} h(\tau)x(t-\tau)\mathrm{d}\tau$

② 因果系统　$y(t) = \int_{0}^{t} h(\tau)x(t-\tau)\mathrm{d}\tau$

2）在频域，若 $\int_{-\infty}^{\infty} h(t)\mathrm{d}t < \infty$，且 $x(t)$ 有界，则有

$$Y(\omega) = X(\omega)H(\omega) \tag{2.64}$$

2.4.2　平稳随机过程通过线性时不变系统

因为随机过程 $X(t)$ 是无限时宽、无限能量、非周期的，故 $X(t)$ 的傅里叶变换、Z 变换以及傅里叶级数都不存在，故不能用频谱表述。但若随机过程是平稳的，则其自相关函数和自协方差函数能量有限，故 Z 变换或傅里叶变换存在。由此可知，随机过程只能用统计的方法来表征，不存在频谱，但可用功率谱描述，如图 2.9 所示。

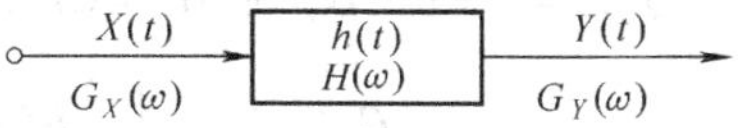

图 2.9　平稳随机信号通过线性时不变系统

1. 平稳随机过程通过线性时不变系统的时域分析

（1）系统输出 $Y(t)$ 的均值

$$\mu_Y = E[Y(t)] = E\left[\int_{-\infty}^{\infty} x(t-\tau)h(\tau)\mathrm{d}\tau\right]$$

$$= \int_{-\infty}^{\infty} E[x(t-\tau)]h(\tau)\mathrm{d}\tau = \mu_X \int_{-\infty}^{\infty} h(\tau)\mathrm{d}\tau = \mu_X H(0) \tag{2.65}$$

式中，$H(0) = \int_{-\infty}^{\infty} h(\tau)\mathrm{d}\tau$。

（2）系统输出 $Y(t)$ 的自相关函数

$$R_Y(t, t+\tau) = E[Y(t)Y(t+\tau)]$$

$$= \int_{-\infty}^{+\infty}\int_{-\infty}^{+\infty} h(\alpha)h(\beta)E[X(t-\alpha)X(t+\tau-\beta)]\mathrm{d}\alpha\mathrm{d}\beta$$

$$= \int_{-\infty}^{+\infty}\int_{-\infty}^{+\infty} h(\alpha)h(\beta)R_X(\tau+\alpha-\beta)\mathrm{d}\alpha\mathrm{d}\beta$$

$$= \int_{-\infty}^{+\infty} h(\alpha)\left[\int_{-\infty}^{+\infty} h(\beta)R_X(\tau+\alpha-\beta)\mathrm{d}\beta\right]\mathrm{d}\alpha$$

$$= \int_{-\infty}^{+\infty} h(\alpha)[h(\tau+\alpha) * R_X(\tau+\alpha)]\mathrm{d}\alpha$$

$$= h(-\tau) * h(\tau) * R_X(\tau) \tag{2.66}$$

由（1）、（2）可知：平稳随机过程通过线性时不变系统的输出过程也是平稳的。

（3）系统输入与输出间的互相关函数

$$R_{XY}(t,t+\tau) = E[X(t)Y(t+\tau)] = E\left[X(t)\int_{-\infty}^{+\infty}h(\alpha)X(t+\tau-\alpha)d\alpha\right]$$

$$= \int_{-\infty}^{+\infty}E[X(t)X(t+\tau-\alpha)]h(\alpha)d\alpha = \int_{-\infty}^{+\infty}R_X(\tau-\alpha)h(\alpha)d\alpha$$

$$= R_X(\tau) * h(\tau) \tag{2.67}$$

同理可证

$$R_{YX}(\tau) = R_X(-\tau) * h(-\tau) = R_X(\tau) * h(-\tau) \tag{2.68}$$

$$R_Y(\tau) = R_X(\tau) * h(\tau) * h(-\tau) = R_{XY}(\tau) * h(-\tau) = R_{YX}(\tau) * h(\tau) \tag{2.69}$$

2. 平稳随机过程通过线性时不变系统的频域分析

（1）系统输出 $Y(t)$ 的功率谱密度

$$G_Y(\omega) = \int_{-\infty}^{+\infty}R_Y(\tau)e^{-j\omega\tau}d\tau$$

$$= \int_{-\infty}^{+\infty}d\tau\int_0^{\infty}d\alpha\int_0^{\infty}[h(\alpha)h(\beta)R_X(\tau+\alpha-\beta)e^{-j\omega\tau}]d\beta$$

令 $\tau' = \tau+\alpha-\beta$，则 $d\tau = d\tau'$，$\tau = \tau'-\alpha+\beta$

$$G_Y(\omega) = \int_0^{+\infty}h(\alpha)e^{j\omega\alpha}d\alpha\int_0^{\infty}h(\beta)e^{-j\omega\beta}d\beta\int_{-\infty}^{+\infty}R_X(\tau')e^{-j\omega\tau'}d\tau'$$

$$= H^*(\omega)H(\omega)G_X(\omega) = |H(\omega)|^2 G_X(\omega) \tag{2.70}$$

式中，$H^*(\omega)$ 为系统传输函数的复共轭；$|H(\omega)|^2$ 称为系统的功率传输函数。

根据以上分析结果，可知系统的功率传输能力仅与系统的幅频特性有关，而与系统的相频特性无关。可由系统的输入输出谱密度测量系统的幅频特性。由式（2.70）容易得到

$$|H(\omega)|^2 = \frac{G_Y(\omega)}{G_X(\omega)}$$

系统输出 $Y(t)$ 的自相关函数为

$$R_Y(\tau) = \frac{1}{2\pi}\int_{-\infty}^{+\infty}G_Y(\omega)e^{-j\omega\tau}d\omega = \frac{1}{2\pi}\int_{-\infty}^{+\infty}|H(\omega)|^2 G_X(\omega)e^{-j\omega\tau}d\omega \tag{2.71}$$

系统输出的均方值或平均功率为

$$E[Y^2(t)] = R_Y(0) = \frac{1}{2\pi}\int_{-\infty}^{+\infty}|H(\omega)|^2 G_X(\omega)d\omega \tag{2.72}$$

（2）系统输入与输出之间的互谱密度

由于 $R_{XY}(\tau) = R_X(\tau) * h(\tau)$、$R_{YX}(\tau) = R_X(\tau) * h(-\tau)$，根据傅里叶变换的性质有

$$G_{XY}(\omega) = G_X(\omega)H(\omega)，G_{YX}(\omega) = G_X(\omega)H(-\omega) \tag{2.73}$$

3. 多个随机过程之和通过线性系统

如图 2.10 所示，设 $X_1(t)$ 和 $X_2(t)$ 单独平稳，且联合平稳，则线性系统的输出 $Y(t)$ 的特性如下：

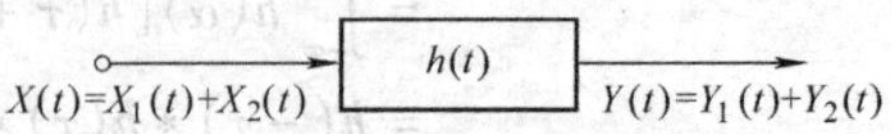

（1）输出 $Y(t)$ 的均值

$$X(t)=X_1(t)+X_2(t) \longrightarrow \boxed{h(t)} \longrightarrow Y(t)=Y_1(t)+Y_2(t)$$

图 2.10 多个随机过程通过线性系统

$$\mu_Y = E[Y(t)] = \mu_{Y_1} + \mu_{Y_2} \tag{2.74}$$

（2）输出 $Y(t)$ 的自相关函数和功率谱密度

$$R_Y(\tau) = R_{Y_1}(\tau) + R_{Y_2}(\tau) + R_{Y_1Y_2}(\tau) + R_{Y_2Y_1}(\tau)$$
$$= [R_{X_1}(\tau) + R_{X_2}(\tau) + R_{X_1X_2}(\tau) + R_{X_2X_1}(\tau)] * h(\tau) * h(-\tau) \tag{2.75}$$

$$G_Y(\omega) = [G_{X_1}(\omega) + G_{X_2}(\omega) + G_{X_1X_2}(\omega) + G_{X_2X_1}(\omega)] \times |H(\omega)|^2 \tag{2.76}$$

推论 1：若 $X_1(t)$ 和 $X_2(t)$ 不相关，则有

$$R_Y(\tau) = [R_{X_1}(\tau) + R_{X_2}(\tau) + 2\mu_{X_1}\mu_{X_2}] * h(\tau) * h(-\tau) \tag{2.77}$$

$$G_Y(\omega) = [G_{X_1}(\omega) + G_{X_2}(\omega) + 4\pi\mu_{X_1}\mu_{X_2}\delta(\omega)] \times |H(\omega)|^2 \tag{2.78}$$

推论 2：若 $X_1(t)$ 和 $X_2(t)$ 不相关，且其中一个均值为零，则有

$$R_Y(\tau) = [R_{X_1}(\tau) + R_{X_2}(\tau)] * h(\tau) * h(-\tau) = R_{Y_1}(\tau) + R_{Y_2}(\tau) \tag{2.79}$$

$$G_Y(\omega) = [G_{X_1}(\omega) + G_{X_2}(\omega)] \times |H(\omega)|^2 = G_{Y_1}(\omega) + G_{Y_2}(\omega) \tag{2.80}$$

（3）输入 $X(t)$ 与输出 $Y(t)$ 的互相关函数和互功率谱密度

$$R_{XY}(\tau) = R_{X_1Y_1}(\tau) + R_{X_1Y_2}(\tau) + R_{X_2Y_1}(\tau) + R_{X_2Y_2}(\tau) \tag{2.81}$$

$$G_{XY}(\omega) = G_{X_1Y_1}(\omega) + G_{X_1Y_2}(\omega) + G_{X_2Y_1}(\omega) + G_{X_2Y_2}(\omega) \tag{2.82}$$

例 2.4　（白噪声通过 RC 积分电路）白噪声 $x(t)$ 输入到一阶 RC 低通滤波电路，如图 2.11 所示。$x(t)$ 的功率谱密度为 $G_x(\omega) = N_0/2$，求：（1）滤波器输出 $y(t)$ 的功率谱密度 $G_y(\omega)$、自相关函数 $R_y(\tau)$ 和功率 P_y；（2）当 $N_0 = 4 \times 10^{-6}$W/Hz 时，确定系统的最小时间常数 $\tau = RC$，使输出的噪声方均根电压不超过 50mV。

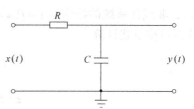

图 2.11　白噪声通过 RC 积分电路

解：图 2.11 电路的频率响应函数为

$$H(\omega) = \frac{1}{1 + j\omega RC} \tag{2.83}$$

功率传输函数为

$$|H(\omega)|^2 = \frac{1}{1 + (\omega RC)^2} \tag{2.84}$$

将式(2.84)代入到式(2.70)得滤波器输出 $y(t)$ 的功率谱密度 $G_y(\omega)$ 为

$$G_y(\omega) = |H(\omega)|^2 G_x(\omega) = \frac{N_0/2}{1 + (\omega RC)^2}$$

求 $G_y(\omega)$ 的傅里叶反变换，得输出自相关函数 $R_y(\tau)$

$$R_y(\tau) = \frac{N_0}{4RC}\exp\left(-\frac{|\tau|}{RC}\right)$$

由式(2.52)可得，$P_y = R_y(0) = \dfrac{N_0}{4RC}$，故

$$\tau = RC = \frac{N_0}{4P_y} = \frac{4 \times 10^{-6}}{4 \times (50 \times 10^{-3})^2}\text{s} = 4 \times 10^{-4}\text{s}$$

由于 RC 积分电路是一低通滤波器，输出功率谱密度与输入相比，低频部分不变，频率增高则逐渐衰减，最后当 $\omega \to \infty$ 时，$G_y(\omega) \to 0$，总的输出噪声均方值比输入小。对于自相关函数，输入为冲激函数，通过系统以后，由于 RC 积分电路有一定的记忆时间，如果输出电压的时间差 τ 落在记忆时间内，那么它们就发生同极性的相关，输出自相关函数 $R_y(\tau)$ 就不再是冲激函数了。

2.5 随机过程通过非线性系统简介

前面已经对随机信号经过线性系统的主要问题进行了分析，给出了平稳随机信号通过线性系统输入与输出间相关函数与功率谱密度函数关系的有关结果。除了线性系统外，还会面临各种各样的非线性系统，如硬限制器、二次失真系统、线性半波检波器、线性全波检波器以及平方律检波器等。由于非线性系统的复杂性，输入过程也不一样，所以使得随机过程的非线性变换分析方法多种多样，常用的有直接法、特征函数法和变换法等分析方法。本节主要介绍直接法，重点分析非线性系统输入与输出随机过程的相关函数与功率谱密度函数的关系，并对变换前后随机信号的频谱带宽进行讨论。

设随机信号 $X(t)$ 的一维概率密度函数为 $p(x;t)$，二维概率密度函数为 $p_2(x_1, x_2; t_1, t_2)$，非线性系统的特性为 $y = f(x)$，则 $X(t)$ 通过该非线性系统得到的输出信号 $Y(t)$ 的统计特性可按下式计算

$$E[Y(t)] = \int_{-\infty}^{\infty} f(x)p(x;t)\mathrm{d}x \tag{2.85}$$

$$E[Y^n(t)] = \int_{-\infty}^{\infty} f^n(x)p(x;t)\mathrm{d}x \tag{2.86}$$

$$R_Y(t_1, t_2) = \int_{-\infty}^{\infty} \int_{-\infty}^{\infty} f(x_1)f(x_2)p_2(x_1, x_2; t_1, t_2)\mathrm{d}x_1\mathrm{d}x_2 \tag{2.87}$$

对式(2.87)直接进行二重积分，其缺点是计算复杂，仅适合非线性变换关系比较简单的场合。下面举例说明这种方法的应用。

设输入随机过程为平稳正态过程，当 $X(t)$ 通过图 2.12 所示的平方律系统 $y = bx^2$ 时，有

$$E[Y] = E[bX^2] = bE[X^2] = b\sigma_x^2 \tag{2.88}$$

$$R_Y(\tau) = b^2 E[X_1^2 X_2^2] = b^2\{E[X_1^2]E[X_2^2] + 2E^2[X_1X_2]\} = b^2[\sigma_X^4 + 2R_X^2(\tau)] \tag{2.89}$$

$$G_Y(\omega) = b^2\sigma_x^4\delta(\omega) + 2b^2 G_X(\omega) * G_X(\omega) \tag{2.90}$$

可见，由于非线性变换的作用，使输出过程的功率谱出现了输入过程没有的频率分量，若在非线性系统之后串联某一线性系统，则可以根据需要保留或滤去某些频率分量，以满足某种需要。

例 2.5 若 $X(t)$ 为平稳窄带正态噪声，图形如图 2.13 所示，其功率谱密度为

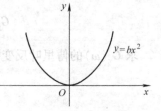

图 2.12 平方律检波器的输入输出关系

$$G_X(f) = \begin{cases} c, & \left(f_0 - \dfrac{\Delta f}{2}\right) < |f| < \left(f_0 + \dfrac{\Delta f}{2}\right) \\ 0, & \text{其他} \end{cases}$$

求当 $X(t)$ 通过图 2.12 所示的平方律系统后输出过程 $Y(t)$ 的功率谱密度，并求其直流、低频、高频分量的功率。

解：由图 2.13 可知，输入过程 $X(t)$ 无直流分量，而方差为

$$\sigma_X^2 = \int_{-\infty}^{\infty} G_X(f)\mathrm{d}f = 2c\Delta f$$

利用式（2.88）、式（2.89）与式（2.90）可求得输出过程 $Y(t)$ 的直流分量功率谱密度 $G_{Y\_DC}(f)$、起伏分量功率谱密度 $G_{Y\_AC}(f)$ 分别为

$$G_{Y\_DC}(f) = b^2\sigma_X^4\delta(f)$$

$$G_{Y\_AC}(f) = \begin{cases} 4b^2c^2(\Delta f - |f|), & 0 < |f| < \Delta f \\ 2b^2c^2[\Delta f - ||f| - 2f_0|], & 2f_0 - \Delta f < |f| < 2f_0 + \Delta f \\ 0, & 其他 \end{cases}$$

上面计算过程表明，由于非线性变换，输出功率谱中出现了输入中未含的直流、低频、高频谱分量，由图 2.14 所示可以算出这三个分量的功率恰好相等，均为 $b^2\sigma_X^4$。

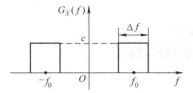

图 2.13　输入 $X(t)$ 的功率谱密度

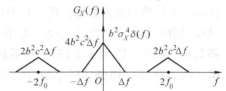

图 2.14　输出 $Y(t)$ 的功率谱密度

2.6　噪声带宽

1. 噪声带宽的定义

线性放大器或调谐电路带宽 B_a 的典型定义是半功率点之间的频率间隔（也称为 $-3\mathrm{dB}$ 带宽）。半功率点相当于电压等于中心频率处电压的 70.7%，它表明功率降低到 50%。

噪声带宽不同于普通放大器或线性网络采用的 3dB 带宽。噪声带宽 B_n 是一个矩形功率增益曲线的"底边"频率间隔，该矩形功率增益曲线的面积等于实际功率增益曲线的面积。因此，噪声带宽是功率增益曲线对频率的积分除以曲线的最大幅度，可表示为

$$B_n = \frac{1}{G_0}\int_0^{\infty} G(f)\mathrm{d}f \tag{2.91}$$

式中，$G(f)$ 为实际功率增益，是频率的函数；G_0 为最大功率增益。

由于功率增益 $G(f)$ 正比于放大器电压增益 $A_s(f)$ 的二次方，所以噪声带宽又可写成

$$B_n = \frac{1}{A_{s0}^2}\int_0^{\infty}[A_s^2(f)]\mathrm{d}f \tag{2.92}$$

式中，A_{s0} 为最大电压增益。

图 2.15 表示一典型宽带放大器的频响曲线。以纵轴 $0 \sim A_{s0}^2$ 和横轴 $0 \sim B_n$ 为边组成的虚

线方框的面积等于 $A_s^2(f)$ 曲线下的面积，因而 B_n 是噪声带宽。

对于理想系统和实际系统，当输入相同的白噪声时，用输出噪声平均功率相等的方法，寻求一个在频带中心的功率传输函数值与实际系统相等的，且具有矩形传输函数特性的理想系统来代替实际系统，以简化系统分析中的运算。

2. 线性系统的通频带宽与等效噪声带宽的关系

因为 B_a 和 B_n 都取决于系统的传输函数 $H(\omega)$，所以一旦 $H(\omega)$ 确定，则 B_a 和 B_n 也就确定了，因而 B_a 和 B_n 必然有确定的关系。不同结构的系统 B_a 和 B_n 的关系如下：

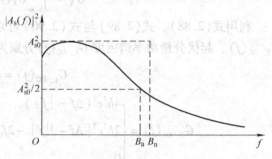

图 2.15　噪声带宽的定义示意图

窄带单调谐电路系统：$B_n = \dfrac{\pi}{2} B_a \approx$ 1.57B_a；

双调谐电路系统：$B_n = 1.22B_a$；

高斯频率特性的电路系统：$B_n = 1.05B_a$；

级联调谐电路越多的电路系统，B_n 和 B_a 两者越接近。

例 2.6　求图 2.16 所示电路（一阶低通滤波电路）的噪声带宽。

解：图 2.16 所示电路的频率响应函数为

$$H(\omega) = \frac{1}{1 + j\omega RC}$$

幅频响应函数为

$$|H(\omega)| = \frac{1}{\sqrt{1 + (\omega RC)^2}}$$

式中，当 $\omega = 0$ 时，可得电路的直流增益 $|H(0)| = 1$。代入式(2.92)得

$$B_n = \frac{\int_0^{+\infty} |H(\omega)|^2 \mathrm{d}\omega}{|H(0)|^2} = \int_0^{+\infty} \frac{1}{1 + (\omega RC)^2} \mathrm{d}\omega = \frac{\pi}{2} \frac{1}{RC} \approx 1.57B_a \quad （单位为 rad/s）$$

或

$$B_n = \frac{1}{4RC} \quad （单位为 Hz） \tag{2.93}$$

图 2.17 给出了一阶低通滤波电路的功率增益曲线、信号带宽与噪声带宽。

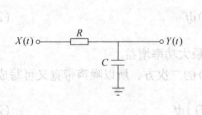

图 2.16　一阶低通滤波电路

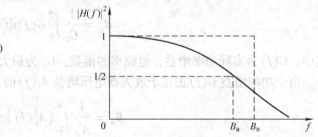

图 2.17　一阶低通滤波电路的功率增益曲线、信号带宽和噪声带宽

通过类似的推理计算过程可得，对于二阶的低通滤波器，$B_n = 1.22B_a$；对于三阶的低通滤波器，$B_n = 1.15B_a$；对于四阶的低通滤波器，$B_n = 1.13B_a$；对于五阶的低通滤波器，$B_n = 1.11B_a$。可见，滤波器的阶次越高，B_a 和 B_n 两者越接近。这是因为，滤波器的阶次越高，其幅频响应曲线越接近于理想滤波器。

例 2.7　求图 2.18 所示电路(二阶带通滤波电路)(图中 $R_1C_1 > R_2C_2$)的噪声带宽。

解： 图 2.18 所示电路的频率响应函数为

$$H(j\omega) = \frac{1}{1 + j\omega R_2 C_2} \frac{j\omega R_1 C_1}{1 + j\omega R_1 C_1} = \frac{j\omega R_1 C_1}{1 - \omega^2 R_1 C_1 R_2 C_2 + j\omega(R_1 C_1 + R_2 C_2)} \quad (2.94)$$

令

$$\omega_1 = 2\pi f_1 = \frac{1}{R_1 C_1}, \quad \omega_2 = 2\pi f_2 = \frac{1}{R_2 C_2}, \quad A_0 = \frac{\omega_2}{\omega_1 + \omega_2} = \frac{f_2}{f_1 + f_2}$$

$$\omega_0 = \sqrt{\omega_1 \omega_2} = 2\pi f_0 = 2\pi \sqrt{f_1 f_2}, \quad Q = \frac{\omega_0}{\omega_2 - \omega_1} = \frac{f_0}{f_2 - f_1}$$

式中，ω_0 是谐振频率；Q 是品质因子。

当 $f = f_0$ 时，带通滤波器增益最大为 A_0，即 $|H(\omega_0)|^2 = A_0^2$。二阶带通滤波电路的幅频响应如图 2.19 所示，上述各参数也示于图中。

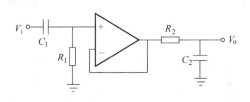

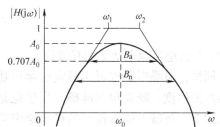

图 2.18　二阶带通滤波电路　　　　　图 2.19　二阶带通滤波电路的幅频响应

根据上面各式，式(2.94)可改写为

$$H(j\omega) = A_0 \frac{Q^{-1}(j\omega/\omega_0)}{(j\omega/\omega_0)^2 + Q^{-1}(j\omega/\omega_0) + 1}$$

由式(2.92)可得

$$B_n = \frac{\int_0^{+\infty} |H(\omega)|^2 d\omega}{|H(\omega_0)|^2} = \int_0^{+\infty} \frac{Q^{-2}(\omega/\omega_0)^2}{[1 - (\omega/\omega_0)^2]^2 + Q^{-2}(\omega/\omega_0)^2} d\omega$$

$$= \omega_0 \int_0^\infty \frac{Q^{-2} x^2}{(1 - x^2)^2 + Q^{-2} x^2} dx = \frac{\pi}{2} \frac{\omega_0}{Q}$$

带通滤波器的 $-3\mathrm{dB}$ 带宽 B_a 与品质因子 Q 的关系为 $Q = \dfrac{\omega_0}{B_a}$，故

$$B_n = \frac{\pi}{2} B_a \quad (2.95)$$

2.7　额定功率和额定功率增益

在分析和计算噪声问题时，往往会遇到额定功率和额定功率增益的概念，它们也是表征网络特性的参数，应用这些参数来研究噪声问题，往往可以使分析和计算得到简化。下面介绍它们的定义和特征[50]。

1. 额定功率

信号源可能输出的最大信号功率称为信号额定功率，又称为可用功率或资用功率，它是衡量信号源容量大小的量度。我们知道，一个信号源提供的最大功率就是信号源馈送到匹配负载上的功率。所谓匹配负载就是负载阻抗 R_L 和信号源阻抗 R_s 相等，即 $R_\mathrm{L} = R_\mathrm{s}$。

对于内阻为 R_s 的电压源，如图 2.20a 所示，其信号额定功率为

$$P'_\mathrm{s} = \frac{V_\mathrm{s}^2}{4R_\mathrm{s}} \tag{2.96}$$

式中，V_s 是电压源电动势的有效值。

对于内阻为 R_s 的电流源，如图 2.20b 所示，其信号额定功率为

$$P'_\mathrm{s} = \frac{1}{4} I_\mathrm{s}^2 R_\mathrm{s} \tag{2.97}$$

式中，I_s 是电流源电动势的有效值。

同样，对噪声源也可用额定的噪声功率表示噪声的强度，既简单又准确。当然也是在匹配条件下，负载上能够得到的最大噪声功率称为可资用的噪声功率。

这个条件是经常使用的，而一般检测、通信系统等都工作在匹配状态。在此条件下，对任意给定的负载，它给出可能最坏的噪声效应，这可用最大功率传递定理来证明。

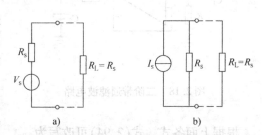

图 2.20　电压源和电流源的额定功率

由上述可知，额定功率是度量能源容量大小和表征二端网络固有特性的一个参量。只要网络一定，其额定功率也就是一个定值，而与网络在实际电路所连接的负载阻抗无关。如果在实际电路中，二端网络所接的负载阻抗不是匹配阻抗时，可以假定实际电路所接的负载阻抗就是匹配阻抗，此时，该电路所输出的功率就是额定功率。

2. 额定功率增益

四端网络的额定功率增益，又称可用功率增益或资用功率增益，定义为网络的输出额定功率 P'_so 与输入信号源额定功率 P'_si 的比值，即四端分别匹配时的功率增益为

$$A'_\mathrm{p} = \frac{P'_\mathrm{so}}{P'_\mathrm{si}} \tag{2.98}$$

与额定功率概念相同，额定功率增益是表征四端网络固有特性的一个参量，只要网络一定及其信号源电路一定，其额定功率增益就是一个定值，而与该四端网络在实际电路中输入

端、输出端是否匹配无关。

为了理解额定功率增益的概念，并掌握其计算方法，下面举一个例子。

例 2.8　求图 2.21 所示四端网络的额定功率增益。

解：先求输入端额定功率 P'_{si}。在这个实际电路中，信号源的负载 $R + R_L$ 并不与信号源内阻 R_s 匹配，但该信号源仍然有其额定功率，即该四端网络的输入额定功率为

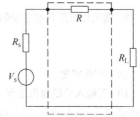

图 2.21　无源四端网络的电路

$$P'_{si} = \frac{V_s^2}{4R_s}$$

再求输出端额定功率 P'_{so}。从四端网络的输出端向左看，也是一个二端网络，其内阻抗为 $R + R_s$，其信号源电动势为 V_s。在这个实际电路中，二端网络的负载 R_L 并不与其内阻 $R + R_s$ 匹配，但该二端网络仍然有其额定功率，该四端网络输出额定功率为

$$P'_{so} = \frac{V_s^2}{4(R + R_s)}$$

最后，将求得的 P'_{si}、P'_{so} 代入式(2.98)，可求得这个四端网络的额定功率增益为

$$A'_p = \frac{P'_{so}}{P'_{si}} = \frac{R_s}{R_s + R}$$

噪声额定功率增益的计算与信号额定功率增益的计算是一样的，在此不再赘述。

引入额定功率和额定功率增益，将有利于简化噪声系数 F 的表示式以及有关噪声的计算，这在以后章节中将得到充分的应用。

思考题与习题

1. 设随机振幅信号 $X(t) = X\cos\omega_0 t$，式中 ω_0 为常量，X 为标准正态随机变量。求随机过程 $X(t)$ 的数学期望、方差、相关函数、协方差函数。

2. 随机过程 $X(t) = Ay(t)$，式中 A 是高斯变量，$y(t)$ 为确定的时间函数，判断 $X(t)$ 是否为严平稳过程。

3. 考察具有随机相位的随机过程 $X(t) = a\cos(\omega_0 t + \theta)$，式中 a 和 ω_0 均为常量，θ 为一随机变量，均匀分布于 $(0, 2\pi)$ 之间，试分析随机过程 $X(t)$ 的平稳性。

4. 设随机过程 $X(t) = s(t) + n(t)$，其中 $n(t)$ 是均值为零、方差为 σ^2 的平稳正态噪声，而 $s(t) = a\cos(\omega_0 t + \varphi_0)$ 为确知信号。求随机过程 $X(t)$ 在任一时刻 t_1 的一维概率密度，并判别 $X(t)$ 的平稳性。

5. 设有两个平稳过程

$$X(t) = \cos(\omega_0 t + \varphi), \quad Y(t) = \sin(\omega_0 t + \varphi)$$

式中，ω_0 为常量，φ 是在 $(0, 2\pi)$ 上均匀分布的随机变量。问该两过程是否联合平稳，它们是否相关、正交、统计独立。

6. 设 $x(t)$ 和 $y(t)$ 是联合平稳的随机过程，试证明：

(1) $R_{xy}(\tau) = R_{yx}(-\tau)$，　　$C_{xy}(\tau) = C_{yx}(-\tau)$

(2) $|R_{xy}(\tau)|^2 \leqslant R_x(0)R_y(0)$

(3) $|\rho_{xy}(\tau)| \leqslant 1$

7. 非周期平稳过程 $X(t)$ 的自相关函数 $R_x(\tau) = 16 + \dfrac{9}{1 + 3\tau^2}$，求 $X(t)$ 的数学期望及方差。

8. 设平稳随机过程的相关函数为

$$R_X(\tau) = I\exp(-\alpha|\tau|), \quad \alpha > 0$$

求 $X(t)$ 的谱密度 $G_X(\omega)$。注意：有可能用到的傅里叶逆变换公式：

$$f(\tau) = \exp(-\alpha|\tau|) = \frac{1}{2\pi}\int_{-\infty}^{\infty}\frac{2\alpha}{\omega^2 + \alpha^2}e^{j\omega\tau}d\omega$$

9. 随机相位正弦波过程的相关函数为

$$R(\tau) = \frac{A^2}{2}\cos\omega_0\tau$$

求功率谱密度。

10. 若输入平稳随机过程 $x(t)$ 的功率谱密度为 $G_x(\omega)$，其响应 $y(t) = x(t) + x(t-T)$，试证明 $y(t)$ 的功率谱密度为：$G_y(\omega) = 2(1+\cos\omega T)G_x(\omega)$。

11. 设有平稳随机过程，其功率谱密度为

$$G(\omega) = \frac{\omega^2 + 4}{\omega^4 + 10\omega^2 + 9}$$

求该过程的相关函数和均方值。

12. 求功率谱密度为 $N_0/2$ 的白噪声过程 $x(t)$ 通过图 2.22 所示的 CR 微分电路后的自相关函数。

13. 试证明图 2.23 所示二阶低通滤波器（图中 $R_1 = R_2 = R$，$C_1 = C_2 = C$）的等效噪声带宽 B_n 与信号带宽 B_a 的关系为：$B_n \approx 1.22B_a$。

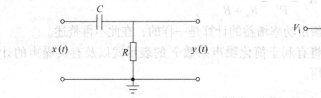

图 2.22　题 12 图

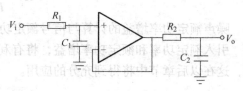

图 2.23　题 13 图

14. 设某一放大器的增益频谱响应为

$$A_v(f) = \begin{cases} 3\sin(2\pi f/400), & 0 \leqslant f \leqslant 200\text{Hz} \\ 0 \end{cases}$$

求该放大器的等效噪声带宽。

15. 确定具有如下频率响应特性的系统的噪声带宽 B_n。

$$\begin{cases} 0 \leqslant f \leqslant 1\text{kHz} & |A_v|^2 = f \\ 1\text{kHz} \leqslant f \leqslant 20\text{kHz} & |A_v|^2 = 1000 \\ 20\text{kHz} \leqslant f \leqslant 100\text{kHz} & |A_v|^2 = 1000 - 0.0125(f - 20000) \\ 100\text{kHz} < f & |A_v|^2 = 0 \end{cases}$$

第 3 章 电路和系统中的噪声

在信号的产生、传输和测量过程中，噪声会叠加在有用信号上，从而降低测量精度。系统的噪声性能常用信噪比来表示。信噪比越高，由噪声引起的测量误差越小。一些电噪声是由电子元器件本身产生的，另一些噪声则来自外部因素，又称为干扰。常见的如交流电网的工频干扰、电视和无线电广播干扰、大功率设备的电磁场干扰、直流电源的纹波干扰、仪器（或插件）之间及仪器内部接地不良而产生的干扰。

不同的噪声和干扰对测量的影响，可采用不同的办法来减小或消除。各种测量系统，因仪器和环境条件不同，起主要作用的噪声源也各不相同。对于一般的测量系统，只要电路上和工艺上采取适当措施，外部干扰通常可以减小到次要程度。因此，影响测量精度的主要因素往往是仪器内部元器件的固有噪声。

电子元器件的噪声通常由载流子的随机运动或载流子的数量涨落引起。例如，导体或电阻中自由电子的不规则运动、电子管阴极的热电子发射，以及半导体内载流子的产生和复合过程等，都会引起电流或电压的波动，从而产生噪声。因此双极型晶体管、场效应晶体管、电子管和电阻等元器件，它们在提供和传送有用信号的同时还会产生噪声。噪声属于随机过程，有关概念和分析方法已在第 2 章中介绍，本章具体讨论检测电路中的主要噪声源和典型电路器件的噪声[23-25]。

3.1 电子系统内部的固有噪声源

由组成检测电路的元器件产生的内部噪声称之为固有噪声，它是由电荷载体的随机运动所引起的。在各种测试系统中，固有噪声的大小决定了系统的分辨率和可检测的最小信号幅度。电子系统中遇到的噪声主要有三类：热噪声、散粒噪声和闪烁噪声（又称 $1/f$ 噪声）。

3.1.1 热噪声

由于导体和电阻中存在大量自由电子，这些自由电子将作不规则运动，大量电子的热运动就会在电阻两端产生起伏电压，这种因电阻内部自由电子的热运动而产生的起伏电压就称为电阻的热噪声（Thermal Noise），如图 3.1 所示。约翰逊（J. B. Johnson）于 1927 年首先发现了热噪声，因此热噪声又称之为约翰逊噪声。

1. 热噪声电压和功率谱密度

理论和实践证明，当电阻的温度为 $T(\mathrm{K})$ 时，电阻 R 两端的噪声电压 e_t 的功率谱密度函数为

$$G_t(f) = 4kTR \tag{3.1}$$

图 3.1 电阻热噪声电压波形

式(3.1)为奈奎斯特(Nyquist)公式，式中 k 为玻尔兹曼(Boltzmann)常数，$k = 1.38 \times 10^{-23} \text{J/K}$；$T$ 为热力学温度。

由式(3.1)可知，对于温度和阻值一定的电阻，其热噪声的功率谱密度为常数。实际上，在很高频率及很低温度时，$G_t(f)$ 将发生变化。在一般检测系统的工作频率范围内，可以认为热噪声是白噪声。

式(3.1)是由经典的热动力学推导出的近似结果，当频率很高时，由量子理论可得如下更精确的热噪声功率密度函数表达式：

$$G_t(f) = \frac{4hfR}{\exp[hf/(kT)] - 1} \tag{3.2}$$

式中，h 为普朗克(Planck)常数；f 为频率。

由式(3.2)可见，当 $f > kT/h$ 时，$G_t(f)$ 会逐渐减少。在室温($T \approx 290\text{K}$)下，当 $f < 0.1kT/h \approx 10^{12} \text{Hz}$ 时，将式(3.2)分母中的指数函数展开成幂级数，并取前两项来近似，即

$$\exp[hf/(kT)] \approx 1 + hf/kT$$

则式(3.2)可近似为式(3.1)。一般检测系统的工作频率要比 10^{12}Hz 低得多，所以式(3.1)被广泛使用。

因为实际的检测电路都具有一定的频带宽度 B，工作于电路系统中电阻 R 的热噪声 e_t 的等效功率 P_t 可以用其均方值来表示

$$P_t = E[e_t^2] = \int_B 4kTR\mathrm{d}f = 4kTBR \tag{3.3}$$

电阻两端呈现的开路热噪声电压有效值(即方均根值)E_t，可由式(3.3)计算

$$E_t = \sqrt{P_t} = \sqrt{4kTRB} \tag{3.4}$$

例3.1 一个 $1\text{k}\Omega$ 的电阻，在 1Hz 带宽内，室温 $T = 290\text{K}$，代入式(3.4)，则可求得方均根热噪声电压 $E_t = 4\text{nV}$；若工作带宽为 500kHz 的系统，放大器增益为 1000，则在放大器输出端的热噪声方均根电压约为 2.8mV。在微弱信号检测中，这对于信号来讲是一个不可忽视的量。

热噪声可以看成是无数独立的微小电流脉冲的叠加，根据概率论的中心极限定理，它们是服从于高斯(正态)分布的高斯过程，其概率密度为

$$p(e_t) = \frac{1}{\sqrt{2\pi}E_t}\exp\left(-\frac{e_t}{2E_t^2}\right) \tag{3.5}$$

根据式(3.5)可得，噪声电压 $|e_t| > 4E_t$ 的概率小于 0.01%。

由式(3.1)和式(3.5)可知电阻的热噪声是高斯白噪声。

热噪声不仅存在于电阻中，而且也出现在其他电子元器件中。例如，晶体管基区电阻 $r_{bb'}$(由基区半导体材料的体电阻构成)是晶体管噪声的主要来源；对于结型场效应晶体管，多数载流子在导电沟道中作随机运动产生热噪声，它是场效应晶体管的主要噪声源。

2. 电阻的热噪声等效模型

一个实际的电阻 R 产生的热噪声电压，可以用一个噪声电压源 E_n 和一个无噪声电阻 R 相串联的二端网络来表示；或者用一个噪声电流源 I_n 与一个无噪声电阻 R 相并联的二端网

络来表示，如图 3.2 所示。根据等效电路原理，可求出通带 Δf 内热噪声电流的均方值，即

$$I_n^2 = \frac{E_n^2}{R^2} = \frac{4kTR\Delta f}{R^2} = \frac{4kT\Delta f}{R}$$

3. 电阻热噪声的额定噪声功率表示

由第 2 章 2.7 节可知，电阻热噪声的额定功率为

$$P_n' = \frac{E_t^2}{4R} = \frac{1}{4}I_t^2 R = kT\Delta f \tag{3.6}$$

式 (3.6) 表明，任何一个无源二端
网络的额定噪声功率只与温度 T 及通带
Δf 有关而与其负载阻抗以及网络本身的
阻抗都无关，这是它的重要特征。

4. 复阻抗的热噪声

设 Z 是一个二端口网络的复阻抗，
可以证明，其热噪声电压和电流的功率
谱密度分别为

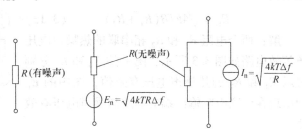

图 3.2 电阻的热噪声等效模型

$$G_{tu}(f) = 4kT\mathrm{Re}(Z) \tag{3.7a}$$

$$G_{ti}(f) = \frac{4kT\mathrm{Re}(Z)}{|Z|^2} = 4kT\mathrm{Re}(Y) \tag{3.7b}$$

Z 一般与频率有关，故 $G_t(f)$ 是频率的函数。此时热噪声电压的等效功率 P_t 为

$$P_t = \int_B 4kT\mathrm{Re}(Z)\,\mathrm{d}f = 4kT\int_B \mathrm{Re}(Z)\,\mathrm{d}f \tag{3.8}$$

5. 热噪声的计算

(1) 噪声的叠加

设有两个噪声电压 E_1 和 E_2，则其均方合成电压的一般表示式为

$$E^2 = E_1^2 + E_2^2 + 2rE_1E_2 \tag{3.9}$$

式中，r 为相关系数，其值为 $-1 \leqslant r \leqslant 1$。

下面分四种情况讨论：

1) 当 $r = 0$ 时，表示两噪声电压不相关，则均方合成电压

$$E^2 = E_1^2 + E_2^2 \tag{3.10}$$

即不相关噪声电压的合成应当是均方值相加，或功率相加，而不能线性相加。

2) 当 $r = 1$ 时，表示两噪声电压完全相关，则均方合成电压

$$E^2 = E_1^2 + E_2^2 + 2E_1E_2 = (E_1 + E_2)^2 \tag{3.11}$$

即完全相关噪声电压的合成应当是瞬时值或方均根值的线性相加，例如：同频同相的正
弦波。

3) 当 $r = -1$ 时，表示两噪声电压完全相关，但相位相反，则均方合成电压

$$E^2 = E_1^2 + E_2^2 - 2E_1E_2 = (E_1 - E_2)^2 \tag{3.12}$$

即相位相反的相关噪声电压的合成应当是瞬时值或方均根值的线性相减，例如：同频反
相的正弦波。

4) 当 r 取其他值时，表示两噪声电压部分相关。

一般在处理噪声电压时，不论它是相关或不相关或部分相关，为简单起见，统统都当做不相关的来处理。这样自然会带来一些误差，但是误差不大。例如，两电压相等且为全相关时，相加后的电压为 $E = 2E_1$；若它们作为不相关处理时，相加后则为 $E = \sqrt{2}E_1$，这样带来的误差是 30%；如果它们是部分相关，或一个远大于另一个，则误差将比 30% 小。

例 3.2 （噪声电压的串联）两个温度相同的电阻 R_1 和 R_2 相串联所产生的等效热噪声电压有效值为

$$E_{ts} = \sqrt{4kTB(R_1 + R_2)} \qquad (3.13)$$

解： 两个电阻 R_1 和 R_2 相串联的热噪声电压源等效电路如图 3.3 所示，图中的 E_{t1} 和 E_{t2} 分别表示 R_1 和 R_2 的热噪声电压有效值，图中的 E_{ts} 为出现在串联电阻输出端的等效热噪声电压有效值。

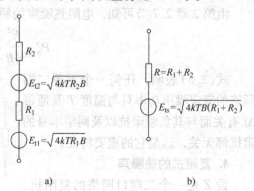

图 3.3　两个电阻相串联的热噪声等效电压源等效电路
a) 噪声电路　b) 等效电路

由于 R_1 产生的热噪声电压和 R_2 产生的热噪声电压互不相关，根据式(3.10)有

$$E_{ts}^2 = E_{t1}^2 + E_{t2}^2 = 4kTBR_1 + 4kTBR_2 = 4kTB(R_1 + R_2)$$

上式两边开方就得到式(3.13)。根据电路原理，图 3.3 所示电路两端的等效电阻 R_{eq} 为

$$R_{eq} = R_1 + R_2$$

上式结果说明，两噪声电阻串联时，总噪声电压等于其等效电阻的热噪声电压。同样可以证明，两噪声电阻并联时，总噪声电压等于其等效电阻的热噪声电压(本章习题 1)。这个结论可以推广至复杂的电阻网络。应当注意，上面的讨论只限于所有电阻温度相同的情况。如果各电阻温度不同，应利用原来的功率相加的办法来计算。

（2）阻容并联电路的热噪声

图 3.4 是一个阻容并联电路，电路的阻抗是

图 3.4　阻容并联电路的热噪声

$$Z = R \bigg/\!\!\bigg/ \left(\frac{1}{j\omega C}\right) = \frac{R}{1 + j\omega RC} = \frac{R}{1 + (\omega RC)^2} - j\frac{\omega R^2 C}{1 + (\omega RC)^2}$$

根据式(3.8)，并将 $\omega = 2\pi f$ 代入，可得到

$$E_t^2 = \int_0^\infty 4kT \mathrm{Re}(Z)\mathrm{d}f = \int_0^\infty \frac{4kTR}{1 + (2\pi f RC)^2}\mathrm{d}f$$

$$= \frac{2kT}{\pi C}\int_0^\infty \frac{\mathrm{d}x}{1 + x^2} = \frac{2kT}{\pi C}\left[\tan^{-1}x\right]_0^\infty = \frac{kT}{C} \qquad (3.14)$$

式(3.14)表明，阻容并联电路的热噪声输出功率与电阻的阻值无关，而只是取决于并联在电阻两端的电容 C 及绝对温度 T。例如，若并联电容 $C = 1\mathrm{pF}$ 时，在室温(290K)情况下，根据式(3.14)，无论电阻值是多少，输出噪声的有效值总是 $63\mu V$。

当式(3.14)中 $C \to 0$ 时，似乎 $E_t^2 \to \infty$，其实这在现实中是不可能的，因为式(3.14)在任意高的频率下不再成立。

3.1.2　散粒噪声

大家知道，电流是由电子或其他载流子的流动形成的。在电子元器件中，载流子产生和消失的随机性，使得流动着的载流子数目发生波动，有时多些，有时少些，由此引起的电流瞬时涨落称为散粒噪声（Shot Noise）。为了观测到散粒噪声，必须限定载流子流向。进入这一点的载流子必须是和通过此点的其他载流子无关的单纯随机事件。否则，热噪声就将占据主导作用，散粒噪声就将不能被观察到了。

1. 散粒噪声的物理性质

在真空电子管中，由热阴极电子发射机理来说明散粒噪声的物理性质，如图 3.5 所示。在固定温度下，电子管热阴极每秒电子发射的平均数目是一个常量，但电子发射的实际数目是随时间变化的、不能预测的。也就是说，如果将时间轴分为许多等间隔的小区间，则每一小区间内电子发射数目不是一个常量而是随机变量。因此，电子发射所形成的电流并不是固定不变的，而是在某个平均值附近起伏变化。

如图 3.6 所示，实际电流值在平均值 I_o 附近上下波动。假设从阴极发射的每一个电子是独立的，且每安培的电流相当于在 1s 内通过约 6×10^{18} 个电子，所以实际电流便是大量电子独立随机运动形成的电流之和。根据中心极限定理可知，实际电流是一个高斯随机过程，也就是说，图 3.6 中的电流起伏（即散粒噪声）是一个高斯随机过程。在特定温度下，通过计算可以得到电子管散粒噪声的功率谱密度。

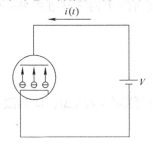

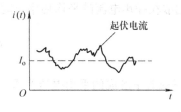

图 3.5　真空电子管热电子发射示意图　　　图 3.6　电子管的总电流变化示意图

如果入射载流子满足泊松分布时，可得到肖特基公式

$$G_s(f) = 2qI_D \tag{3.15}$$

式中，$G_s(f)$ 为电流噪声功率谱密度；q 为电子电荷 1.6×10^{-19}C；I_D 为平均电流值。

PN 结也是满足这个条件的物理结构之一，由于其存在能量势垒，载流子只能在一个方向上移动，每个载流子通过耗尽层结的过程是一个随机事件。因此载流子运动是随机的、独立的，满足泊松分布。

总之，散粒噪声是源于载流子传输的离散特性，且必须在非平衡系统中才能观察到，因此也被称为非平衡本征噪声。

2. 散粒噪声的频域特性

散粒噪声是由载流子随机运动引起的，可以设 τ 为载流子随机通过势垒区的渡越时间，每个载流子漂移通过势垒产生的电流脉冲为 $i(t)$，通常 τ 极小，可将其看做是一个矩形的单脉冲，即

$$i(t) = \begin{cases} \dfrac{q}{\tau}, & |t| \leqslant \dfrac{\tau}{2} \\ 0, & \text{其他} \end{cases} \tag{3.16}$$

因 $\int_{-\infty}^{\infty} i(t)\mathrm{d}t = q$，则 $i(t)$ 的傅里叶变换为

$$I(\omega) = \int_{-\infty}^{\infty} i(t)\exp(-\mathrm{j}\omega t)\mathrm{d}t = q\frac{\sin(\omega\tau/2)}{\omega\tau/2} \tag{3.17}$$

其功率谱密度为

$$|I(\omega)|^2 = q^2 \left| \frac{\sin(\omega\tau/2)}{\omega\tau/2} \right|^2 \tag{3.18}$$

在低频范围内，满足

$$f = \frac{1}{\tau} \tag{3.19}$$

在有限带宽 Δf 内，可视 $|I(\omega)|^2$ 为一个常数，则有 $|I(\omega)|^2 \approx q^2$。由于在全频率范围内的噪声功率为

$$\int_{-\infty}^{\infty} |I(\omega)|^2 \mathrm{d}f = 2\int_{0}^{\infty} |I(\omega)|^2 \mathrm{d}f \tag{3.20}$$

所以，在带宽 Δf 内的总功率为 $P_s = 2q^2\Delta f$，其中 P_s 值表示载流子形成的噪声电流在频宽 Δf 内的均方值。由于各个载流子形成的噪声互不相关，若在时间 T 内漂移过势垒的载流子数为 n，则散粒噪声电流的平均功率可写为

$$\overline{i^2} = \frac{nP_s}{T} = \frac{2nq^2\Delta f}{T} \tag{3.21}$$

由于载流子形成的平均电流为 $I_D = \dfrac{nq}{T}$，代入式(3.21)可得 $\overline{i^2} = 2qI_D\Delta f$，即其散粒噪声功率谱密度为

$$G_s(f) = 2qI_D \tag{3.22}$$

由式(3.22)可以看出，散粒噪声功率谱和频率无关，具有白噪声的特性。

3.1.3 闪烁噪声

闪烁噪声(Flick Noise)是低频噪声的一种，即 $1/f$ 噪声，其噪声电压随频率的降低而增大，它的功率谱一般随 $1/f^r$ 而变化，r 通常接近于 1（因元器件不同，r 大约在 $0.8 \sim 1.3$ 内变动），即

$$G_F(f) = \frac{A_F}{f}\mathrm{d}f \tag{3.23}$$

式中，A_F 是由具体元器件决定的常数。图 3.7 给出了典型低频噪声的时域和频域波形。

设测量仪器通频带的上、下限频率分别为 f_H 和 f_L，则测得的均方值为

$$E_F = \int_{f_L}^{f_H} G_F(f)\mathrm{d}f = A_F\ln\frac{f_H}{f_L} \tag{3.24}$$

由式(3.24)可知，每十倍频程内低频噪声的均方值相等。也就是说，在 $0.01 \sim 0.1\mathrm{Hz}$

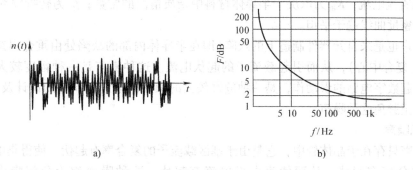

图 3.7　典型低频噪声的时域和频域波形
a) 时域波形　b) 频域波形

频段和 10~100Hz 频段内噪声的均方值相等。提高仪器通频带下限，可有效抑制低频噪声。

必须指出，$1/f$ 噪声是普遍存在的，电子管、双极型晶体管、场效应管晶体以及电阻等元器件中都存在。半导体器件中，$1/f$ 噪声主要和材料的表面特性有关，制造时改善表面处理可降低 $1/f$ 噪声。在合成碳质电阻中，$1/f$ 噪声比较大，因为这类电阻是由挤压在一起的碳粒组成的，当电流流过这样的不连续介质时就产生 $1/f$ 噪声。线绕电阻和薄膜电阻的 $1/f$ 比较小。对 $1/f$ 噪声，至今尚缺乏合适的理论和解释。但是，噪声优良的元器件，其 $1/f$ 常常可以忽略。

3.1.4　其他噪声

1. 猝发噪声

除了闪烁噪声外，许多硅晶体管还有另一种低频噪声，即猝发噪声 (Burst Noise)，它表现为一系列随机脉冲，如图 3.8 所示。波形中有较大的脉冲幅度，但频率较低，因此又称为爆裂噪声或爆米花噪声。爆裂噪声脉冲出现的几率可在每秒几百个到几分钟一个之间变化。

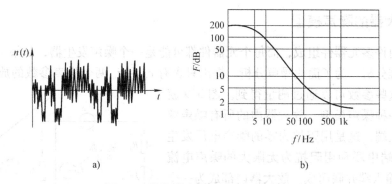

图 3.8　猝发噪声的时域和频域波形
a) 时域波形　b) 频域波形

已经证明，猝发噪声的功率谱密度可表示为

$$G_B(f) = \frac{K_B I_D}{1 + (f/f_0)^2} \tag{3.25}$$

式中，I_D 为直流电流；K_B 为取决于半导体材料中杂质情况的常数；f_0 为转折频率，当 $f < f_0$ 时，功率谱密度曲线趋于平坦。

猝发噪声也是来自元器件制造上的缺陷（即在半导体内部的缺陷处由重金属杂质凝聚而形成的产生-复合中心），从而引起载流子的起伏电流。这种噪声是一种幅度较大的脉冲干扰，它会引起数字电路的误动作，是一种危害较大的噪声。改进元器件的设计及制造工艺，可以降低甚至避免这种噪声。

2. 分配噪声

这种噪声只存在于晶体管中，它是由于基区载流子的复合率有起伏，使得集电极电流和基极电流的分配有起伏，从而使集电极电流有起伏，这种噪声称为分配噪声（Partition Noise）。

理论分析证明，集电极电流的分配噪声密度为

$$G_P(f) = 2qI_C\left(1 - \frac{|\alpha|^2}{\alpha_0}\right) \tag{3.26}$$

式中，I_C 是晶体管集电极静态电流；α_0 是晶体管的共基极直流电流放大系数；α 是高频时共基极电流放大系数，其值为

$$\alpha = \frac{\alpha_0}{1 + j\dfrac{f}{f_\alpha}}$$

式中，f_α 为共基极晶体管截止频率；f 为晶体管工作频率。

式(3.26)表明，晶体管的分配噪声不是白噪声，它的功率谱密度随频率而变化，频率越高噪声就越大。

3.2 噪声指标

3.2.1 放大器的噪声模型

放大器由许多元器件组成，而每个元器件都可能是一个噪声发生器，如果一个个地来考虑，势必很难分析。为了简化噪声分析，提出只含有 e_n 和 i_n 两个噪声参数的放大器的噪声模型，并且这些参数可以通过测量得到。图 3.9 就是放大器的一种噪声模型。放大器内的所有噪声源都折算到输入端，这是用阻抗为零的噪声电压发生器 E_n 与输入端串联和用阻抗为无限大的噪声电流发生器 I_n 与输入端并联而成。放大器内部成为一个无噪声的放大电路。图中还画出了信号源电阻 R_s 及其热噪声 E_t 以及信号源电压 U_{si}。除放大器外，其他如晶体管、电子管以及集成电路等，也可以应用上述的噪声模型来表示。

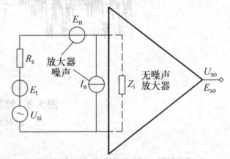

图 3.9 放大器的噪声模型（带信号源）

有了放大器的 e_n-i_n 噪声模型，放大器就可以看成是无噪声的了，因而对放大器噪声的

研究归结为分析 e_n、i_n 在整个电路中所起的作用就行了，这就大大简化了对整个电路系统噪声的设计过程。通常情况下，元器件的数据手册都会给出 e_n、i_n 这两个参数。实用时，可以通过简单的实验粗略地测量这两个参数。

在下面的分析中，用 E_n 表示中心频率为 f 的窄带宽 Δf 内的等效输入噪声电压有效值，I_n 表示中心频率为 f 的窄带宽 Δf 内的等效输入噪声电流有效值，E_n^2 和 I_n^2 分别为等效输入噪声电压和电流的功率。带宽 Δf 要足够小，以便谱密度和电路的频率响应在该带宽内的变化可以被忽略，这相当于"点频"噪声测量的情况。当带宽 Δf 为 1Hz 时，E_n^2 和 I_n^2 分别表示电压源和电流源的功率谱密度。在宽带情况下，应当指明带宽 B，如果用 B 代替下面公式中的 Δf，就可以得到相应的结果。

设等效输入噪声 e_n 的功率谱密度为 $G_{en}(f)$（单位为 $\mathrm{V^2/Hz}$），等效输入噪声 i_n 的功率谱密度为 $G_{in}(f)$（单位为 $\mathrm{A^2/Hz}$），则

$$G_{en}(f) = E_n^2/\Delta f \tag{3.27}$$

$$G_{in}(f) = I_n^2/\Delta f \tag{3.28}$$

噪声源的归一化谱密度经常表示为平方根谱密度，例如，在低噪声运算放大器集成电路的说明书中，一般都给出一定工作条件下（如工作频率 f）的 e_n 和 i_n 的平方根谱密度 e_N 和 i_N 数值，它们的单位常用 $\mathrm{nV}/\sqrt{\mathrm{Hz}}$ 和 $\mathrm{pA}/\sqrt{\mathrm{Hz}}$ 表示。对于输入噪声电压源 e_n，其平方根谱密度（单位为 $\mathrm{V}/\sqrt{\mathrm{Hz}}$）为

$$e_N = \sqrt{G_{en}(f)} = E_n/\sqrt{\Delta f} \tag{3.29}$$

对于输入噪声电压源 i_n，其平方根谱密度（单位为 $\mathrm{A}/\sqrt{\mathrm{Hz}}$）为

$$i_N = \sqrt{G_{in}(f)} = I_n/\sqrt{\Delta f} \tag{3.30}$$

3.2.2　等效输入噪声

图 3.9 已经将一个放大器的所有噪声源简化成为三个，即 E_n、I_n 和 E_t，这使得噪声的分析和计算大为简化，然而进一步的简化不仅需要而且有可能。我们希望用一个噪声源来代替上述的三个噪声源，因此提出了等效输入噪声 E_{ni}。所谓等效输入噪声就是将放大器内外全部噪声源用一个折算到信号源处的噪声源来代表。现以图 3.9 的放大器为例导出等效输入噪声的表达式。

到达放大器输入阻抗两端的噪声电压 E_{nA} 可以应用分压原理和分流原理求出

$$E_{nA}^2 = (E_n^2 + E_t^2)\frac{Z_i^2}{(R_s + Z_i)^2} + I_n^2\left(\frac{R_s Z_i}{R_s + Z_i}\right)^2 \tag{3.31}$$

Z_i 为放大器输入阻抗。若到达放大器输入阻抗 Z_i 的信号电压和噪声电压被放大到输出端的电压增益为 A_V，则放大器输出端的总噪声为

$$E_{no}^2 = A_V^2 E_{nA}^2 = A_V^2\left[(E_n^2 + E_t^2)\frac{Z_i^2}{(R_s + Z_i)^2} + I_n^2\left(\frac{R_s Z_i}{R_s + Z_i}\right)^2\right] \tag{3.32}$$

从输入信号源到放大器输出端的传输函数，称为系统的增益 A_s，即

$$A_s = \frac{U_{so}}{U_{si}} \tag{3.33}$$

U_{si}是输入信号电压，U_{so}是放大器输出端信号电压，它等于

$$U_{so} = A_V U_{si} \frac{Z_i}{R_s + Z_i} \tag{3.34}$$

将式(3.34)代入式(3.33)得

$$A_s = A_V \frac{Z_i}{R_s + Z_i} \tag{3.35}$$

由式(3.35)可看出，系统增益A_s与放大器的电压增益A_V不同，A_s不仅与放大器输入电阻有关，还与信号源内阻有关，一般情况下$A_s < A_V$，只有当$R_s << Z_i$时，$A_s \approx A_V$。等效输入噪声的定义是

$$E_{ni}^2 = \frac{E_{no}^2}{A_s^2} \tag{3.36}$$

将式(3.32)与式(3.35)代入式(3.36)，得

$$E_{ni}^2 = E_t^2 + E_n^2 + I_n^2 R_s^2 \tag{3.37}$$

这就是等效输入噪声的常见形式，适用于任何有源网络。式中E_t是源电阻的热噪声，可用式(3.4)计算或通过测量、查曲线等方法求得，而E_n、I_n可用如下介绍的"噪声近似法"测量得到。由式(3.37)可知，如果$R_s = 0$，则有$E_{ni} = E_n$。因此在$R_s = 0$的条件下总输出噪声就是$A_s E_n$，总输出噪声除以A_s即得E_n值。这时已经知道了等效输入噪声表达式中三个分量中的两个，第三个分量$I_n R_s$是容易确定的。只要使源内阻很大就可以测得，因为源内阻的热噪声的贡献正比于源内阻的二次方根，而$I_n R_s$正比于电阻的一次方，所以源内阻足够大时，$I_n R_s$项将占优势。因此，为了确定I_n，用大阻值源内阻测量总输出噪声，并除以输入端串联该源电阻时测量的放大器增益。这样得到的E_{ni}主要是$I_n R_s$项，再除以R_s项得I_n分量。如果源的热噪声的贡献不能忽略，可以从E_{ni}中减去E_t后再除以R_s求得I_n分量。

如果噪声电压和噪声电流是相关的，则必须引入相关项来加以考虑，这时的等效输入噪声为

$$E_{ni}^2 = E_t^2 + E_n^2 + I_n^2 R_s^2 + 2r E_n I_n R_s \tag{3.38}$$

其中$2r E_n I_n R_s$是相关项，r为与相关性有关的常数。在噪声模型中，可以用一个与E_n串联的、方均根值为$\sqrt{2r E_n I_n R_s}$的电压发生器或者用一个与I_n并联的、方均根值为$\sqrt{\dfrac{2r E_n I_n}{R_s}}$的电流发生器来代表。但是对于这一相关项，有关生产厂家很少给出这一参数，所以在以后粗略计算噪声时都不考虑这一项。

3.2.3 噪声系数

1. 噪声系数的定义

一个理想的无噪声放大器，其输出端的噪声仅仅是被放大了的输入端噪声。由于实际的放大器本身还存在着噪声，所以其输出端的噪声必然大于上述理想的情况，放大器本身的噪声越大，这种差别就越大。这个问题不仅存在于放大器中，而且也存在于系统或元器件中。为了描述这类电路的噪声水平，采用了噪声系数

$$F = \frac{\text{实际电路的输出噪声功率}}{\text{理想电路的输出噪声功率}} \tag{3.39}$$

或者

$$F = \frac{输入信噪比}{输出信噪比} = \frac{\mathrm{SNR_i}}{\mathrm{SNR_o}} = \frac{P_i/N_i}{P_o/N_o} \tag{3.40a}$$

式中，P_i、P_o 分别为放大器输入端和输出端的信号功率；N_i 为输入端的噪声功率，它是由信号源内阻产生的，并规定内阻的温度为290K（即17℃），此温度称为标准噪声温度；N_o 为输出端总噪声功率，包括通过放大器的输入噪声功率和放大器的内部噪声功率。

式(3.40a)作适当变换，可得 F 的另一种表达形式

$$F = \frac{N_o}{(P_o/P_i)N_i} = \frac{N_o}{A_p N_i} \tag{3.40b}$$

式中，$A_p = \dfrac{P_o}{P_i}$ 为放大器的功率增益。

假定放大器的输入端和输出端分别匹配时，根据第 2 章 2.7 节额定功率和额定功率增益的概念，由式(3.40a)可得到噪声系数的又一种表达式为[50]

$$F = \frac{P_i'/N_i'}{P_o'/N_o'} = \frac{N_o'}{N_i' \cdot A_p'} \tag{3.40c}$$

式中，P_i'、N_i'、P_o'、N_o'、A_p' 分别为信号额定输入功率、噪声额定输入功率、信号额定输出功率、噪声额定输出功率、额定功率增益。将 $N_i' = kT\Delta f$ 代入式(3.40c)，有

$$F = \frac{N_o'}{kT\Delta f \cdot A_p'} \tag{3.40d}$$

若放大器输入端和输出端不匹配，式(3.40c)或(3.40d)计算所得的数值，仍然是该放大器的噪声系数。这一点简单说明如下：

不匹配时，额定功率 P' 与实际功率 P 之间存在着如下的关系：$P' = Pq$，q 称为失配系数。其意义是：由于电路失配，$q \leq 1$，使实际功率小于额定功率。

对放大器来说，如输入端和输出端的失配系数分别为 q_i 和 q_o，噪声系数可写成

$$F = \frac{\mathrm{SNR_i}}{\mathrm{SNR_o}} = \frac{P_i/N_i}{P_o/N_o} = \frac{P_i'q_i/N_i'q_i}{P_o'q_o/N_o'q_o} = \frac{P_i'/N_i'}{P_o'/N_o'}$$

此式与式(3.40c)完全相同。

如上所述，当电路匹配时，输出信号功率和输出噪声功率均为最大。而当电路失配时，输出信号功率和输出噪声功率均减小，但两者按一定的关系减小。因而无论放大器（线性四端网络）负载状况如何，都可以认为噪声系数的变化是不大的。这样，通过额定功率与额定功率增益推求放大器的噪声系数，具有运算简便、实用的优点。

2. 对数噪声系数（噪声因数）

噪声系数 F 也可以写成对数形式，以分贝表示

$$NF = 10\lg F \tag{3.41}$$

为区别起见，称 NF 为对数噪声系数（或噪声因数）。此外，在窄带情形时常用到点噪声系数，以 F_0 表示，通常规定 $\Delta f = 1\mathrm{Hz}$ 时的 F 为 F_0。

3. 噪声系数的用途

噪声系数的主要用途是用来比较放大器的噪声性能，由它可以衡量出放大器引起信噪比

恶化的程度。一个好的放大器是在源电阻噪声的基础上不再增加噪声，就是说，$N_o = E_{no}^2 = A_p E_{ni}^2 = A_p E_t^2 = A_p N_i$ 或噪声系数 $F = 1$。

一般情形下，放大器是会有噪声的，即 $E_n \neq 0$ 与 $I_n \neq 0$，因而 $E_{ni}^2 > E_t^2$，这时噪声系数可表示为

$$F = \frac{E_{ni}^2}{E_t^2} = \frac{E_t^2 + E_n^2 + I_n^2 R_s^2}{E_t^2} \tag{3.42}$$

对于一个放大器，总输入噪声不增加，随着信号源的电阻增加而热噪声增加，由此使得噪声系数减小，这说明不便于用噪声系数来比较不同的放大器。为此，通常规定输入噪声功率 N_i 由信号源电阻的热噪声所引起，在仅仅考虑信号源电阻热噪声，而且信号源电阻相同时，对两个放大器的噪声系数进行比较才有意义。噪声系数随着偏置、频率、温度以及源电阻等的不同而不同，因此，确定噪声系数，应该考虑到上述这些共同因素。

按理说，实际使用时应选择最小 NF 的前置放大器最有利，但 NF 越小的放大器，设计与制造就越困难，价格也因而格外昂贵。所以，最佳的选择是应该根据实际使用和测量要求而定，不能盲目追求 NF 的指标。例如，现有两个放大器，一为 No.1，其 $NF = 20\text{dB}$，另一为 No.2，其 $NF = 3\text{dB}$，它们的源电阻均为 $R_s = 100\Omega$，使用的带宽 B 分别为 100Hz 和 1Hz，则可根据式(3.41)和式(3.42)计算各自的 E_{ni}，见表3.1。

表3.1　放大器 E_{ni} 计算

	No.1 ($NF = 20\text{dB}$)	No.2 ($NF = 3\text{dB}$)
$R_s = 100\Omega$　$B = 100\text{Hz}$	130nV	18nV
$R_s = 100\Omega$　$B = 1\text{Hz}$	13nV	1.3nV

放大器 No.1 和 No.2 的 E_{ni} 已经计算得到，可根据不同的测量条件，从表3.2 中选择相应的放大器。

从表3.2 可知，对于微弱信号的检测，放大器的选择不仅要考虑被测信号的大致量级，如被测信号为 $1\mu\text{V}$，则可选择 No.1($E_{ni} = 130\text{nV}$)，放大器噪声小于被测信号；如果被测信号为 $0.1\mu\text{V}$，则必须选择 $E_{ni} = 18\text{nV}$ 的 No.2 放大器。而且要考虑使用的带宽，如下述例子中，虽然被测信号为 $0.1\mu\text{V}$，但如果压缩带宽，则仍可选 No.1，因为此时的 $E_{ni} = 13\text{nV}$。所以压缩带宽是非常有利的因素。

表3.2　放大器的选择

测量条件		No.1	No.2
信号　　　$1\mu\text{V}$		✓	
$R_s = 100\Omega$　$B = 100\text{Hz}$			
信号　　　$0.1\mu\text{V}$			✓
$R_s = 100\Omega$　$B = 100\text{Hz}$			
信号　　　$0.1\mu\text{V}$		✓	
$R_s = 100\Omega$　$B = 1\text{Hz}$			

应当注意，噪声系数只适用于线性电路，对于非线性电路，即使电路没有内部噪声，在输出端的信噪比也和输入端不同，因此噪声系数概念是不适用的。实际上，噪声系数仅用于衡量系统前置放大级，即微弱信号放大电路部分的噪声特性。

3.2.4　最佳源电阻

式(3.42)作适当变换，有

$$F = 1 + \frac{E_n^2}{4kTR_s\Delta f} + \frac{I_n^2 R_s}{4kT\Delta f} \qquad (3.43)$$

噪声系数与源电阻有关，那么源电阻 R_s 等于多大时噪声系数为最小？为此，将式(3.43)对 R_s 求导数，然后令其等于零，由此得到关系式

$$R_{opt} = \frac{E_n}{I_n} \qquad (3.44)$$

式(3.44)说明，当源电阻等于 E_n/I_n 时，噪声系数最小，称这个特殊的源电阻为最佳源电阻，并以 R_{opt} 表示。应指出的是，最佳源电阻 R_{opt}，并不是功率传输最大时的电阻。R_{opt} 和 E_n 及 I_n 有关，也就是和放大器的情况有关。R_{opt} 能使输出端得到最大的信噪比，而最大传输功率的电阻只是使输出的信号功率最大。

将式(3.44)代入式(3.43)，得到最小噪声系数 F_{min}

$$F_{min} = 1 + \frac{E_n I_n}{2kT\Delta f} \qquad (3.45)$$

噪声系数随源电阻的变化曲线如图3.10所示，当 $R_s = R_{opt}$ 时，噪声系数达最小值。在相同源电阻的条件下，随着乘积 $E_n I_n$ 的增大，噪声系数也增大。从图上还可看出，乘积 $E_n I_n$ 小的曲线，噪声系数随 R_s 变化缓慢；而乘积 $E_n I_n$ 大的曲线，在 R_s 偏离 R_{opt} 时，噪声系数急剧变大。从工程角度考虑，如果噪声系数小于3dB，这时继续减小放大器噪声也收效不大，原因是其中一半噪声是由源产生的。

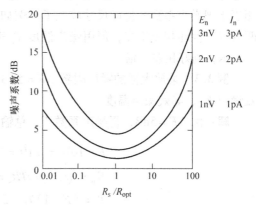

图 3.10　噪声系数与源电阻的关系

3.2.5　噪声温度

系统的噪声性能一般有两种基本的表示方法：一种通过 E_n-I_n 模型，用等效输入噪声和噪声系数来表示；另一种是用噪声温度(Noise Temperature)来表示。前者多用于低、中频段，而后者常用在高频(短波段)和微波频段。

前面几节已系统地介绍了 E_n-I_n 模型表示法，并引入了噪声系数的概念，本节介绍噪声温度及其计算以及与噪声系数的关系。

噪声温度 T_e 是指当源电阻产生的热噪声等于系统本身产生的噪声时的源电阻的温度。对于一个系统来说，用 E_n-I_n 模型来描述其噪声特性，其本身的等效输入噪声 E_{na} 为

$$E_{na}^2 = E_{ni}^2 - E_t^2 = E_n^2 + I_n^2 R_s^2 \qquad (3.46)$$

式中，E_{ni}^2 为系统总的等效输入噪声；$E_t^2 = 4kTR_s\Delta f$ 为源电阻产生的热噪声。

由噪声温度 T_e 的定义可知

$$T_e = \frac{E_{na}^2}{4kR_s\Delta f} = \frac{E_n^2 + I_n^2 R_s^2}{4kR_s\Delta f} \tag{3.47}$$

将式(3.47)代入式(3.42)中有

$$F = 1 + \frac{E_n^2 + I_n^2 R_s^2}{4kT_s R_s \Delta f} = 1 + \frac{T_e}{T_s} \tag{3.48}$$

式中，T_s 为源的温度。通常定义源的温度为室温290K，写成 $T_s = T_0 = 290\text{K}$，称为标准噪声温度。由式(3.48)可得 T_e 与 T_0 的关系为

$$T_e = (F - 1)T_0 \tag{3.49}$$

当 $T_e = 0$ 时(网络内部无噪声)，$F = 1$，$NF = 0\text{dB}$；当 $T_e = 290\text{K}$ 时(内部噪声等于外部噪声)，$F = 2$，$NF = 3\text{dB}$。

等效噪声温度 T_e 与噪声系数一样，都是表征线性网络的噪声性能的指标，但噪声温度相当于把噪声系数的量度尺寸放大了。例如，当 F 分别为 1.05 和 1.1 时，可能使人误解为两者噪声性能相差不多，但用噪声温度 T_e 表示时就会发现，两者的噪声性能分别为 14.5K 和 29K，刚好相差一倍。

例3.3 某放大器的噪声因数 $NF = 5\text{dB}$，源电阻 $R_s = 10\text{k}\Omega$，试求该放大器的总输入等效噪声 E_{ni}、等效噪声温度。

解: 由 $NF = 5\text{dB}$，得噪声系数 F、总输入等效噪声 E_{ni} 和等效噪声温度 T_e 分别为

$$F = 10^{\frac{NF}{10}} = \sqrt{10} = 3.162$$

$$E_{ni} = \sqrt{F \cdot 4kTR_s} = 22.5\text{nV}/\sqrt{\text{Hz}}$$

$$T_e = (F - 1)T_0 = 2.162 \times 290\text{K} = 626.98\text{K}$$

3.2.6 放大器的极限灵敏度

放大器的极限灵敏度是指可以检测到的最小电压，即在放大器输出端得到一定的信噪比 SNR_o(这是为了使后级电路中提取信号所必需的)条件下，输入端必须送入的最小信号。根据式(3.40a)，噪声系数为

$$F = \frac{P_i/N_i}{P_o/N_o} = \frac{1}{\text{SNR}_o} \cdot \frac{P_i}{N_i} \tag{3.50}$$

设放大器的输入信号为 E_i，则 $P_i = E_i^2$，N_i 为源电阻的热噪声，即 $N_i = 4kTR_s B_n$(其中 B_n 为放大器的噪声带宽)，于是式(3.50)可写成

$$F = \frac{1}{\text{SNR}_o} \cdot \frac{E_i^2}{4kTR_s B_n} \tag{3.51}$$

由式(3.51)，放大器可检测的最小信号为

$$E_i = \sqrt{F \cdot \text{SNR}_o \cdot 4kTR_s B_n} \tag{3.52}$$

式(3.52)表明：

1) 放大器的噪声系数 F 越大，则 E_i 越大，即放大器的极限灵敏度越低。这是因为 F 越大，则放大器的内部噪声越严重，因此，需要更强的信号才能得到所需要的输出信噪比。表3.3 给出了某一放大器的极限灵敏度与噪声系数的关系(有关参数为 $T = 293\text{K}$，$R_s = 50\Omega$，B_n

$=3kHz，SNR_o = 100$）。

表 3.3　放大器可检测的最小信号电压

F	1.0	1.6	2.5	4.0	6.3	10	15.8	25.1
NF/dB	0	2	4	6	8	10	12	14
$E_i/\mu V$	0.49	0.62	0.78	0.98	1.2	1.6	2.0	2.5

2）减小放大器的噪声带宽可以提高检测灵敏度。这是因为噪声功率与放大器噪声带宽 B_n 成正比，减小 B_n 可以使输出噪声减小，因此，SNR_o 可以提高。但是，放大器的带宽不能无限减小，应该保证信号的正常传输为限。所以，在选择放大器的带宽前，需首先确定所传送信号的频谱及所占据的带宽。

3.2.7　多级放大电路的噪声系数

前面讨论的是单级单管的噪声系数。在实际工作中，一般采用多级放大器来组成一个完整的放大器。这种级联放大器能够保证增益、频率响应、阻抗特性等项指标的获得。

在研究多级放大器时，发现各级噪声对输出总噪声的影响并不相同，换句话说，就是总的输出噪声并非平均分摊在每一级。因此，找出主要噪声级，并设法减小该级噪声，这对低噪声电路的设计非常有用。

设有一个级联放大器，如图 3.11 所示为三级组成的放大器，其中各级的功率增益分别为 A_{p1}、A_{p2}、A_{p3}，各级本身的噪声功率分别为 N_1、N_2、

图 3.11　级联放大器简图

N_3，各级本身的噪声系数分别为 F_1、F_2、F_3，N_i 为源的噪声功率。则总的噪声输出功率为

$$N_o = A_{p1}A_{p2}A_{p3}N_i + A_{p2}A_{p3}N_1 + A_{p3}N_2 + N_3 \tag{3.53}$$

根据式（3.40b）得总的噪声系数为

$$F = \frac{N_o}{A_p N_i} = \frac{N_o}{A_{p1}A_{p2}A_{p3}N_i} = 1 + \frac{N_1}{A_{p1}N_i} + \frac{N_2}{A_{p1}A_{p2}N_i} + \frac{N_3}{A_{p1}A_{p2}A_{p3}N_i} \tag{3.54}$$

第一级放大器输出的噪声功率 N_{o1} 和噪声系数 F_1 分别为

$$N_{o1} = A_{p1}N_i + N_1$$

$$F_1 = \frac{N_{o1}}{A_{p1}N_i} = 1 + \frac{N_1}{A_{p1}N_i} \tag{3.55}$$

同样，其余各级本身的噪声系数分别为

$$F_2 = 1 + \frac{N_2}{A_{p2}N_i} \tag{3.56}$$

$$F_3 = 1 + \frac{N_3}{A_{p3}N_i} \tag{3.57}$$

将式(3.55)、式(3.56)和式(3.57)代入式(3.54)，则

$$F = F_1 + \frac{F_2 - 1}{A_{p1}} + \frac{F_3 - 1}{A_{p1}A_{p2}} \tag{3.58}$$

同理，推得 n 级放大器噪声系数为

$$F = F_1 + \frac{F_2 - 1}{A_{p1}} + \frac{F_3 - 1}{A_{p1}A_{p2}} + \cdots + \frac{F_n - 1}{A_{p1}A_{p2}\cdots A_{p(n-1)}} \tag{3.59}$$

该式又称弗里斯(Friis)公式。由式(3.58)与式(3.59)可看出，如果第一级放大器的功率增益 A_{p1} 很大，那么第二项及以后各项则很小而可以忽略，于是，总的噪声系数 F 主要由第一级的噪声系数 F_1 决定，因而在这种情况下，影响级联放大器噪声性能的主要是第一级的噪声。在设计低噪声电路时，第一级的功率增益通常取得较大并使噪声系数较小就是这个道理。但如果第一级的功率增益不是很大时，例如第一级是跟随器，这时式(3.59)中的第二项不是很小，于是第二级的噪声也有较大影响而不能忽视。广义来说，如果认为耦合网络(传感器或传感器接口电路)也可以看成是一级的话，那么位于信号源与输入级之间的耦合网络由于其功率增益小于 1，使得式(3.59)中的第二项变得很大，因此 F_2 成为主要噪声成分，F_2 即输入级的噪声系数，此时它的大小就决定了整个 F 的大小。所以，对于接在耦合网络的级联放大器来说，减小噪声系数的关键在于使本级具有高增益和低噪声。

由于上述分析是以线性网络中噪声功率可叠加为基础的，而在非线性网络中，噪声功率不能叠加。因此上面的结论仅适用于各种线性网络(包括无源和有源线性网络)，而对非线性网络不适用。

3.3 元器件的噪声

3.3.1 电阻的噪声

电阻的噪声有两种：热噪声和过剩噪声(Excess Noise)。热噪声是因载流子的热运动所产生，温度在 0K 以上的导体都会产生热噪声，热噪声电压 $E_t = \sqrt{4kTR\Delta f}$，热噪声电压与电阻的材料性质以及种类无关。过剩噪声则不同，它是指电流流过像合成碳质电阻这样不连续的介质时产生的噪声。碳质电阻是由许多微小碳粒挤压在一起而成，碳粒间的疏密程度不完全相同，电流通过时，不仅各点的电流密度不一致，就是同一点处的电流密度也是围绕平均值随时间随机起伏，同时碳粒之间还会产生微小电弧，这样便产生了过剩噪声。所谓过剩，指的是除电阻热噪声以外多余产生的意思。

过剩噪声的功率谱密度函数 $G_{ex}(f)$ 可表示为

$$G_{ex}(f) = \frac{KI_{DC}^2 R^2}{f} = \frac{KU_{DC}^2}{f} \tag{3.60}$$

式中，K 为取决于电阻结构、材料和类型的系数；I_{DC} 为流过样品的直流电流；R 为电阻阻值；U_{DC} 为电阻两端的直流压降。

在 $f_1 \sim f_2$ 频率范围内，过剩噪声的功率为

$$P_{ex} = \int_{f_1}^{f_2} G_{ex}(f)\,\mathrm{d}f = KU_{DC}^2 \ln\frac{f_2}{f_1} \tag{3.61}$$

在处理电阻的过剩噪声时，常用十倍频程($f_2 = 10f_1$)内的过剩噪声功率 P_{exD} 来描述。由式(3.61)可得

$$P_{exD} = KU_{DC}^2 \ln10 = 2.30KU_{DC}^2 \tag{3.62}$$

或表示为电压有效值

$$E_{exD} = \sqrt{P_{exD}} = U_{DC}\sqrt{K\ln10} = 1.52U_{DC}\sqrt{K} \tag{3.63}$$

电阻制造厂家经常用噪声指数 NI(Noise Index)作为过剩噪声的衡量指标，NI 定义为电阻两端每一伏特直流电压降在十倍频程内产生的噪声电压 E_{exD} 的微伏值，用 dB 表示为

$$NI = 20\lg\frac{E_{exD}}{U_{DC}} \tag{3.64}$$

式中 E_{exD} 的单位为 μV，而 U_{DC} 的单位为 V。由式(3.64)可得十倍频程内的过剩噪声有效值为

$$E_{exD} = U_{DC} \times 10^{\frac{NI}{20}} \tag{3.65}$$

式(3.65)说明，噪声指数 $NI = 0dB$ 的电阻在十倍频程内每伏直流电压产生 $1\mu V$ 的过剩噪声。在 $f_1 \sim f_2$ 频率范围内，十倍频程的数目为 $\lg(f_2/f_1)$，过剩噪声功率增加 $\lg(f_2/f_1)$ 倍，过剩噪声电压增加 $\sqrt{\lg(f_2/f_1)}$ 倍，即

$$E_{ex} = U_{DC} \times 10^{\frac{NI}{20}} \times \sqrt{\lg(f_2/f_1)} \tag{3.66}$$

例如，在 $10Hz \sim 10kHz$ 频率范围内，如果 $NI = -1dB$ 的 $10k\Omega$ 电阻两端直流电压降为 $10V$，则其过剩电压噪声为

$$E_{ex} = 10 \times 10^{\frac{-1}{20}} \times \sqrt{\lg(10 \times 10^3/10)}\ \mu V \approx 15.4\mu V$$

如果 $NI = -20dB$ 的 $10k\Omega$ 电阻两端直流电压降为 $10V$，则其过剩电压噪声为

$$E_{ex} = 10 \times 10^{\frac{-20}{20}} \times \sqrt{\lg(10 \times 10^3/10)}\ \mu V \approx 1.73\mu V$$

将式(3.63)代入式(3.64)，得

$$K = \frac{10^{\frac{NI}{10}}}{\ln10} \approx 0.43 \times 10^{\frac{NI}{10}} \tag{3.67}$$

可见，NI 反映式(3.60)和式(3.67)中的 K 值大小，且与 f、U_{DC} 无关。

在电阻中，以合成碳质电阻的过剩噪声最大，其次是碳质电阻，然后是金属膜电阻，过剩噪声最小的是线绕电阻。这些只是粗略而言，实际上过剩噪声的大小还与制作工艺和过程有关。如果金属膜电阻两端接头的接触不良，螺纹刻得不均匀，这也会产生噪声。线绕电阻的两个端点的接触也是十分重要的，如果是压接的，噪声就会大些；如果是焊接的，噪声就小些。此外，阻值大的噪声比阻值小的要大，大瓦数的电阻的噪声比小瓦数电阻的噪声要小。

热噪声与过剩噪声不相关，所以只能均方值相加。既然热噪声与电阻类型无关，所以不通电流的支路中，可选用任意类型的电阻；在通电流的支路中，电阻宜选用过剩噪声小的电阻，如金属膜电阻、线绕电阻等，以满足低噪声要求。

例 3.4　碳膜电阻的阻值为 $10k\Omega$，$NI = -20dB$，用在频率范围为 $10Hz \sim 10kHz$ 的电路

中，电阻两端的直流压降为 10V，求此电阻产生的总噪声电压。

解：这个电阻既有过剩噪声又有热噪声，先分别将它们求出。从式 (3.66) 可知 E_{ex} = 1.73μV，从式 (3.4) 可知 $E_t = \sqrt{4kTR\Delta f} = 1.25\mu V$。由于热噪声与过剩噪声不相关，所以此电阻产生的总噪声电压为 $E = \sqrt{E_{ex}^2 + E_t^2} = 2.14\mu V$。

3.3.2 电容的噪声

理想电容是不产生噪声的，只有当电容绝缘电阻下降，产生了漏电流时才会有噪声发生。这种实际电容常用一个理想电容与一个漏电阻并联（或串联）的等效电路来代替，电路阻抗的实数部分产生噪声。噪声模型用一个噪声电流发生器与电容并联，由于噪声高频部分被电容旁通，故主要表现出低频噪声。

虽然理想电容不产生噪声，但在电路中，它有可能使电路的等效输入噪声增大，现以图 3.12 为例来说明。图中并联的是理想电容 C。由等效电路确定输出噪声 E_{no}^2 为

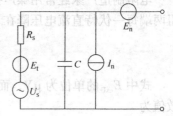

图 3.12 输入端并联电容后放大器的等效噪声电路

$$E_{no}^2 = E_t^2 \left(\frac{1}{1 + \omega^2 R_s^2 C^2} \right) + E_n^2 + I_n^2 \left(\frac{R_s^2}{1 + \omega^2 R_s^2 C^2} \right) \quad (3.68)$$

从信号源到输出端的传输函数为 $A_s^2 = \dfrac{1}{1 + \omega^2 R_s^2 C^2}$，等效输入噪声为

$$E_{ni}^2 = \frac{E_{no}^2}{A_s^2} = E_t^2 + E_n^2 (1 + \omega^2 R_s^2 C^2) + I_n^2 R_s^2 \quad (3.69)$$

式 (3.69) 中 E_n^2 项的系数不为 1，说明等效输入噪声比没有电容 C 时为大，该项系数随电容 C 以及频率 ω 的增加而增大。

3.3.3 电感的噪声

理想电感是不产生噪声的，实际使用的电感线圈由于有电阻，所以可以用一个理想电感 L 与电阻 R 串联（或并联）的等效电路代替，阻抗的实数部分将产生热噪声。虽然理想电感不产生噪声，但在电路中它可以改变整个电路的噪声。如在图 3.12 所示电路的信号源支路串联一个电感，形成图 3.13 所示的噪声等效电路，则其输出噪声 E_{no}^2 为

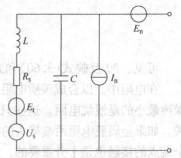

图 3.13 电感与图 3.12 信号源串联时的等效噪声电路

$$E_{no}^2 = E_t^2 \left[\frac{1}{(1 - \omega^2 LC)^2 + \omega^2 R_s^2 C^2} \right] + E_n^2 +$$

$$I_n^2 \left[\frac{R_s^2 + \omega^2 L^2}{(1 - \omega^2 LC)^2 + \omega^2 R_s^2 C^2} \right] \quad (3.70)$$

从信号源到输出端的传输函数为 $A_s^2 = \dfrac{1}{(1 - \omega^2 LC)^2 + \omega^2 R_s^2 C^2}$，等效输入噪声为

$$E_{ni}^2 = E_t^2 + E_n^2 \left[(1 - \omega^2 LC)^2 + \omega^2 R_s^2 C^2 \right] + I_n^2 (R_s^2 + \omega^2 L^2) \tag{3.71}$$

与式 $(3.37) E_{ni}^2 = E_t^2 + E_n^2 + I_n^2 R_s^2$ 比较，式 (3.71) 说明电感的出现不仅影响 E_n 项，而且还使 I_n 项增加。当 $\omega^2 LC = 1$ 亦即电路谐振时，E_n 项的系数最小，等于 $\omega R_s C$。如果 R_s 不大，噪声电压 E_n 项可以忽略，这时等效输入噪声为

$$E_{ni}^2 = E_t^2 + I_n^2 (\omega^2 L^2) \tag{3.72}$$

这条结论用于改善低阻抗探测器的放大器的噪声是很有效的。源阻抗不大时，E_n 的噪声贡献是主要的，此时若在探测器支路加入电感使电路谐振，能减小 E_n 项的噪声贡献，剩下的主要是探测器的热噪声。

3.3.4　变压器的噪声

如果探测器内阻较低，而放大器的最佳源电阻又很高时，可以采用变压器耦合，以期达到最佳 NF。从电路理论书中理想变压器一节得知，变压器除了能变换电压及电流以外，还有变换阻抗的作用，这一点正是噪声匹配所需要的。此外，变压器还可以对信号源与放大器进行隔离，完成共模抑制及阻抗匹配等的功能。通过电磁耦合由外界引入变压器的噪声，可以采用静电屏蔽或磁屏蔽的方法来消除或降低其影响。这里着重讨论变压器自身所产生的噪声。

由于变压器中采用了铁心，使得绕组的电感及电阻等都成了非线性的，所以不能用类似前面的方法来分析。一般只能作定性分析，如果要求定量分析，必须借助测量手段进行。

变压器一次、二次绕组的电阻，铁心的磁滞和涡流损耗均能产生热噪声和过剩噪声，而且涡流损耗还随频率上升而增加。一次绕组电感量会影响通频带的低频端，使得低频端的等效输入噪声增加。绕组的分布电容和接线的杂散电容影响了通频带的高频端。绕组的电感量为非线性，它受铁心磁导率的影响，而磁导率又与绕组电流、铁心是否有剩磁、铁心叠片的填充因数等有关。除此以外，交变磁场或机械振动会使得铁心震颤或铁心与绕组间发生相对位移，这些都能使绕组中感应出额外的电动势，这是一种噪声，称为震颤效应。为了减小这种影响，在制作变压器时，要适当压紧铁心和加上紧固件，并进行真空浸漆。此外，还应对铁心及其紧固件进行退磁处理。使用变压器时，不使绕组中电流含有直流成分，就连测量绕组的电阻也应避免采用直流方法，变压器应固定在防震架上等。此外，为了共模抑制的需要，要求中心抽头对两端接头间的旁通电容相等。

3.3.5　二极管的噪声

二极管符号如图 3.14a 所示，流过 PN 结的电流为

$$i_D = i_F - I_S \tag{3.73}$$

式中，i_F 是前向扩散电流；I_S 是反向饱和电流。i_F 由下式给出

$$i_F = I_S \exp\left(\frac{q v_D}{kT} \right) \tag{3.74}$$

式中，v_D 为二极管两端电压；q 为电子电荷；k 为波尔兹曼常数；T 为热力学温度。

式 (3.73) 中的电流 i_F 是由势垒两端多数载流子的扩散产生，I_S 是由少数载流子产生。这些电流都会产生强烈的散粒噪声，虽然它们的电流方向相反，但所产生的噪声不是抵消而

是它们的噪声电流方均根之和

$$I_n^2 = 2qI_F\Delta f + 2qI_S\Delta f = 2q(I_D + 2I_S)\Delta f \tag{3.75}$$

式中，I_F 和 I_D 分别是 i_F 和 i_D 中的直流分量。

图 3.14b 给出了二极管的噪声模型。

将式(3.74)对 v_D 微分，得到一个电导，它的倒数 r_d 称之为二极管的动态电阻

$$r_d = \left(\frac{di_D}{dv_D}\right)^{-1} = \frac{kT}{q(I_D + I_S)} \tag{3.76}$$

将式(3.76)代入式(3.75)得

$$I_n^2 = 2kT\Delta f \frac{1}{r_d} \frac{I_D + 2I_S}{I_D + I_S} \tag{3.77}$$

在 $I_D = 0$ 的情况下，式(3.77)就简化为 $I_n^2 = 4kT\Delta f \dfrac{1}{r_d}$，与一个阻值为 r_d 的噪声电阻产生的热噪声电流相同。但二极管的动态电阻 r_d 不是热噪声元件，因为它是一种动态效应，不是本体或材料的特性。图 3.14c 给出了二极管的小信号模型。

在低频情况下，二极管中还会有闪烁噪声。其来源很可能是半导体内部或者表面的各种杂质、缺陷等所造成的一些不稳定性因素。因为这些因素（主要是表面态）对载流子往往起着复合中心的作用，而复合中心上的载流子数量由于外电场的影响会产生起伏，这就将引起复合电流，并从而引起整个电流的涨

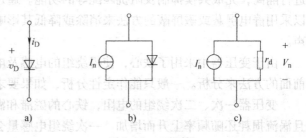

图 3.14 二极管
a) 符号 b) 噪声模型 c) 小信号模型

落。这种噪声的电流均方值与交流信号频率 f 之间近似有反比关系，所以也就常常称这种噪声为 $1/f$ 噪声。这种噪声在以半导体表面薄层作为有源区工作的元器件中往往起着重要的作用。

对于小注入工作的 PN 结，在忽略闪烁噪声的情况下，它的总的噪声电流与反向饱和电流成正比，并且还与正向电压有很大的关系。PN 结的噪声电流随着光照等辐射作用的增强而增大，这就是因为辐射的增强将会使反向饱和电流增加的缘故。显然，为了减小 PN 结的噪声，至关重要的是应该尽可能地降低其反向饱和电流。

上面介绍的是二极管正偏使用时的情况。当二极管用作稳压管或者保护元件时，它通常工作于反偏击穿状态。击穿现象也可分为两种，即齐纳击穿和雪崩击穿。齐纳击穿是由于 PN 结的结层薄，空间电荷区窄以致电场足够大时，可以将电子从共价键中拉出来，产生了电子-空穴对，因此使载流子大增。齐纳二极管主要是散粒噪声，过剩噪声很小，个别的有 $1/f$ 噪声。雪崩击穿则是当电场强度增大时，载流子所获能量也会增大，当它碰撞到其他原子时，会使外层电子脱离原子的束缚产生新的电子-空穴对，接着，它们又为强电场所加速去碰撞其他的原子，以致产生更多的电子-空穴对，形成连锁反应，使载流子大增。雪崩二极管噪声较大，除了有散粒噪声外，还有多态噪声，即其噪声电压在两个或两个以上的不同电平上进行随机变换，不同电子之间可能相差若干毫伏。这种多电子工作的原因，是由于结区内杂质缺陷和结宽的变化所引起。硅二极管工作电压在 4V 以下的是齐纳二极管，7V 以

上的是雪崩二极管，4V 和 7V 之间的两种二极管都有，为了低噪声目的而设计的电路二极管最好选用低电压齐纳二极管，如是超过 4V，则应设法选用噪声小的齐纳二极管进行串并联获得。

3.3.6　双极型晶体管的噪声

1. 晶体管混合 π 噪声等效电路

图 3.15 是小信号时晶体管的混合 π 等效电路。图中 $r_{bb'}$ 代表基极扩展电阻，$r_{b'e}$ 代表在共射接法下 b' 与 e 之间的等效电阻，$r_{b'c}$ 为 b' 与 c 之间的等效电阻，晶体管工作在放大状态下的此值比较大（几兆欧至几十兆欧），常将其作为开路处理，故图中未将其画出。$C'_{b'e}$ 包含两部分：一部分是发射结电容 $C_{b'e}$，另一部分是跨接在 b' 与 c 之间的电容 $C_{b'c}$，它对输入的影响可用一个与 $C_{b'e}$ 并联的电容 $(1 + A'_u) C_{b'c}$

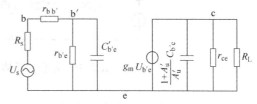

图 3.15　小信号晶体管混合 π 等效电路

代替，即 $C'_{b'e} = C_{b'e} + (1 + A'_u) C_{b'c}$，其中 $A'_u = \dfrac{U_o}{U_{b'e}}$。对输出端而言，$C_{b'e}$ 的作用变成 $\dfrac{(1 + A'_u)}{A'_u} C_{b'c}$。$g_m U_{b'e}$ 表示输入回路对输出回路的控制作用，其中 g_m 表示单位 $U_{b'e}$ 的电压引起的集电极电流变化，称为跨导，单位为 A/V 或 mA/V。

为了画出晶体管的混合 π 噪声等效电路，现将各种噪声源列出，$r_{bb'}$、R_s、R_L 均为实体电阻，都能产生热噪声

$$E_{nb}^2 = 4kT r_{bb'} \Delta f \tag{3.78a}$$

$$E_{ns}^2 = 4kT R_s \Delta f \tag{3.78b}$$

$$E_{nL}^2 = 4kT R_L \Delta f \tag{3.78c}$$

基极电流 i_B 和集电极电流 i_C 在通过各自有关的势垒时引起散粒噪声

$$I_{nb}^2 = 2q I_B \Delta f \tag{3.79a}$$

$$I_{nc}^2 = 2q I_C \Delta f \tag{3.79b}$$

式中，I_B、I_C 分别是基极电流 i_B 和集电极电流 i_C 的直流分量。

流经 b-e 耗尽区产生 $1/f$ 噪声

$$I_{nf}^2 = K I_B^\gamma f^{-\alpha} \tag{3.80}$$

γ 在 1 与 2 之间，与工作电流范围有关，通常取 $\gamma = 1$，经验常数 K 的值在 $1.2 \times 10^{-5} \sim 2.2 \times 10^{-12}$ 之间，各个晶体管的值互不相同。α 通常为 1，因而 $1/f$ 噪声在此采用的形式是

$$I_{nf}^2 = K I_B f^{-1} \tag{3.81}$$

$1/f$ 噪声电压发生器 E_{nf}^2 应是噪声电流 I_{nf}^2 与 $r_{bb'}^2$ 的乘积，但是这样算出的结果大于实验值，为了符合实验数据，所以定义一个比 $r_{bb'}$ 小的 r_b，r_b 大约为 $0.5 r_{bb'}$。$1/f$ 噪声电压发生器的表达式为 $E_{nf}^2 = \dfrac{K I_B r_b^2}{f}$。

考虑到上述各个噪声源后，可以将晶体管的混合 π 噪声等效电路画成图 3.16 所示的形式(略去了 $r_{b'c}$ 和 $C_{b'c}$，未考虑分配噪声和爆裂噪声)，其中包括了源电阻和负载电阻在内。由于共射电路可得到高增益和高稳定的性能，所以在低噪声前置放大器中得到了广泛应用。

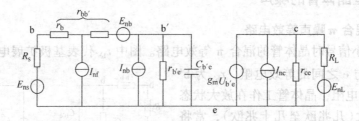

图 3.16   小信号晶体管混合 π 噪声等效电路

2. 晶体管混合 π 噪声电路的等效输入噪声

为了确定晶体管的总信噪比，将图 3.16 中的所有噪声都折算到输入端，求出它的等效输入噪声

$$E_{ni}^2 = E_{nb}^2 + E_{ns}^2 + I_{nb}^2(r_{bb'} + R_s)^2 + I_{nf}^2(r_b + R_s)^2 + \frac{I_{nc}^2(r_{bb'} + R_s + Z_{b'e})^2}{g_m^2 Z_{b'e}^2} \tag{3.82}$$

式中，$Z_{b'e} = r_{b'e} /\!/ \left(\dfrac{1}{j\omega C_{b'e}}\right)$。

将式(3.78)~式(3.81)各噪声源的表达式代入式(3.82)，噪声带宽为 Δf，得晶体管的等效输入噪声为

$$E_{ni}^2 = 4kT(r_{bb'} + R_s)\Delta f + 2qI_B(r_{bb'} + R_s)^2\Delta f +$$

$$\frac{KI_B}{f}(r_b + R_s)^2\Delta f + \frac{2qI_C\Delta f(r_{bb'} + R_s + Z_{b'e})^2}{g_m^2 Z_{b'e}^2} \tag{3.83}$$

由此可见，晶体管的噪声与晶体管参数、温度、工作点电流、频率、源电阻、负载电阻等有关。在画等效噪声电路时，由于略去了 $C_{b'c}$ 和 I_{CBO}，所以计算出的值会小于实际噪声。然而实际工作中在选择和使用晶体管时，式(3.83)仍为选择依据。例如，选择晶体管的原则是 $r_{bb'}$ 小、β 大和 I_{CBO} 小的管子，除此之外为了充分发挥它的性能，还应注意选择其工作点。

3. 噪声频段划分

图 3.16 是一个完整的噪声模型，根据讨论的频段不同，能够将此模型作相应的简化。为此，可以按照噪声的特性将整个频段分成三个频段。

(1) 低频段

低频段主要是 $1/f$ 噪声，此外还有热噪声和散粒噪声。由于 $1/f$ 噪声与频率成反比关系，随 f 的减小而迅速增大，当 $1/f$ 噪声由最小值上升 3 dB 时必对应某一频率 f_L，通常称 f_L 为低噪声拐角频率，低频段即是 $f < f_L$ 的区域，又称为 $1/f$ 噪声区(见图 3.17)，不同元器件的 f_L 值不相同，一般为 1 kHz 以下。

（2）中频段

此频段内仅含热噪声和散粒噪声，由于热噪声和散粒噪声均属白噪声，因此该频段又称为白噪声区，其频率范围为 $f_L < f < f_H$（f_H 的定义见下文）。

（3）高频段

此频段内主要是分配噪声，同时还包含有热噪声和散粒噪声。关于分配噪声，在 3.1.4 节已经介绍过，这里再作一点解释。分配噪声是这样产生的：当载流子从发射极进入基区后，其中有一部分在基区复合形成基极电流，另一

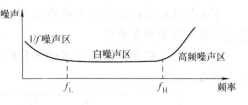

图 3.17　噪声频段划分

部分则输送到集电极形成集电极电流；这两部分电流的分配比例，从平均意义上来说是确定的，但是由于空穴-电子在基区中的复合是随机的，所以在很短的时间间隔内观测，这个分配比例也是起伏的。这样，集电极电流中将含有这一噪声机构产生的散粒噪声，叫做分配噪声。在高频时，由于渡越时间的影响，载流子在基区停留的时间相对增加，结果在基区复合的几率增大，使得基极电流在分配中的比例增大，造成分配噪声增大，当工作频率高到一定值时，分配噪声将随频率升高而迅速增大。

当分配噪声由其最小值上升 3dB 时也对应某一频率 f_H，通常称 f_H 为高频噪声拐角频率，高频段即 $f > f_H$ 的区域，又称为高频噪声区（见图 3.17）。$f_H = \dfrac{f_T}{\sqrt{\beta_0}}$，其中 f_T 为晶体管的特征频率，β_0 为晶体管共射直流放大系数。由于不同的元器件 f_T 不同，因而 f_H 也就不相同。通常 f_T 在几百兆赫范围内（也有少数高达几千兆赫的），于是 f_H 在几十兆赫左右。

下面介绍晶体管低频和中频噪声的分析与计算方法。由于本书介绍的工作频率不在高频区，因而高频噪声的分析计算这里不予讨论，只给出相关结论，有兴趣的读者可参考相关书籍[24]。

4. 低频段噪声计算

在低频时可使 $Z_{b'e} \approx r_{b'e}$，同时可近似令 $K = 2qf_L$，则带宽为 Δf 时，式(3.83)成为

$$E_{ni}^2 = 4kT(r_{bb'} + R_s)\Delta f + 2qI_B(r_{bb'} + R_s)^2\Delta f +$$

$$2qI_B\frac{f_L}{f}(r_b + R_s)^2\Delta f + 2qI_B\beta_0\Delta f\left(\frac{r_{bb'} + R_s}{\beta_0} + r_e\right)^2 \tag{3.84}$$

式中，$\beta_0 = g_m r_{b'e}$；r_e 为发射结正向交流电阻，$r_e = 1/g_m$。这时等效输入噪声也可通过 E_n-I_n 模型表示为

$$E_{ni}^2 = E_t^2 + E_n^2 + I_n^2 R_s^2 + 2rE_n I_n R_s \tag{3.85}$$

应用 3.2.2 节介绍的"噪声近似法"可以求出 E_n、I_n 值为

$$E_n^2 = E_{ni}^2 \big|_{R_s=0} = 4kT\Delta f r_{bb'} + 2qI_B\Delta f r_{bb'}^2 + 2qI_B\Delta f\frac{f_L}{f}r_b^2 + 2qI_B\beta_0\Delta f\left(\frac{r_{bb'}}{\beta_0} + r_e\right)^2 \tag{3.86}$$

$$I_n^2 = \frac{E_{ni}^2}{R_s^2}\bigg|_{R_s\to\infty} = 2qI_B\Delta f\left(1 + \frac{f_L}{f} + \frac{1}{\beta_0}\right) \tag{3.87}$$

利用式(3.84)和式(3.85)的等价性，可求得

$$r = \frac{4qI_B\Delta f R_s r_{bb'} + 4qI_B\Delta f \dfrac{f_L}{f} R_s r_b + 4qI_B R_s \Delta f\left(\dfrac{r_{bb'}}{\beta_0} + r_e\right)}{2E_n I_n R_s} \tag{3.88}$$

于是晶体管低频段混合 π 噪声模型可用 E_n-I_n 模型来代替，如图 3.18 所示，此时晶体管在低频段可视为无噪声了。

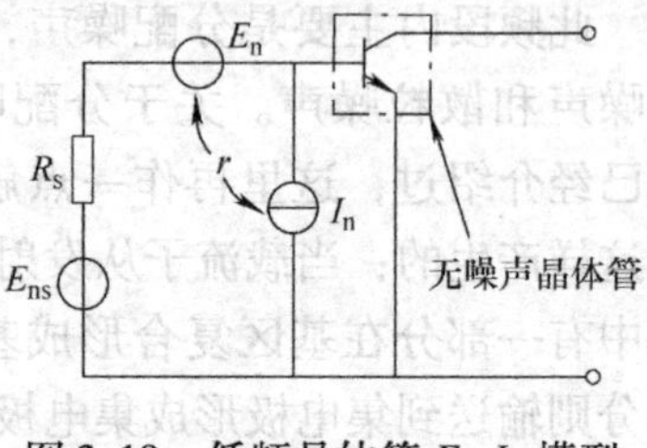

此时，可求得晶体管低频段的最佳源电阻 R_{opt} 及最小噪声系数 F_{min} 为

$$R_{opt} = \sqrt{\frac{2\beta_0 r_e r_{bb'} + r_{bb'}^2 + \dfrac{f_L}{f} r_b^2 + \beta_0\left(\dfrac{r_{bb'}}{\beta_0} + r_e\right)^2}{1 + \dfrac{f_L}{f} + \dfrac{1}{\beta_0}}} \tag{3.89}$$

图 3.18　低频晶体管 E_n-I_n 模型

$$F_{min} = 1 + (1 + r)\frac{1}{\beta_0 r_e}\left(1 + \frac{f_L}{f} + \frac{1}{\beta_0}\right)R_{opt} \tag{3.90}$$

将式(3.86)、式(3.87)和式(3.89)代入式(3.88)，可求出相关系数 r 为

$$r = \frac{1}{R_{opt}}\frac{r_{bb'} + \dfrac{f_L}{f} r_b + \dfrac{r_{bb'}}{\beta_0} + r_e}{1 + \dfrac{f_L}{f} + \dfrac{1}{\beta_0}} \tag{3.91}$$

上面求得的式(3.89)、式(3.90)和式(3.91)适用于低频段的工作频率 f 在 $f \leqslant f_L$ 附近。

当 $f < \dfrac{1}{10}f_L$，$\beta_0 \geqslant 100$ 时，式(3.89)～式(3.91)还可进一步简化为

$$R_{opt} = \sqrt{\left[2\beta_0 r_e r_{bb'} + r_{bb'}^2 + \beta_0\left(\frac{r_{bb'}}{\beta_0} + r_e\right)^2\right]\frac{f}{f_L} + r_b^2} \tag{3.92}$$

$$F_{min} = 1 + (1 + r)\frac{1}{\beta_0 r_e}\frac{f_L}{f}R_{opt} \tag{3.93}$$

$$r = \frac{1}{R_{opt}}\left[\left(r_{bb'} + \frac{r_{bb'}}{\beta_0} + r_e\right)\frac{f}{f_L} + r_b\right] \tag{3.94}$$

由式(3.92)～式(3.94)可以看出，随着频率 f 的减小，最佳源电阻也减小，而最小噪声系数 F_{min} 及相关系数 r 却增大，特别是当 $f \leqslant \dfrac{f_L}{\beta_0}\left(f \leqslant \dfrac{f_L}{100}\right)$ 时，有

$$R_{opt} \approx r_b \tag{3.95}$$

$$F_{min} \approx 1 + \frac{r_{bb'}}{\beta_0 r_e}\frac{f_L}{f} \tag{3.96}$$

$$r \approx 1 \tag{3.97}$$

可见，对低频段而言，相关系数是不能略去的。这一点可以这样理解，由于 $1/f$ 噪声同时出现在 E_n、I_n 中，构成了相关的部分，随着工作频率的减小，$1/f$ 噪声在 E_n、I_n 中所占比重加大，因而 E_n、I_n 相关性就加强了，所以不能忽略。

5. 中频段噪声计算

（1）低中频段

在低中频区，$Z_{b'e} \approx r_{b'e}$，且略去 $1/f$ 噪声，带宽为 Δf 时，式（3.83）成为

$$E_{ni}^2 = 4kT\Delta f(r_{bb'} + R_s) + 2qI_B\Delta f(r_{bb'} + R_s)^2 + \frac{2qI_C\Delta f(r_{bb'} + R_s + r_{b'e})^2}{\beta_0^2} \tag{3.98}$$

与低频段噪声计算类似，可求得中频区的 E_n^2、I_n^2、R_{opt}、F_{min}、r 分别为

$$E_n^2 = E_{ni}^2 \Big|_{R_s=0} = 4kT\Delta f r_{bb'} + 2qI_B\Delta f r_{bb'}^2 + 2qI_B\beta_0\Delta f\left(\frac{r_{bb'}}{\beta_0} + r_e\right)^2 \tag{3.99}$$

$$I_n^2 = \frac{E_{ni}^2}{R_s^2}\Big|_{R_s\to\infty} = 2qI_B\Delta f \tag{3.100}$$

$$R_{opt} = \sqrt{2\beta_0 r_e r_{bb'} + r_{bb'}^2 + \beta_0 r_e^2} \tag{3.101}$$

$$F_{min} = 1 + (1+r)\frac{R_{opt}}{\beta_0 r_e} \tag{3.102}$$

$$r = \frac{1}{R_{opt}}(r_{bb'} + r_e) \tag{3.103}$$

所以
$$F_{min} = 1 + \sqrt{\frac{2r_{bb'}}{\beta_0 r_e} + \frac{1}{\beta_0} + \left(\frac{r_{bb'}}{\beta_0 r_e}\right)^2} + \frac{r_{bb'} + r_e}{\beta_0 r_e} \tag{3.104}$$

从 F_{min} 的表达式可以看出，减小低中频段噪声系数应采用 β_0 大、$r_{bb'}$ 小的晶体管且工作在低集电极电流状态。因此，就器件制造来说，一个性能良好的低噪声晶体管必须有高的短路电流增益及低的基区电阻。另外，从 R_{opt} 表示式中可知，减少集电极电流能使最佳源电阻增大，因此可以通过调节工作点来进行噪声匹配，这些原则与低频段得出的结果是一致的。

（2）高中频段

高中频段与低中频段噪声模型的区别仅在于考虑了 $C_{b'e}$（假设 $C_{b'c}$ 很小，可忽略不计）的影响。通过计算可求出高中频段的 R_{opt}、F_{min}、r 分别为

$$R_{opt} = \sqrt{\frac{2\beta_0 r_e r_{bb'} + r_{bb'}^2 + \beta_0 r_e^2}{1 + \beta_0\omega^2 C_{b'e}^2 r_e^2}} \tag{3.105}$$

$$F_{min} = 1 + (1+r)\frac{1}{\beta_0 r_e}\sqrt{(2\beta_0 r_e r_{bb'} + r_{bb'}^2 + \beta_0 r_e^2)(1 + \beta_0\omega^2 C_{b'e}^2 r_e^2)} \tag{3.106}$$

$$r = \frac{r_{bb'} + r_e\sqrt{1 + \beta_0\omega^2 C_{b'e}^2 r_e^2}}{\sqrt{(2\beta_0 r_e r_{bb'} + r_{bb'}^2 + \beta_0 r_e^2)(1 + \beta_0\omega^2 C_{b'e}^2 r_e^2)}} \tag{3.107}$$

从 F_{min} 的表达式可以看出，减小高频段噪声系数应采用 β_0 大、$r_{bb'}$ 小的晶体管且工作在低集电极电流状态，这些原则与低中频段得出的结果是一致的。还可以看出，由于 $C_{b'e}$ 的存在，使高中频段的噪声系数受到了影响，但因在此频段内的相当大区间内 $\beta_0\omega^2 C_{b'e}^2 r_e^2 \ll 1$，只在靠近 $f_H = f_T/\sqrt{\beta_0}$ 的很窄频带内 $\beta_0\omega^2 C_{b'e}^2 r_e^2 < 1$，因此 $C_{b'e}$ 仅在高中频段的高端很窄的部分才使噪声系数略微增加，所以在整个高中频段内 F_{min} 随 f 的变化曲线基本上是平行的（与低中频段的大小相等），唯在高端有点起翘，因此在高中频段运用时，为了减小噪声系数应当选取 $C_{b'e}$ 小的晶体管。

另外，从 R_{opt} 表示式中也可看出，高中频段也可通过调节工作点来获得噪声匹配。在整个高中频段内 R_{opt} 随 f 变化的曲线基本上是平坦的(与低中频段的高度相等)，只有高端有点跌落。

6. 高频段噪声

在高频段若仅考虑分配噪声，则

$$R_{opt} = r_{bb'}$$

$$F_{min} = 1 + \frac{r_{bb'}}{r_e}\left(\frac{f}{f_T}\right)^2$$

由此可见，为了减小高频段的噪声系数应选用 $r_{bb'}$ 小、特征频率 f_T 高，即 $C_{b'e}$ 和 $C_{b'c}$ 小的管子，同时管子工作于低的集电极电流状态。

典型晶体管的 e_N 和 i_N 随频率和集电极电流变化的曲线如图 3.19 所示。可以看出，在高频段和低频段，i_N 随频率的变化要比 e_N 明显得多，这是因为 i_N 的 $1/f$ 噪声更为强烈，而高频拐点频率更低。当频率高于 i_N 的高频拐点频率或低于其低频拐点频率时，因为最小噪声系数 F_{min} 取决于 $e_N i_N$，必然结果是 F_{min} 增大；而最佳源电阻取决于 e_N/i_N，这种情况下的 R_{opt} 必然会减小。

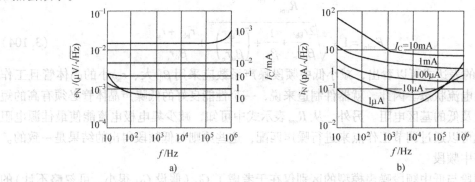

图 3.19　e_N 和 i_N 随频率和集电极电流变化的典型曲线

a) e_N 变化曲线　b) i_N 变化曲线

图 3.20 所示为 R_{opt} 与 F_{min} 随频率 f 变化的示意曲线。可见半导体晶体管的噪声系数在低频时很大，因为存在低频 $1/f$ 噪声；在中频时噪声系数最小且与频率无关，此时白噪声占主要成分；从中频段的高端开始，噪声系数随频率升高而逐渐增大，因为高频噪声与 f^2 成正比。对 R_{opt} 而言，在中频段 R_{opt} 较高。但是，总地来说，半导体晶体管的 R_{opt} 是较低的，如果不借助其他噪声匹配方法，它只能工作在源电阻不高的低噪声放大器中。

另外还需指出，双极型晶体管共射极、共集电极、共基极三种接法的噪声系数是不同的，但其数值彼此相近(差别不大)，因此可认为噪声系数与晶体管接法无关。这样在

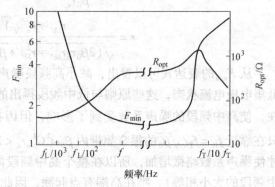

图 3.20　R_{opt} 与 F_{min} 随频率变化的曲线

选择电路时，晶体管接法可不予考虑。例如，可采用共射极接法提高功率增益，使之加强信号克服后级噪声影响；采用共集电极接法来提高输入阻抗；采用共基极接法加宽频带等。

3.3.7　场效应晶体管的噪声

1. 场效应晶体管的噪声模型

场效应晶体管可分为结型场效应晶体管(JFET)和绝缘栅型场效应晶体管(IGFET)两大类，后者依绝缘层所用材料不同，又可分为 MOS 场效应晶体管(以二氧化硅作绝缘层)、MNS 场效应晶体管(以氮化硅为绝缘层)以及 MALS 场效应晶体管(以氧化铝为绝缘层)等几种，其中以 MOS 管用得较普遍。它们都是靠栅极电压的变化来改变沟道的电导，以达到控制漏电流的目的。两种类型的场效应晶体管都可以用两种导电材料制造，视沟道是 N 型还是 P 型而定。所有场效应晶体管的输出特性曲线都与双极型晶体管的相应曲线相仿，然而，重要的输入量是栅源电压而不是基极电流。结型场效应晶体管的输入电阻是反偏二极管的电阻，绝缘栅型场效应晶体管的输入电阻更高。

场效应晶体管的内部噪声来源有如下四种。

（1）沟道热噪声

它是由于场效应晶体管沟道中多数载流子的随机热运动而引起的，是场效应晶体管的主要噪声源。沟道热噪声与沟道的电阻(物理电阻)有关，其表达式为

$$E_t^2 = 4kTK_d \frac{1}{g_m} \Delta f \tag{3.108}$$

或

$$I_t^2 = 4kTK_d g_m \Delta f \tag{3.109}$$

式中，g_m 为工作点处的场效应晶体管的跨导，g_m 的大小反映了栅极电压变化时对漏极电流的影响，是衡量场效应晶体管放大能力的重要参数；K_d 是与场效应晶体管的型式、尺寸、偏置情况有关的系数，在正常工作条件下变化不大。在场效应晶体管的线性区 $K_d \approx 1$，在饱和区 $K_d \approx 0.67$。

（2）栅极散粒噪声

它是由于栅极漏电流通过栅源 PN 结产生的散粒噪声，可以表示为

$$I_g^2 = 2qI_G \Delta f \tag{3.110}$$

式中，q 为电子电荷；I_G 为栅极漏电流。一般场效应晶体管的 I_G 等于 $10^{-7} \sim 10^{-9}$A，绝缘栅型场效应晶体管的 I_G 要小于 10^{-9}A，可见绝缘栅型场效应晶体管的栅极散粒噪声是很小的，在实际问题的分析中可以将它忽略不计。

由式(3.109)和式(3.110)可见，沟道热噪声和栅极散粒噪声的谱密度均是常数，即不随频率而变化，因此它们都属于白噪声。中频区(从几千赫到几兆赫)主要是这两种噪声。

（3）1/f 噪声

主要是由空间电荷层内电荷的产生与复合，使得沟道电流产生流动而引起的噪声。其噪声电流与一般晶体管的 1/f 噪声电流相同，可表示为

$$I_f^2 = K_f \frac{1}{f^n} \Delta f \tag{3.111}$$

式中，K_f 为常数，n 通常为 1。

（4）栅极感应噪声

在高频情况下，通过栅极和沟道之间的分布电容 C_{gs}，沟道电阻热噪声中的高频分量将耦合到栅极输入电路，从而产生栅极感应噪声 i_{ng}，这相当于在输入栅源之间并联了一个噪声电流源。感应噪声 i_{ng} 的功率谱密度可表示为

$$G_{ng}(f) = 4kTG_{is}K_{ng} \tag{3.112}$$

式中，G_{is} 为共源极输入电导；K_{ng} 是与栅源电压、漏源电压有关的系数。

根据场效应晶体管等效电路的分析可知，输入电导可表示为

$$G_{is} = \frac{\omega^2 C_{gs}^2 R_{on}}{1 + \omega^2 C_{gs}^2 R_{on}^2} \tag{3.113}$$

式中，C_{gs} 为栅源电容；R_{on} 是导通电阻，$R_{on} = 1/g_m$。

当 $\omega^2 C_{gs}^2 R_{on}^2 \ll 1$ 时，$G_{is} = \omega^2 C_{gs}^2 R_{on}$，代入式(3.112)可得

$$G_{ng}(\omega) = \frac{4kT\omega^2 C_{gs}^2 K_{ng}}{g_m} \tag{3.114}$$

可见，感应噪声不是白噪声，其功率谱密度与 ω^2 成正比。理论和实践表明，只有在频率高得接近于元器件的截止频率时，感应噪声才较显著。应当注意，感应噪声电流与沟道热噪声是同一起源，因而两者之间有一定的相关关系。

由以上讨论可见，发生在场效应晶体管栅极的是栅极散粒噪声和栅极感应噪声，发生在沟道内的是沟道热噪声和 $1/f$ 噪声。由于沟道热噪声和 $1/f$ 噪声直接调制了沟道电流的变化，因此也可以等效地认为它们是发生在漏极上的。将上述四种噪声分别在栅极和漏极上标出，可以得到场效应晶体管的噪声模型，如图 3.21 所示。图中，Z_s 为源阻抗，$Z_s = R_s + jX_s$；I_{ns} 为源电阻热噪声电流，$I_{ns}^2 = 4kT\frac{1}{R_s}\Delta f$；$Z_L$ 为负载阻抗，$Z_L = R_L + jX_L$，图中略去了 R_L 的噪声。

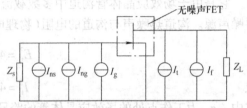

图 3.21　场效应晶体管的噪声等效电路

2. 不同频段下共源场效应晶体管噪声的计算结果

根据对晶体管噪声的计算，可总结出场效应晶体管噪声计算的总步骤是：先计算场效应晶体管等效输入噪声 E_{ni}，然后利用噪声近似法求得 E_n 和 I_n，最后根据 E_n 和 I_n 求得最佳源电阻 R_{opt} 和最小噪声系数 F_{min}。具体的计算过程请参考相关的参考文献[23]，这里只给出不同频段下的 E_n^2、I_n^2、F、R_{opt}、F_{min}、r，并对结果进行讨论。

(1) 低频段($f < 1\text{kHz}$)

低频段的噪声源主要是 $1/f$ 噪声和沟道热噪声，E_n^2、I_n^2、F、R_{opt}、F_{min}、r 分别为

$$E_n^2 = \frac{1}{g_m^2}(I_t^2 + I_f^2) \tag{3.115}$$

$$I_n^2 = \frac{G_{gs}^2}{g_m^2}(I_t^2 + I_f^2) \tag{3.116}$$

$$F = 1 + (I_t^2 + I_f^2)\frac{1}{4kTR_s\Delta f}\left(\frac{G_{gs}R_s}{g_m}\right)^2 \tag{3.117}$$

$$R_{opt} = \frac{E_n}{I_n} = \frac{1}{G_{gs}} = R_{gs} \tag{3.118}$$

$$F_{min} = 1 + (I_t^2 + I_f^2)\frac{1}{kTR_{gs}\Delta f g_m^2} \tag{3.119}$$

$$r = 1 \tag{3.120}$$

上面各式中，R_{gs} 为栅源间电阻，$G_{gs} = 1/R_{gs}$。从式（3.120）可以看出，减小低频段的噪声系数必须选择跨导 g_m 大的场效应晶体管。由场效应晶体管理论可知

$$g_m = \frac{2I_{DSS}}{V_P}\left(\frac{V_{gs}}{V_P} - 1\right) \tag{3.121}$$

式中，V_{gs} 为栅源间电压；V_P 为夹断电压；I_{DSS} 为漏极饱和电流。

可见，当 V_P 的绝对值比较小时，或者 $V_{gs} = 0$ 时，都能使 g_m 增大。这就是说，为了减小低频噪声，应当选择高跨导 g_m、低夹断电压 $|V_P|$ 的场效应晶体管，同时应使管子工作在 I_{DSS} 附近区域。

从式（3.118）还可以看出，最佳源电阻 R_{opt} 是很大的，这表明当源电阻高时，场效应晶体管能获得比源电阻低要好的噪声特性，这一点与晶体管是不同的，因此此场效应晶体管特别适合用在高阻抗低噪声放大器上。

（2）中频段

中频段的噪声源主要是沟道热噪声和栅极散粒噪声，E_n^2、I_n^2、R_{opt}、F_{min}、r 分别为 $\left(\text{取 } K_d = \dfrac{2}{3}\right)$

$$E_n^2 = 4kT\frac{2}{3}\frac{1}{g_m}\Delta f \tag{3.122}$$

$$I_n^2 = 2qI_G\Delta f + 4kT\frac{2}{3g_m}\Delta f[G_{gs}^2 + \omega^2(C_{gs} + C_{gd})^2] \tag{3.123}$$

$$R_{opt} = \frac{E_n}{I_n} = \frac{1}{\left\{\dfrac{3qI_G}{4kT}g_m + [G_{gs}^2 + \omega^2(C_{gs} + C_{gd})^2]\right\}^{1/2}} \tag{3.124}$$

$$F_{min} = 1 + (1 + r)\frac{1}{3g_m}\frac{2}{R_{opt}} \tag{3.125}$$

$$r = \frac{1}{\left\{\dfrac{3qI_Gg_m}{4kT[g_{gs}^2 + \omega^2(C_{gs} + C_{gd})^2]}\right\}^{1/2}} \tag{3.126}$$

从式（3.124）和式（3.125）可以看出，减小中频段的噪声系数必须选择跨导 g_m 大、栅极泄漏电流 I_G 小，以及极间电容 C_{gs}、C_{gd} 小的场效应晶体管。

（3）高频段

高频段的噪声源主要是沟道热噪声、栅极散粒噪声和栅极感应噪声。减小高频段的噪声系数也必须选择跨导 g_m 大、栅极泄漏电流 I_G 小，以及极间电容 C_{gs}、C_{gd} 小的场效应晶体管，这与中频段得出的原则是一致的。由于本书介绍的工作频率不在高频区，因而高频噪声的分析计算这里不予讨论，有兴趣的读者可参考相关书籍。

研究表明，场效应晶体管共源、共栅和共漏组态的低、中频段噪声系数完全相同，对高频段的噪声系数共栅最小，共源次之，共漏最大。所以从噪声观点来说，在高频应用时，应尽量避免使用共漏电路作为低噪声输入级。但不管何种电路组态，在低中频段噪声特性最佳，是低频噪声放大器的理想器件。

3. 场效应晶体管和双极型晶体管噪声性能的比较

以上讨论了场效应晶体管和双极型晶体管的噪声特性。在此，我们利用已知的结论对它们作一些比较。表3.4给出了结型场效应晶体管和双极型晶体管在中频段 E_n、I_n 和 R_{opt} 值的比较，表3.5给出了共源场效应晶体管和共射双极型晶体管噪声特性的比较。

表 3.4 结型场效应晶体管和双极型晶体管在中频段区 E_n、I_n 和 R_{opt} 典型数据比较

	结型场效应晶体管	双极型晶体管
$E_n/\Delta f/(nV/\sqrt{Hz})$	4	2.65
$I_n/\Delta f/(nA/\sqrt{Hz})$	11×10^{-6}	2.3×10^{-3}
$R_{opt}/k\Omega$	364	1.15

表 3.5 共源场效应晶体管和共射双极型晶体管特性比较

a) 共源场效应晶体管

f/Hz	低频			中频			高频	
	1	10	10^2	$10^3 \sim 10^4$	10^5	10^6	10^7	10^8
R_{opt}/Ω	10^7	10^7	10^7	59×10^3	58×10^3	29×10^3	3.3×10^3	0.33×10^3
NF_{min}/dB	0.103	0.103	0.004	0.099	0.12	0.36	2.55	8.38

b) 共射双极型晶体管

f/Hz	低频				中频	高频
	$f_L/10^3$	$f_L/10^2$	$f_L/10$	$f_L/10 < f < f_L$	$f_H/10$	f_H
R_{opt}/Ω	50	76	188	408	442	575
NF_{min}/dB	13	7.7	2.8	1.3	0.9	6.4

从表中典型数据可知：

1）场效应晶体管的低频噪声系数比双极型晶体管的低频噪声系数要小得多，中频时也要小一些，在高频段的高端部分两者的噪声系数有些相近。

2）从最佳电阻来说，场效应晶体管要比双极型晶体管高得多。因此，当源电阻很大时，场效应晶体管的噪声性能大大优于双极型晶体管，因为在这种情况下，I_n 起主导作用，见表3.4，场效应晶体管的 I_n 远小于双极型晶体管的 I_n。所以，场效应晶体管是一种优良的低噪声器件，在低噪声电路中已被广泛采用，特别是在高输入阻抗的低频低噪声放大器中担任前置级更能使噪声性能大为改善。

3）场效应晶体管的主要噪声源是沟道热噪声，因而通过降低温度可进一步减小场效应晶体管的噪声，所以适用于低温下的低噪声放大；而双极型晶体管的主要噪声是散粒噪声，在低温下整个噪声性能改善不大，所以不宜用于低温低噪声放大器上。

4）场效应晶体管降低沟道热噪声与提高增益是不矛盾的（如选 g_m 大的管子，对两者都有好处），因而对偏置的要求不苛刻；但双极型晶体管降低噪声与提高增益对集电极电流的要求是相矛盾的，必须折衷取值。所以相对来说，场效应晶体管低噪声放大器的偏置设计要容易些。

5）从表 3.4 可见，双极型晶体管的 E_n 比场效应晶体管的要小，因此，当源阻抗很低时，一般双极型晶体管的噪声特性优于场效应晶体管。因为双极型晶体管的最佳源阻抗比较低，易于同低源阻抗的信号源实现噪声匹配。

从以上对比来看，场效应晶体管的优点甚多，加上近些年来新型场效应晶体管的不断出现和完善，使得场效应晶体管在雷达、通信、精密测量等许多方面得到了广泛的应用。

3.3.8　运算放大器的噪声[26-28]

1. 运算放大器的噪声模型

图 3.22 给出了两种不同的运放噪声模型。图 3.22a 中，运放的噪声源由两个不相关的电流源 i_{np}、i_{nn} 和一个电压源 e_n 构成，它们的频谱密度分别为 G_{inp}、G_{inn} 和 G_{en}。电压噪声源可以看做一个时变输入偏置电压部件，电流噪声源可以看做一个时变输入偏置电流部件。注意，在某些情况下，i_{np} 和 i_{nn} 的幅度可能不相等。在图 3.22b 中，两个电流噪声源合并成了一个接在两输入端之间的单一噪声源。在噪声计算中，图 3.22b 的模型更通用一些。

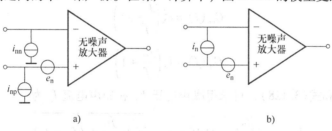

a)　　　　　　　　　　　　　　b)

图 3.22　运算放大器噪声模型

a）运放噪声模型　b）简化运放噪声模型

2. 运放的噪声频谱密度

图 3.23 给出了典型运放的电压噪声和电流噪声频谱密度曲线。从图中可以看出，电压/电流噪声频谱密度曲线可以分成两个区域。一个是频谱密度曲线不平的低频噪声区，称为 $1/f$ 噪声、闪烁噪声或低频噪声区。通常，$1/f$ 噪声的功率谱以斜率 $1/f$ 滚降，这意味着电压频谱以斜率 $1/\sqrt{f}$ 滚降，然而实际上 $1/f$ 方程的指数会有轻微偏差。另一个比较宽的区域内噪声频谱是平坦的，即所有不同频点因素的贡献是相同的，称为白噪声区。

实际应用中，可以将图 3.23 中所示运算放大器噪声频谱密度曲线简化为如图 3.24 所示。其中，$1/f$ 噪声和白噪声相等的

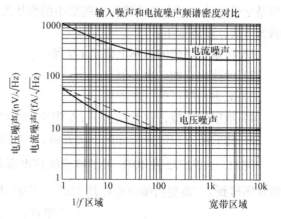

图 3.23　运算放大器噪声频谱密度

频率点f_{ce}、f_{ci}分别是电压噪声和电流噪声频谱密度的转角频率，f_L、f_H分别为噪声频带下限和上限，e_N和i_N是白噪声电平。

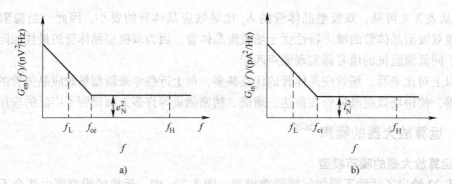

图 3.24　简化的运算放大器噪声频谱密度

a）电压源的功率谱密度分布　b）电流源的功率谱密度分布

用解析的方法，可将功率密度表示成

$$G_{en}(f) = e_N^2\left(\frac{f_{ce}}{f} + 1\right) \tag{3.127}$$

$$G_{in}(f) = i_N^2\left(\frac{f_{ci}}{f} + 1\right) \tag{3.128}$$

由式（3.127）和式（3.128），可求得噪声电压E_n和噪声电流I_n为

$$E_n = \sqrt{\int_{f_L}^{f_H} G_{en}(f)\,df} = e_N\sqrt{f_{ce}\ln\frac{f_H}{f_L} + (f_H - f_L)} \tag{3.129}$$

$$I_n = \sqrt{\int_{f_L}^{f_H} G_{in}(f)\,df} = i_N\sqrt{f_{ci}\ln\frac{f_H}{f_L} + (f_H - f_L)} \tag{3.130}$$

3. 转角频率的计算

转角频率可以对图 3.23 中的曲线用目测的方法来确定，这样得出的数据对于大多数应用是足够好的，但由于曲线的一些很小的起伏使我们无法进行精确的计算。下面介绍一种精确的方法，步骤如下：

1）在最低可能的频率上确定 $1/f$ 噪声。

2）计算出它的二次方值。

3）减去白噪声的二次方值。

4）乘以频率值，这就找出了 $1/f$ 噪声的贡献。

5）然后除以白噪声指标的二次方值，所得的结果就是转角频率。

例如，TLV2772 在 10Hz 处的典型噪声电压频谱密度是 $130nV/\sqrt{Hz}$（从数据手册中的 5V 曲线图得到），典型白噪声指标是 $12nV/\sqrt{Hz}$（从数据手册得到），因此可计算为

$$(1/f\text{噪声})^2 \text{ 在 } 10Hz = \left[\left(\frac{130nV}{\sqrt{Hz}}\right)^2 - \left(\frac{12nV}{\sqrt{Hz}}\right)^2\right] \times 10Hz = 167560(nV)^2$$

$$f_{\text{ce}} = \frac{(1/f \text{噪声})^2 \text{ 在 } 10\text{Hz}}{(\text{白噪声})^2} = \frac{167560(\text{nV})^2}{\left(\dfrac{12\text{nV}}{\sqrt{\text{Hz}}}\right)^2} = 1164\text{Hz}$$

4. 噪声增益

图 3.25 中，由运放电压噪声源的噪声、运放电流源的噪声和电阻噪声在运放输出端产生的总噪声为 E_{no}，折合到运放同相输入端的总噪声为 E_{ni}，两者的关系为

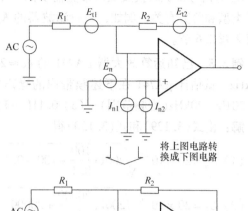

$$A_{\text{n}} = \frac{E_{\text{no}}}{E_{\text{ni}}} \qquad (3.131)$$

式中，A_{n} 称为噪声增益。

噪声增益在某些情况下并不等于信号增益。从图 3.26 中的例子可以看到信号增益 $|A_{\text{s}}| = R_2/R_1$，而噪声增益是 $A_{\text{n}} = 1 + (R_2/R_1) = 1 + |A_{\text{s}}|$。$E_{\text{ni}}$ 表示若干噪声源效果的叠加，它被放置在运放电路的同相输入端。

将上图电路转换成下图电路

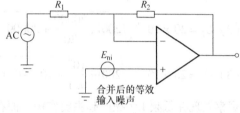

合并后的等效输入噪声

5. 噪声带宽的计算

下面介绍运算放大器没有外加滤波电路时噪声带宽的计算方法。若运算放大器外加有滤波电路，则要根据实际情况具体分析，相关内容见第 4 章。

图 3.25　合并噪声源

（1）下限截止频率 f_L 的确定

因为函数 $1/f$ 在 0 点处没有定义，所以考虑 $1/f$ 噪声时必须先确定一个最低截止频率。事实上，当积分下限低到零时，理论上的噪声值为无穷大。但必须考虑的是，频率越低对应的时间越长。例如，0.1Hz 对应 10s，0.001Hz 对应 1000s。极

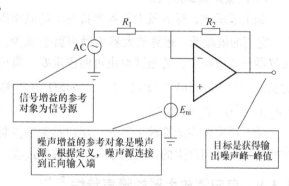

信号增益的参考对象为信号源

噪声增益的参考对象是噪声源。根据定义，噪声源连接到正向输入端

目标是获得输出噪声峰−峰值

图 3.26　简单运放电路的噪声增益

端低的频率对应的时间可能需要以年来计算（如 10nHz 对应 3 年）。积分的频率间隔越大，计算出来的噪声越大。但需要记住的是，极端低频噪声的测量周期需要很长一段时间。在 $1/f$ 噪声计算时，下限截止频率通常为 0.1Hz。

（2）上限截止频率 f_H 的确定

噪声带宽的上限截止频率 f_H 由下式给出

$$f_{\text{H}} = K_{\text{n}} f_{\text{s}} \qquad (3.132)$$

式中，f_{s} 为信号带宽，由运放闭环带宽决定，利用运放规格书上提供的增益带宽积，闭环带宽可以通过下式得到

$$\text{闭环带宽} = \frac{\text{增益带宽积}}{\text{噪声增益}} \qquad (3.133)$$

如果规格书上没有提供增益带宽积，就用单位增益带宽指标。对于单位稳定型运放，单位增益带宽就等同于增益带宽。

K_n 为信号带宽转换成噪声带宽需要的一个转换系数，其大小与运放宽带区域所加滤波器的类型和阶数有关，例如，一阶滤波器的 K_n 为 1.57，其他滤波器的 K_n 的计算方法请参阅第 2 章 2.6 节。

例3.5 已知运算放大器 μA741 的 $e_N \approx 20nV/\sqrt{Hz}$，$f_{ce} \approx 200Hz$，$i_N \approx 0.5pA/\sqrt{Hz}$，$f_{ci} \approx 2kHz$，试估计 μA741 在下述频带内的噪声电压 E_n：（1）0.1～100Hz（仪器仪表范围）；（2）20Hz～20kHz（音频范围）；（3）0.1Hz～1MHz（宽带范围）。

解： 由式(3.129)和式(3.130)得

（1）$E_n = 20 \times 10^{-9} \sqrt{200\ln\dfrac{100}{0.1} + 100 - 0.1}$ V $= 0.707\mu V$

（2）$E_n = 20 \times 10^{-9} \sqrt{200\ln\dfrac{20000}{20} + 20000 - 20}$ V $= 2.92\mu V$

（3）$E_n = 20 \times 10^{-9} \sqrt{200\ln\dfrac{10^6}{0.1} + 10^6 - 0.1}$ V $= 20.0\mu V$

观察发现在低频 $1/f$ 噪声起主要作用，而在高频白噪声起主要作用，并且频带越宽，噪声就越大。因此，为了使噪声最小，必须将频带宽度严格限制在能够符合要求的最小宽度内。

6. 低噪声运算放大器

如上节所述，运放放大器噪声特性中的品质因素有白噪声电平 e_N 和 i_N、转角频率 f_{ce} 和 f_{ci}。它们的值越低，运算放大器的噪声就会减少。在宽带应用中，通常只关心白噪声电平；在仪器仪表应用中，转角频率也可能很重要。典型的工业标准 OP27 低噪声精密运算放大器的额定值是 $e_N = 3nV/\sqrt{Hz}$（与一个 545Ω 电阻具有相同的频谱密度），$f_{ce} = 2.7Hz$，$i_N = 0.4pA/\sqrt{Hz}$，$f_{ci} = 140Hz$。

除了可编程序运算放大器外，用户是无法控制运算放大器的噪声特性的；然而大致理解这些特性是如何产生的，有助于器件的选择过程。

3.3.9 自归零放大器的噪声特性[29-30]

1. 自归零（Auto-zero）放大器简介

目前，有很多电子应用都需要调理小输入信号。这些系统要求信号在传输过程中的直流偏置电压很小，并且偏置随时间和温度的漂移也要很小。对于标准的线性元器件而言，要达到以上要求唯一的办法就是采用系统级的自校准技术。但是，实现自校准技术需要更为复杂的硬件和软件，同时还会增加产品的研发周期。

另一种方法是使用低偏置和低漂移的元器件。在现有的元器件中，自归零放大器（Auto-Zero Amplifier，AZA）具有最低的偏置和漂移。通过在芯片上进行连续的校正，自归零放大器可以达到很高的直流精度。其典型的直流偏置为 1μV，温度漂移为 20nV/℃，时间漂移值为 20nV/月。所以这类放大器几乎能满足关于直流精度的最高需求。

与使用斩波技术的自校准放大器不同，使用现代处理技术实现的自归零放大器具有带宽宽、精度高和输出噪声低等优点，且生产成本也很低。下面介绍自归零放大器的功能原理，并比较自归零放大器和标准运放在实现低频滤波方面的性能。

2. 自归零放大器原理

图 3.27 为自归零放大器 OPA335 的内部结构。两个归零放大器 A_{N1} 和 A_{N2} 轮流和主放大器 A_M 并行操作。当 A_{N1} 在自归零阶段将偏置归零时，A_{N2} 工作在放大阶段，它校正主放大器的电压偏置，反之亦然。

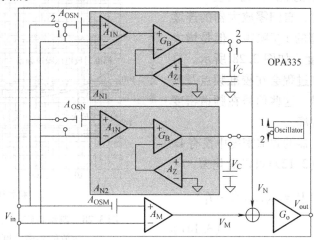

图 3.27 简化的 OPA335 框图

当开关在位置 1 时，放大器处于自归零阶段，因此将电容充电到

$$V_C = G_B(A_{IN}V_{OSN} - A_Z V_C) = V_{OSN}\left(\frac{G_B A_{IN}}{1 + G_B A_Z}\right) \tag{3.134}$$

当开关在位置 2 时，放大器处于放大阶段，归零放大器的输出电压 V_N 被加到主放大器的输出电压 V_M 上，即

$$V_N = G_B\left[A_{IN}(V_{IN} + V_{OSN}) - A_Z V_C\right] \tag{3.135}$$

用式(3.134)代替 V_C 得

$$V_N = G_B A_{IN}\left(V_{IN} + \frac{V_{OSN}}{1 + G_B A_Z}\right) \tag{3.136}$$

主放大器的简化输出为

$$V_M = A_M(V_{IN} + V_{OSM}) \tag{3.137}$$

输出级的输出 V_{OUT} 为

$$V_{OUT} = G_O(V_N + V_M) \tag{3.138}$$

将式(3.136)和式(3.137)代入式(3.138)，有

$$V_{OUT} = G_O\left[A_M(V_{OSM} + V_{OSN}) + G_B A_{IN}\left(V_{IN} + \frac{V_{OSN}}{1 + G_B A_Z}\right)\right] \tag{3.139}$$

在设计过程中，令 $A_M = A_{IN}$ 且 $G_B \gg 1$，则式(3.139)简化为

$$V_{OUT} = G_O G_B A_{IN}\left(V_{IN} + \frac{V_{OSM} + \dfrac{V_{OSN}}{A_Z}}{G_B}\right) \tag{3.140}$$

可以看出，$G_0G_BA_{IN}$ 为整个放大器的开环增益，$\dfrac{V_{OSM}+\dfrac{V_{OSN}}{A_Z}}{G_B}$ 为整个自归零放大器的有效输入偏置电压。

3. 自归零放大器的噪声频谱密度

与标准运放相比，自归零放大器的连续偏置作用去掉了典型的 $1/f$ 噪声，但是增大了白噪声功率谱密度，如图 3.28 所示。自归零放大器有时校准过程会在校准频点及其谐波处产生一些信号，这些信号在频谱密度曲线中表现为一簇尖峰。

由于自归零放大器的频谱密度中没有 $1/f$ 噪声部分，因而式(3.129)可以简化为

$$E_n = \sqrt{\int_{f_L}^{f_H} G_{en}(f)\,\mathrm{d}f} = e_N\sqrt{(f_H - f_L)}$$
$$(3.141)$$

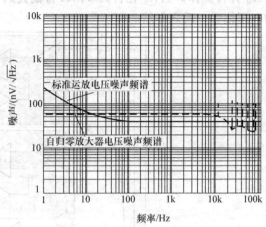

图 3.28　典型自归零放大器和标准运放的频谱密度曲线

例 3.6 自归零放大器 OPA335 的电压噪声平方根谱密度为 $e_N = 55\mathrm{nV}/\sqrt{\mathrm{Hz}}$，增益带宽为 2MHz，设置噪声增益 $A_n = 1001$，未外加滤波电路，试求 OPA335 的等效输入电压噪声。

解： 由式(3.133)，系统的闭环带宽为 $f_s = \dfrac{2\mathrm{MHz}}{1001} = 1.998\mathrm{kHz}$

由于未外加滤波电路，信号的衰减满足一阶低通滤波特性，因而 $K_n = 1.57$，噪声带宽上限截止频率为

$$f_H = K_n f_s = 1.57 \times 1.998\mathrm{kHz} = 3.137\mathrm{kHz}$$

将上述数值代入式(3.141)，可得

$$E_n = e_N\sqrt{f_H - f_L} = 55\mathrm{nV}/\sqrt{\mathrm{Hz}}\cdot\sqrt{3.137\mathrm{kHz}} = 3.08\mu\mathrm{V}$$

折合到输出端的噪声电压为

$$E_{no} = A_n E_n = 1001 \times 3.08\mu\mathrm{V} = 3.083\mathrm{mV}$$

3.3.10　模-数转换器的噪声特性

1. ADC 的噪声分析[52]

理想的模-数转换器(ADC)的噪声由其固有的量化误差(也称为量化噪声，如图 3.29 所示)产生。但实际使用的 ADC 是非理想器件，它的实际转换曲线与理想转换曲线之间存在偏差，表现为多种误差，如零点误差、满度误差、增益误差、积分非线性误差 INL、微分非线性误差 DNL 等。其中，零点误差、满度误差、增益误差是恒定误差，只影响 ADC 的绝对精度，不影响 ADC 的 SNR。INL 指的是在校准上述恒定误差的基础上，ADC 实际转换曲线与理想转换曲线的最大偏差。而 DNL 指的是 ADC 实际量化间隔与理想量化间隔的最大偏差，改变 ADC 的量化误差，能更直接地计算出 ADC 实际转换曲线与理想转换曲线的偏差对 ADC

的 SNR 的影响。

非理想 ADC，除了上述误差外，还有各种噪声，如热噪声、孔径抖动。前者是由半导体器件内部分子热运动产生的，后者是由 ADC 孔径延时的不确定性造成的。而 ADC 的外围电路同样会带来噪声，如 ADC 输入级电路的热噪声、电源/地线上的杂波、空间电磁波干扰、外接时钟的不稳定性(导致 ADC 各采样时钟沿出现时刻不确定，带来孔径抖动)等，可以把它们都等效为 ADC 的上述两种内部噪声。

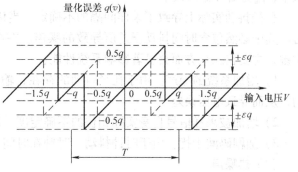

图 3.29　ADC 电路的量化误差(噪声)

上述误差和噪声的存在，导致 ADC 的 SNR 下降。下面先给出理想 ADC 的 SNR 计算公式，然后具体分析微分非线性误差 DNL、孔径抖动 Δt_j 和热噪声对 ADC 的 SNR 的影响。

(1) 理想 ADC 的量化误差

理想 ADC 的量化误差 $q(v)$ 与满量程内输入信号 V 的关系如图 3.29 所示。量化误差为在 $\left[-\dfrac{q}{2}, \dfrac{q}{2}\right]$ 内均匀分布且峰-峰值等于 q($q = 1\text{LSB}$，LSB 表示理想 ADC 的最小量化间隔)的锯齿波信号。

设 N 位 ADC 满量程电压为 $\pm 1\text{V}$，输入信号为 $s(t) = \sin\omega t$，则输入信号有效值为 $V_s = \dfrac{1}{\sqrt{2}} = \dfrac{2^N}{2\sqrt{2}}q$，量化噪声有效值为 $N_q = \dfrac{q}{\sqrt{12}}$，于是得到 ADC 的输出信噪比(单位为 dB)为

$$\text{SNR} = 6.02N + 1.76 \tag{3.142}$$

(2) 微分非线性误差 DNL

非理想 ADC 的量化间隔是非等宽的，这将导致 ADC 器件不能完全正确地把模拟信号转化成相应的二进制码，从而造成 SNR 的下降；且 ADC 每个量化的二进制码所对应的量化间隔都不同，为便于分析，用 εq 表示实际量化间隔与理想量化间隔误差的有效值，并近似认为由于 DNL 的影响，在无失码条件(DNL $\ll$ 1LSB)下，量化误差均匀分布在 $\left[-\dfrac{q+\varepsilon q}{2}, \dfrac{q+\varepsilon q}{2}\right]$ 和 $\left[-\dfrac{q-\varepsilon q}{2}, \dfrac{q-\varepsilon q}{2}\right]$ 内，如图 3.29 中实线所示(虚线为理想 ADC 量化误差)。这样，在考虑了 DNL 之后的 ADC 量化噪声为

$$N_{q\_\text{DNL}} = \sqrt{\dfrac{1}{2q}\left[\int_{-\frac{q+\varepsilon q}{2}}^{\frac{q+\varepsilon q}{2}} q^2(v)\,\mathrm{d}v + \int_{-\frac{q-\varepsilon q}{2}}^{\frac{q-\varepsilon q}{2}} q^2(v)\,\mathrm{d}v\right]} = \sqrt{\left(\dfrac{1}{12} + \dfrac{\varepsilon^2}{4}\right)\cdot q} \tag{3.143}$$

(3) 孔径抖动 Δt_j

孔径时间又称孔径延迟时间，是指对 ADC 发出采样命令(采样时钟边沿)时刻与实际采样时刻之间的时间间隔。相邻两次采样的孔径时间的偏差称为孔径抖动，记作 Δt_j。孔径抖动造成了信号的非均匀采样，引起了误差。设 ADC 满量程电压为 $\pm 1\text{V}$，输入信号为 $s(t) =$

$\sin\omega t$，孔径抖动有效值为 $\sigma_{\Delta t_j}$，则由孔径抖动带来的误差电压为

$$N_{\Delta t_j} = \sqrt{2}\pi f_{in}\sigma_{\Delta t_j} \tag{3.144}$$

式中，f_{in} 为信号输入频率。

孔径抖动实际上导致了采样间隔的不确定，当仍以标称的时间间隔对采样信号进行重构时，其中必然包含时间抖动误差所导致的噪声。在中高频采样时，孔径抖动对 ADC 来说很关键，主要在三个方面会显著影响系统性能：

1）增加系统的噪声。由于孔径抖动的存在，输入的模拟信号值在时钟时间内是不确定的，从而导致电压误差。

2）增加被采样信号自身实际相位的不确定度，从而增加矢量幅度。

3）加剧码间干扰。由于时钟抖动，时钟在时间上的不确定，会加剧码间干扰。

（4）热噪声

这里将 ADC 电路中微分非线性误差 DNL、孔径抖动 Δt_j 外的其他噪声都等效为 ADC 输入端的热噪声电压 N_{in}，设其有效值为 σ_{in}。

（5）非理想 ADC 的 SNR

一般情况下，量化噪声、微分非线性误差 DNL、孔径抖动 Δt_j 和热噪声彼此相互独立，综合考虑这四个因素的影响，可得 ADC 的 SNR 计算公式如下：

$$\begin{aligned}
\mathrm{SNR} &= 10\lg\left(\frac{V_s^2}{N_{total}^2}\right) = 10\lg\left(\frac{V_s^2}{N_{q\_DNL}^2 + N_{\Delta t_j}^2 + N_{in}^2}\right)\\
&= -10\lg\left[8\times\left(\frac{1}{12}+\frac{\varepsilon^2}{4}\right)+(\sqrt{2}\pi f_{in}\sigma_{\Delta t_j}\times 2^N)^2+8\sigma_{in}^2\right]+6.02N
\end{aligned} \tag{3.145}$$

对于高分辨率 ADC 器件，其固有量化误差、微分非线性误差 DNL、孔径抖动 Δt_j 和热噪声均较小。当 f_{in} 较高时，ADC 电路的 SNR 主要取决于孔径抖动，此时有

$$\mathrm{SNR} = 10\lg\left(\frac{V_s^2}{N_{\Delta t_j}^2}\right) = 20\lg\left(\frac{1/\sqrt{2}}{\sqrt{2}\pi f_{in}\sigma_{\Delta t_j}}\right) = -20\lg(2\pi f_{in}\sigma_{\Delta t_j}) \tag{3.146}$$

2. ADC 的噪声系数[53]

图 3.30 显示了用于定义 ADC 噪声系数的基本模型。该模型假设 ADC 的输入来自一个电阻为 R 的信号源，输入带宽以 $f_s/2$ 为限，输入端有一个噪声带宽为 $f_s/2$ 的滤波器。还可以进一步限制输入信号的带宽，产生过采样和处理增益。该模型还假设 ADC 的输入阻抗等于源阻抗。许多 ADC 具有高输入阻抗，因此该端接电阻可能位于 ADC 外部，或者与内部电阻并联使用，产生值为 R 的等效电阻。

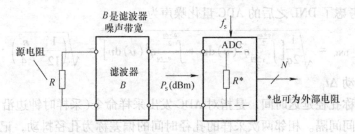

图 3.30　ADC 噪声系数的基本模型

噪声系数 F 指的是 ADC 的总有效输入噪声功率与源电阻单独引起的噪声功率之比。由于阻抗匹配，因此可以用电压噪声的二次方来代替噪声功率。

（1）ADC 噪声系数的推导过程

设输入信号 $s(t) = A\sin\omega t = A\sin2\pi ft$，其峰-峰值 $2A$ 正好填满 ADC 的输入范围。该正弦波的功率为

$$P_s = \frac{(A/\sqrt{2})^2}{R} = \frac{A^2}{2R} \tag{3.147}$$

计算 F 的第一步是根据 ADC 的 SNR 计算其有效输入噪声。ADC 数据手册给出了不同输入频率下的 SNR，应确保使用与目标输入频率相对应的值。由式（3.145）可求得等效输入方均根电压噪声 N_{total}

$$N_{\text{total}} = \frac{A}{\sqrt{2}} 10^{-\text{SNR}/20} \tag{3.148}$$

这是在整个奈奎斯特带宽（DC 至 $f_s/2$）测得的总有效输入方均根噪声电压，注意该噪声包括源电阻的噪声。

下一步是实际计算噪声系数。在图 3.30 中，注意到源电阻引入的输入电压噪声量等于源电阻 $\sqrt{4kTBR}$ 的电压噪声除以 2，即 $\sqrt{kTBR}$，这是因为 ADC 输入端接电阻形成了一个 2∶1 的衰减器。

噪声系数 F 的表达式可以写为

$$F = \frac{N_{\text{total}}^2}{kTRB} = \left[\frac{A^2}{2R}\right]\left[\frac{1}{kT}\right]\left[10^{-\text{SNR}/10}\right]\left[\frac{1}{B}\right] \tag{3.149}$$

将 F 转化为 dB 并简化，便可得到噪声因数 NF

$$NF = 10\lg P_s + 10\lg\frac{1}{kT} - \text{SNR} - 10\lg B \tag{3.150}$$

过采样和数字滤波会产生处理增益，从而降低噪声系数[28]。如图 3.31 所示，对于过采样，信号带宽 B 低于 $f_s/2$，噪声因数的计算公式变为

$$NF = 10\lg P_s + 10\lg\frac{1}{kT} - \text{SNR} - 10\lg B - 10\lg\frac{f_s}{2B} \tag{3.151}$$

（2）ADC 噪声系数计算示例

图 3.32 所示为计算 16 位、80/105MSPS ADC AD9446 的 NF 的基本电路框图，ADC 在奈奎斯特条件下工作，此时 SNR = 82dB。一个 52.3Ω 的电阻与 AD9446 的 1kΩ 输入电阻并联，使得净输入阻抗等于 50Ω。AD9446 的输入范围为 3.2V，故满量程输入正弦信号的有效值为 1.13V，功率

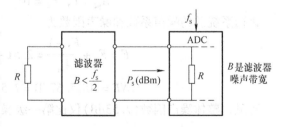

图 3.31　过采样和处理增益对 ADC
噪声系数的影响

为 $P_s = 25.5\text{mW}$。将 P_s 及 $k = 1.38 \times 10^{-23}$ J/K、$T = 300\text{K}$、$B = 40 \times 10^6\text{Hz}$ 等参数代入式（3.150），有

$$NF = 10\lg P_s + 10\lg\frac{1}{kT} - \mathrm{SNR} - 10\lg B$$

$$= 10\lg(25.5\times10^{-3})\mathrm{dB} + 10\lg\left(\frac{1}{1.38\times10^{-23}\times300}\right)\mathrm{dB} - 82\mathrm{dB} - 10\lg(40\times10^6)\mathrm{dB}$$

$$= 30.1\mathrm{dB} \tag{3.152}$$

根据式（3.152）的计算结果，AD9446 的噪声系数比较高。但试图简单地通过改变式中的值来降低噪声系数可能会适得其反，导致电路总噪声提高。例如，根据式(3.152)，NF 随着源电阻的增加而降低，但增加源电阻会提高电路噪声。另一个例子与 ADC 的输入带宽有关。根据等式，提高 B 会降低

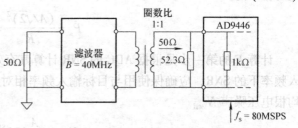

图 3.32 AD9466 的噪声系数计算

NF，但这显然是相互矛盾的，因为提高 ADC 输入带宽实际上会提高有效输入噪声。在以上两个例子中，电路总噪声提高，但 NF 降低。NF 降低的原因是源电阻或宽带提高时，信号源噪声占总噪声中的较大部分。然而，总噪声保持相对稳定，因为 ADC 引起的噪声远大于信号源噪声。因此，根据等式，NF 降低，但实际电路噪声提高。

鉴于此，当处理 ADC 时，必须小心处理 NF。利用本节中的等式可以获得有效的结果，但如果不全面理解其中涉及的噪声原理，这些等式可能会令人误解。

（3）级联噪声系数

在实际的系统应用中，ADC 至少会放置一个低噪声增益模块。如图 3.33 所示，一个相对较高 NF（$NF = 30\mathrm{dB}$）级之前放置一个高增益（$25\mathrm{dB}$）低噪声（$NF = 4\mathrm{dB}$）级模块，第二级的噪声系数是高性能 ADC 的典型噪声系数。根据弗里斯公式，它会把 ADC 的总噪声贡献降至非常低的水平。根据图中参数，可计算出

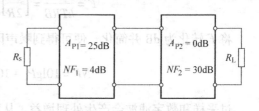

图 3.33 双级级联网络

$$A_{p1} = 10^{25/10} = 10^{2.5} = 316,\quad F_1 = 10^{4/10} = 10^{0.4} = 2.51$$

$$A_{p2} = 1,\quad F_2 = 10^{30/10} = 10^3 = 1000$$

因而系统总的噪声系数和噪声因数为

$$F = F_1 + \frac{F_2 - 1}{A_{p1}} = 2.51 + \frac{1000 - 1}{316} = 5.67 \tag{3.153}$$

$$NF = 10\lg 5.67\mathrm{dB} = 7.53\mathrm{dB}$$

可见，整体噪声因数（$7.53\mathrm{dB}$）仅比第一级噪声系数（$4\mathrm{dB}$）高 $3.53\mathrm{dB}$。

思考题与习题

1. 试证明，两噪声电阻并联时总噪声电压等于其等效电阻的热噪声电压。

2. 多级放大器串联关键是哪一级？

3. 双极型晶体管和场效应晶体管噪声的主要来源是哪些？为什么场效应晶体管内部噪声较小？

4. 一个 $1k\Omega$ 电阻在温度 290K 和 10MHz 频带内工作，试计算它两端产生的噪声电压和噪声电流的方均根值。若并联另一个 $1k\Omega$ 电阻，此时的总均方值噪声电压又是多少？

5. 三个电阻，其阻值分别为 R_1、R_2 和 $R_3（\Omega）$，且保持在温度 T_1、T_2 和 $T_3（K）$。如果电阻串联连接，并看成等效于温度 T 的单个电阻，求 R 和 T 的表示式。如果电阻改为并联连接，求 R 和 T 的表示式。

6. 有一个噪声指数 NI 为 $-20dB$ 的金属膜电阻，在 5V 直流电压作用下，求 10Hz 到 1kHz 的过剩噪声有效值与过剩噪声谱密度。

7. 放大器的增益为 15dB，带宽为 200MHz，噪声因数为 3dB，连接到等效噪声温度为 800K 的解调器前端。求整个系统的噪声系数与等效噪声温度。

8. 放大器的工作带宽为 2MHz，信号源内阻为 200Ω。当工作温度为 27℃ 时，电压增益为 200，输入信号有效值为 $5\mu V$ 时，试计算输出信号有效值(有用信号和噪声)，假定放大器的噪声及其他噪声可以忽略。

9. 将 3 个放大器串级连接起来放大微小信号，它们的功率增益和噪声系数如表 3.6 所列。问：如何连接 3 个放大器才能使总的噪声系数最小？

表 3.6　各放大器的功率增益和噪声系数

放大器	功率增益	噪声系数 F
A	$A_{PA} = 10dB$	$F_A = 1.6$
B	$A_{PB} = 12dB$	$F_B = 2.0$
C	$A_{PC} = 20dB$	$F_C = 1.6$

10. 如图 3.34 所示，不考虑 R_L 的噪声，求点画线内线性网络的噪声系数 F。

11. 如图 3.35 所示，不考虑 R_L 的噪声，求点画线内线性网络的噪声系数 F。

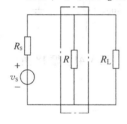

图 3.34　题 10 图

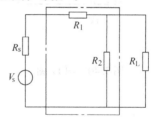

图 3.35　题 11 图

12. 试证明级联电路噪声温度的表示式

$$T_e = T_{e1} + \frac{T_{e2}}{A_{p1}} + \frac{T_{e3}}{A_{p1}A_{p2}} + \cdots + \frac{T_{en}}{A_{p1}A_{p2}\cdots A_{p(n-1)}}$$

13. 试计算图 3.36 所示电路的噪声电压($\Delta f = 1Hz$，$T = 290K$)。

14. 试计算图 3.37 所示电路在 $f = 1.5kHz$ 处的噪声电压($\Delta f = 1Hz$，$T = 290K$)。

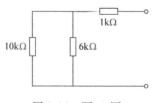

图 3.36　题 13 图

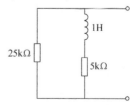

图 3.37　题 14 图

15. 试计算图 3.38 所示电路的噪声电压($R_1 = 4k\Omega$，$R_2 = 2k\Omega$，$C = 0.01\mu F$，$f = 10kHz$，$\Delta f = 1Hz$，$T = 290K$)。

16. 试计算图 3.39 所示电路在 $f = 1.0\text{kHz}$ 处的等效输入噪声电压 E_{ni}（$\Delta f = 1\text{Hz}$，$T = 290\text{K}$，放大器输入电阻为无穷大，$E_{\text{n}} = 4\text{nV}/\sqrt{\text{Hz}}$，$I_{\text{n}} = 8\text{pA}/\sqrt{\text{Hz}}$）。

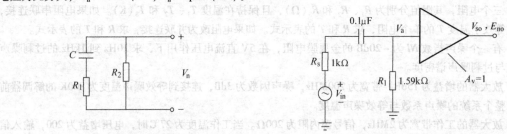

图 3.38　题 15 图　　　　　　　　　　　图 3.39　题 16 图

17. 求图 3.40 所示电路的噪声电压（带宽为 2kHz，假设二极管与电阻只产生白噪声，忽略电源噪声）。

18. 试计算图 3.41 所示电路的噪声带宽、运放电压噪声的总输出噪声、运放电流噪声的总输出噪声、运放电阻噪声的总输出噪声以及所有噪声源在一起的总输出噪声。

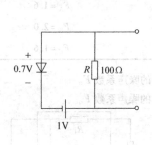

图 3.40　题 17 图

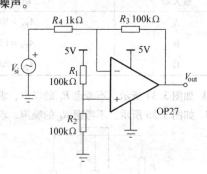

图 3.41　题 18 图

第4章 低噪声电路的分析与设计

微弱信号检测的目的是将信号从被淹没的噪声中恢复。但是在检测之前，由于信号过于微弱，还不具备检测的条件，唯一的办法是必须将信号通过各级放大器加以放大，使它具有处理的可能。

信号中混杂了令人讨厌的噪声，即使理想的放大器，它也良莠不分地将信号与噪声等同放大。不仅如此，放大器本身不可避免地含有噪声，以及在连接过程中引起干扰，它们都通过以后各级等量放大，使被测信号中的噪声增加。所以我们需要根据测量对象的要求，对所设计电路的总体噪声特性加以测量和分析，并改进设计以降低其噪声。

本章通过电路原理和噪声模型来计算电子电路中的噪声值，并且以反相、同相和差分放大电路为例介绍如何进行上述运算。并在此基础上，讨论低噪声放大器的理论和设计方法，以期获得最佳噪声性能的低噪声放大器。

4.1 噪声电路的分析与计算

4.1.1 计算过程[1]

一个放大电路是由许多有源和无源器件组成的，这些器件都可能成为噪声源。根据叠加原理，在线性网络中，多个信号源同时作用的综合输出结果是各个信号源单独作用（将其他电压源短路，其他电流源断路）输出响应的综合结果。但是，因为噪声的随机性，在综合过程中，不能对各个噪声源单独作用时的输出电压瞬时值进行叠加，而只能对各单独输出的统计量（如功率谱、功率等）进行叠加。

设 $G_m(f)$ 为噪声源 m 的功率谱密度函数，$m=1$，2，3，$\cdots$，M，$A_{pm}(f)$ 是从该噪声源到电路输出的功率放大倍数，$G_{om}(f)$ 是噪声源 m 在电路输出端产生的功率谱密度函数，则有

$$G_{om}(f) = G_m(f)A_{pm}(f) \tag{4.1}$$

通常，电路中的各个噪声源是相互独立的，因此它们产生的噪声互不相关。这样一来，电路输出端总的噪声功率谱密度 $G_o(f)$ 就等于各个噪声源单独作用在输出端产生的功率谱密度之和

$$G_o(f) = \sum_{m=1}^{M} G_{om}(f) \tag{4.2}$$

将式（4.2）在等效噪声带宽 B_n 内对频率积分，就能得到输出噪声的总功率

$$E_o^2 = \sum_{m=1}^{M} \int_{B_n} G_{om}(f)\,\mathrm{d}f = \sum_{m=1}^{M} E_{om}^2 \tag{4.3}$$

式中，E_{om} 是噪声源 m 单独作用在输出端产生的噪声电压有效值。

因为式（4.3）是对二次方量求和，所以在实际运算中往往很容易找到对电路输出噪声起主导作用的某些噪声源，并可以忽略那些对输出影响不大的噪声源，从而使得运算过程得以

简化。例如，如果一个噪声源的有效值只是另一个噪声源的1/3，那么就可以忽略前者。

式(4.2)和式(4.3)严格成立的条件是各个噪声源产生的噪声互不相关。如果这些噪声源中的任何两个噪声源之间的相关性都不强，或者具有相关性的噪声源对输出影响不大，则式(4.2)和式(4.3)近似成立。

4.1.2　差分运算放大器电路噪声计算[31-35]

图4.1表示用于分析差分放大器电路噪声的电路图。将各电阻的热噪声和运算放大器的输入端等效噪声源考虑在内，共有7个噪声源。根据4.1.1节给出的计算过程，求得各噪声源单独作用时电路的增益输出噪声功率如下。

1）当 e_{t1} 单独作用时，电路的电压增益为 $-\dfrac{R_2}{R_1}$，输出噪声功率为 $E_1^2 \times \left(\dfrac{R_2}{R_1}\right)^2$。

2）当 e_{t2} 单独作用时，电路的电压增益为1，输出噪声功率为 E_2^2。

3）当 e_{t3} 单独作用时，电路的电压增益为 $\dfrac{R_4}{R_3+R_4}\dfrac{R_1+R_2}{R_1}$，输出噪声功率为 $E_3^2\left(\dfrac{R_4}{R_3+R_4}\dfrac{R_1+R_2}{R_1}\right)^2$。

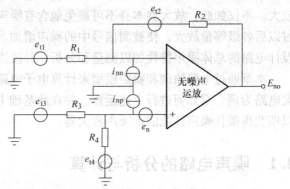

图4.1　差分运算放大器电路噪声模型

4）当 e_{t4} 单独作用时，电路的电压增益为 $\dfrac{R_3}{R_3+R_4}\dfrac{R_1+R_2}{R_1}$，输出噪声功率为 $E_4^2\left(\dfrac{R_3}{R_3+R_4}\dfrac{R_1+R_2}{R_1}\right)^2$。

5）当 i_{np} 单独作用时，在电路输出端产生的噪声功率为 $\left[I_{np}\left(\dfrac{R_3R_4}{R_3+R_4}\right)\left(\dfrac{R_1+R_2}{R_1}\right)\right]^2$。

6）当 i_{nn} 单独作用时，在电路输出端产生的噪声功率为 $(I_{nn}R_2)^2$。

7）当 e_n 单独作用时，电路的电压增益为 $\dfrac{R_1+R_2}{R_1}$，输出噪声功率为 $E_n^2\left(\dfrac{R_1+R_2}{R_1}\right)^2$。

设各噪声源互不相关，电路输出噪声的总功率 E_{no}^2 等于各噪声源在电路输出端产生的噪声功率之和，可得

$$E_{no}^2 = E_1^2 \times \left(\dfrac{R_2}{R_1}\right)^2 + E_2^2 + E_3^2\left(\dfrac{R_4}{R_3+R_4}\dfrac{R_1+R_2}{R_1}\right)^2 + E_4^2\left(\dfrac{R_3}{R_3+R_4}\dfrac{R_1+R_2}{R_1}\right)^2 +$$
$$\left[I_{np}\left(\dfrac{R_3R_4}{R_3+R_4}\right)\left(\dfrac{R_1+R_2}{R_1}\right)\right]^2 + (I_{nn}R_2)^2 + E_n^2\left(\dfrac{R_1+R_2}{R_1}\right)^2 \tag{4.4}$$

通常 $R_1 = R_3$，$R_2 = R_4$，并且 $i_{nn} = i_{np} = i_n$，则式(4.4)可简化为

$$E_{no}^2 = 2E_2^2\left(\dfrac{R_1+R_2}{R_1}\right) + 2(I_nR_2)^2 + E_n^2\left(\dfrac{R_1+R_2}{R_1}\right)^2 \tag{4.5}$$

将 $E_2^2 = 4kTR_2\Delta f = 4kTR_2(f_H - f_L)$，式(3.129)和式(3.130)代入式(4.5)，有

$$E_{no}^2 = 8kTR_2\left(\frac{R_1+R_2}{R_1}\right)(f_H-f_L) + 2(i_N R_2)^2\left[f_{ci}\ln\frac{f_H}{f_L}+(f_H-f_L)\right]+$$

$$e_N^2\times\left(\frac{R_1+R_2}{R_1}\right)^2\left[f_{ce}\ln\frac{f_H}{f_L}+(f_H-f_L)\right] \tag{4.6}$$

式(4.6)中，f_L 和 f_H 根据第 3 章 3.3.8 节介绍的方法确定。

例 4.1　设图 4.1 所示差分放大电路的等效噪声带宽为 $0.1\sim100\text{Hz}$，$R_1=R_3=1\text{k}\Omega$，$R_2=R_4=200\text{k}\Omega$，试分别计算使用普通运算放大器 μA741 和低噪声放大器 OP27 时，电路的输出噪声。

解：（1）μA741 的噪声参数为 $e_N\approx20\text{nV}/\sqrt{\text{Hz}}$，$f_{ce}\approx200\text{Hz}$，$i_N\approx0.5\text{pA}/\sqrt{\text{Hz}}$，$f_{ci}\approx2\text{kHz}$，将这些参数与其他相应参数代入式(4.6)，有

$$E_{no(\mu A741)} = 155\mu V \tag{4.7}$$

将 $E_{no(\mu A741)}$ 乘以峰值系数 6.6 就可得到输出噪声的峰-峰值，相应的等效输入噪声峰-峰值大约为 $5.1\mu V$，可见普通运算放大器的内部噪声是很严重的。

（2）OP27 的噪声参数为 $e_N=3\text{nV}/\sqrt{\text{Hz}}$，$f_{ce}=2.7\text{Hz}$，$i_N=0.4\text{pA}/\sqrt{\text{Hz}}$，$f_{ci}=140\text{Hz}$，将这些参数与其他相应参数代入式(4.6)，有

$$E_{no(op27)} = 13.6\mu V \tag{4.8}$$

同样，将 $E_{no(op27)}$ 乘以峰值系数 6.6 就可得到输出噪声的峰-峰值，相应的等效输入噪声峰-峰值大约为 $0.44\mu V$。与 μA741 相比，电路的噪声性能得到了很大的改善。

4.1.3　反相和同相运算放大器电路噪声计算

图 4.2 是反相和同相运算放大器电路的噪声模型。与图 4.1 相比，可以认为是 R_4 为无穷大的一种特殊情况。令式(4.4)中 $R_4\to\infty$，则有

$$E_{no}^2 = E_1^2\times\left(\frac{R_2}{R_1}\right)^2 + E_2^2 + E_3^2\left(\frac{R_1+R_2}{R_1}\right)^2+$$

$$\left[I_{np}R_3\left(\frac{R_1+R_2}{R_1}\right)\right]^2 + (I_{nn}R_2)^2+$$

$$E_n^2\times\left(\frac{R_1+R_2}{R_1}\right)^2 \tag{4.9}$$

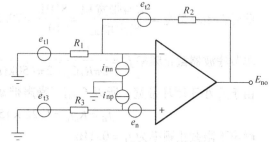

图 4.2　反相和同相运算放大器电路噪声模型

通常 R_3 选择等于 R_1 和 R_2 的并联电阻值，以最小化由输入偏置电流引起的电压偏移量。

将 $E_1^2 = 4kTR_1\Delta f = 4kTR_1(f_H-f_L)$、$E_2^2 = 4kTR_2\Delta f = 4kTR_2(f_H-f_L)$、$E_3^2 = 4kTR_3\Delta f = 4kTR_3(f_H-f_L)$、$i_{nn}=i_{np}=i_N$、式(3.129)和式(3.130)代入式(4.9)，有

$$E_{no}^2 = 4kTR_2\left(\frac{R_1+R_2}{R_1}\right)(f_H-f_L) + 4kTR_3\left(\frac{R_1+R_2}{R_1}\right)^2(f_H-f_L)+$$

$$\left[(i_N R_2)^2 + \left(i_N R_3\frac{R_1+R_2}{R_1}\right)^2\right]\left[f_{ci}\ln\frac{f_H}{f_L}+(f_H-f_L)\right]+$$

$$e_N^2 \times \left(\frac{R_1+R_2}{R_1}\right)^2 \left[f_{ce}\ln\frac{f_H}{f_L} + (f_H-f_L)\right] \tag{4.10}$$

在 CMOS 输入运算放大器中，噪声电流通常非常低，以至于输入噪声占主导，并且 i_N 在噪声计算中无影响。同时，由于偏置电流也非常低，没有必要用 R_3 做偏置电流补偿，那么它也可以从电路和计算中除去。利用这些将上述方程化简为

$$E_{no}^2 = 4kTR_2\left(\frac{R_1+R_2}{R_1}\right)(f_H-f_L) + e_N^2 \times \left(\frac{R_1+R_2}{R_1}\right)^2 \left[f_{ce}\ln\frac{f_H}{f_L} + (f_H-f_L)\right] \tag{4.11}$$

例 4.2（多级放大电路的噪声计算） 求图 4.3 所示两级放大电路的总输出噪声。

解：（1）本例中噪声带宽受两个滤波器限制，因为两个滤波器的截止频率 f_c 相同，所以从效果上来看等效为一个单独的二阶滤波器（$K_n=1.22$）。从 OP27 的数据手册可知，OP27 的增益带宽积为 8MHz，从图 4.3 中可计算出第一、二级放大电路的噪声增益分别为

$$A_{n1} = 1 + \frac{R_2}{R_1} = 101 \qquad A_{n2} = 1 + \frac{R_6}{R_5} = 11$$

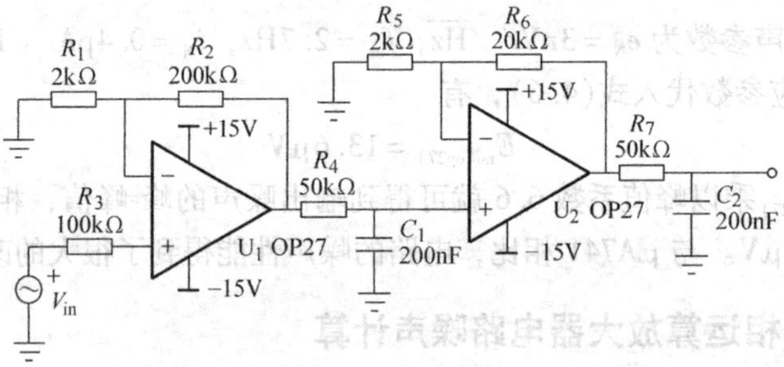

图 4.3 两级放大电路总输出噪声计算

此时，闭环带宽 $= \dfrac{\text{增益带宽积}}{\text{噪声增益}} = \dfrac{8\text{MHz}}{101} = 79.21\text{kHz}$

单节滤波器截止频率 $f_c = \dfrac{1}{2\pi R_4 C_1} = \dfrac{1}{2\pi(50\text{k}\Omega)(200\text{nF})} = 15.9\text{Hz}$

由于 f_c 小于闭环带宽，所以 f_c 用于噪声带宽的计算，噪声上限截止频率 f_H 为

$$f_H = K_n f_c = 1.22 \times 15.9\text{Hz} = 19.4\text{Hz}$$

噪声下限截止频率为 $f_L = 0.1\text{Hz}$

（2）下面计算输入放大器 U_1 各噪声源到总噪声的计算过程，但不包含由第二级放大器产生的任何影响。

将式（4.10）除以噪声增益 A_{n1}，有

$$E_{in1}^2 = 4kT(R_1//R_2 + R_3)(f_H-f_L) +$$

$$i_N^2\left[(R_1//R_2)^2 + R_3^2\right]\left[f_{ci}\ln\frac{f_H}{f_L} + (f_H-f_L)\right] +$$

$$e_N^2\left[f_{ce}\ln\frac{f_H}{f_L} + (f_H-f_L)\right] +$$

上式中等号右边的三项分别是 U_1 中电阻噪声、电流噪声源和电压噪声源的贡献。

将已知参数代入上式，可求得

$$E_{in1}^2 = (180.5 \times 10^{-9}V)^2 + (1077.4 \times 10^{-9}V)^2 + (16.3 \times 10^{-9}V)^2 = (1092.4 \times 10^{-9}V)^2$$

$$E_{in1} = 1092.4 \times 10^{-9}V$$

可以看出，本例中，电流噪声源是主要噪声源。

U_1 输出的总噪声为

$$E_{out1} = E_{in1}A_{n1}A_{n2} = 1213.7 \times 10^{-6}V$$

（3）第二级滤波器的计算过程和第一级的相同，除了反馈网络的各电阻的值不同。下面给出第二级滤波器的噪声计算结果。

$$E_{in2}^2 = (128.6 \times 10^{-9}V)^2 + (538.7 \times 10^{-9}V)^2 + (16.3 \times 10^{-9}V)^2 = (554.1 \times 10^{-9}V)^2$$

$$E_{in2} = 554.1 \times 10^{-9}V$$

U_2 输出的总噪声为

$$E_{out2} = E_{in2}A_{n2} = 6.1 \times 10^{-6}V$$

（4）两级放大器合在一起的总噪声为

$$E_{out\_total} = \sqrt{E_{out1}^2 + E_{out2}^2} \approx E_{out1} = 1213.7 \times 10^{-6}V = 1.214mV$$

注意第二级放大器噪声对总噪声并没有明显的影响，这是因为输入级噪声在和第二级噪声叠加前被放大了 101 倍。通常情况下，输入级噪声起决定性作用，特别是在第一级放大器增益很高的时候。因为输入级起决定性作用，工程师们通常选用更贵的低噪声放大器用作输入级放大器，把便宜一些的实用放大器用作输出级放大器。

4.2 低噪声电子电路的设计

4.2.1 设计原则与步骤[1-5]

低噪声放大器有如下一些指标：噪声、增益、带宽、阻抗以及稳定性等都应该满足，个别还要求满足阶跃响应、经济性、寿命等指标。除噪声一项外，其他指标也必须满足。

设计低噪声放大器的途径有两种：一种是先按普通放大器那样进行设计，即只考虑增益、带宽、阻抗等指标，然后在设计过程中校核噪声是否符合指标，若不符合，则再修改某些参数重新计算，直到符合噪声指标，同时也满足噪声、增益、带宽、阻抗等指标为止。另一种则与上述相反，首先考虑的是噪声特性并满足其要求，其次才是增益、带宽和阻抗。满足了噪声指标不一定能满足增益、带宽和阻抗的要求，这时可以采用不同的组态或加负反馈或增减放大器的级数来进行调节，使之符合要求，所以在这里将主要介绍组态和负反馈对噪声的影响。

为了获得足够的增益，一般采用多级放大器，但级数多了又会使得通频带变窄，可以用负反馈或用组合电路来加宽通频带。不仅如此，负反馈还可以稳定电路增益、改变输入输出阻抗以及减小失真等。经过了上述的改造，再回头检验一下噪声。这种反复计算往往能得到较为满意的结果，故多为设计人员所采用。

4.2.2 元器件的选择

为了满足噪声指标，必须选用合适的有源器件与无源器件，并在线路上作相应配合使用，例如，采用无噪声偏置电路，使用负反馈，选用组态，确定级联数等。

1. 有源器件的选择

选择有源器件的原则是：主要从源电阻和频率范围来考虑，图4.4可以作为选用的指南。源电阻小于100Ω时，为了和放大器的 R_{opt} 匹配，可以采用变压器耦合或者用几路相同的放大器并联。源电阻很大或者源电阻的工作范围很大时，可以选用场效应晶体管。处于中间范围的源电阻则以选用双极型晶体管或结型场效应晶体管为宜。β_0 大、$r_{bb'}$ 小的晶体管，其噪声较低，还可以通过调整晶体管集电极电流来改变噪声。此外，PNP型的基极区内迁移率较高，基极电阻小些，故基极热噪声也小，这种管子适用于源电阻较小的情况，而NPN型的 β_0 与 f_T 往往大一些，适用于源电阻较大的情况。在源电阻更大时，结型场效应晶体管较为理想。由于场效应晶体管具有高的输入阻抗和小的输入电容，因而作电压放大器特别合适。在源电阻很大时，栅极电流极小的绝缘栅型场效应晶体管有其优点，但它的 $1/f$ 噪声电压比结型场效应晶体管大 $10 \sim 1000$ 倍，而且跨导 g_m 小，所以一般不宜做前置放大器，但在高阻中用得较多。表4.1给出了各类晶体管前置放大器的性能，供选择时参考。

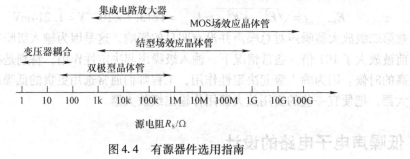

图4.4 有源器件选用指南

表4.1 各类晶体管前置放大器的性能

晶体管种类	放大器组态	输入阻抗/Ω	输入噪声电压方均根值/nV		应用温度范围/K	备注
			1kHz	100kHz		
双极型晶体管	共发射极	10^9	0.5	0.25	220~398	
	射极跟随器	10^4	0.7	0.35	220~398	
	共基极	10^3	0.5	0.25	220~398	
结型场效应晶体管	共源极	10^{10}	2.0	1.5	30~398	硅棒
	源极跟随器	10^{10}	2.0	1.5	30~398	
MOS 和绝缘栅型场效应晶体管	共源极	10^{12}	12.0	4.0	4~398	输入阻抗是对低温下的器件而言
	源极跟随器	10^{12}	12.0	4.0	4~398	

集成电路放大器，从噪声、带宽、高输入阻抗等方面综合考虑都不如分立元件低噪声放大器性能好，只有在不要求过低噪声的情况下采用。然而，体积小、使用方便是很吸引人的。通常在集成电路放大器之前加上场效应晶体管或双极型晶体管组成的输入级作前级，而把集成运放作为后级是很合适的。但是必须注意，如果把运放作为前级，则反馈电阻也要作为一个噪声源考虑进去。特别是放大倍数不大时更要注意反馈电阻所产生的噪声。从频率来

考虑，集成运放的频率没有分立元件的高，低频 $1/f$ 噪声由于不能选择有源和无源器件，噪声性能也较差。一般来讲，集成电路放大器要比分立元件的低噪声放大器的噪声大几倍。最近出现了一些低噪声运算放大器，噪声也相当低。

2. 电阻的选择

在对噪声没有特别要求或不通电流的电路中可以用合成碳质电阻或碳膜电阻，这样较为经济。在低噪声电路中，凡通电流的电阻，宜用过剩噪声较小的金属膜电阻或线绕电阻。与信号源并联的电阻，其阻值应当尽可能的大，以减小其噪声贡献。因电感没有热噪声，有时用它来代替上述并联电阻。纯电感或纯电容虽然自身不产生噪声，但在电路中由于它们的存在却能改变噪声，例如，与源并联的电容会使等效输入噪声增大。若同时使用电感和电容并使之谐振，则往往能减小噪声。

选用电阻可从两方面来考虑：

1）为满足低噪声要求，通过电流的电阻宜用过剩噪声小的金属膜电阻或线绕电阻。阻值相同，同样温度 T 的电阻其热噪声相同，这种情况下，减小过剩噪声是唯一的办法。

2）考虑电阻工作的频率范围。线绕电阻与薄膜电阻在制作上是螺旋式的，较之合成碳质电阻有较大的电感（特制电感电阻除外），通过该电感的磁耦合，易使外部噪声窜入低噪声电阻。此外，电阻还存在着分布电容，随着频率的不同，电阻呈现的阻抗也不一样，特别用于高频（500kHz 以上）时更为显著。这将会影响电路的工作性能。

在试验中我们发现电阻的噪声还和额定功率有关。同类型同阻值的两个电阻，当消耗的功率相等时，其中额定功率较大的电阻的噪声通常要小些。这不难解释，同类型相同阻值的两个电阻，当它们消耗的功率相等时，产生的热量固然相同，由于额定功率较大的电阻的散热条件好一点，它的温度必然低于额定功率较小的电阻，相应的热噪声就小些。

3. 电容的选择

电容按电介质性质可以分为许多种，不同类别的电容其用途也不同，不能做到通用。实际的电容不仅有电容，而且还有电感和电阻，图 4.5 就是其等效电路。其中电感 L 是由于引线和电容的结构原因造成的，R_2 是由于电介质的漏电形成的，绝缘越良好此值越大，R_1 表示电介质极化损失的电阻，极化损失越小，此值越低。由此看来，实际电容的参数和工作频率有很大关系。图 4.6 是各类电容大致适用的频率范围。电容的噪声可分为两种：一种是自生噪声，另一种是外感噪声。分别叙述如下。

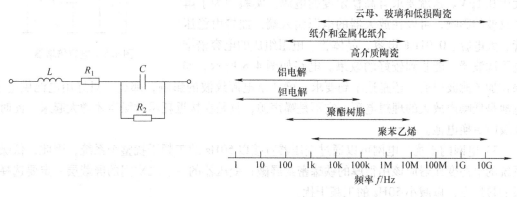

图 4.5　实际电容等效电路　　　　图 4.6　各类电容适用的频率范围

自生噪声又可分为三点：①实体电阻(如图 4.5 中 R_2)产生的热噪声以及通电后产生的过剩噪声。若希望此项噪声小，就应选用绝缘性能好的电容，如云母、陶瓷或聚苯乙烯电容；②由于使用电容而改变了电路的噪声；③电解电容的两个接头是有极性的，使用时，应注意电容的极性与外加电压的极性一致。有的因为电路的接通、断开，参数的突然变化等原因，电路产生暂态过程；在此期间，有可能电容两端得到的是极性不符的电压，类似于反偏，这将会产生功率谱密度为 $1/f^\alpha(1 < \alpha < 2)$ 的尖峰噪声。为了避免产生尖峰噪声，可在电容两端并联一个漏电小的硅二极管，当反偏时二极管便导通，或者用两个容量大一倍的电解电容极性相反地串接起来，组成一个无极性的电容，不论外加电压极性如何，均有相应的电容承受电压。

外感噪声可分为两点：①通过电场的耦合噪声能窜入电容。圆柱形纸介电容外表的一端，往往绕圆柱面有一黑色环带，表示这一端的引线是与电容的外层金属箔连接，使用时，应尽量将这一端接地或者接较低的电位点；②通过电感的磁场耦合，噪声也将窜入电容。例如，电解电容的体积大，电感也较大，易受外磁场的影响，故一般多用于低频，若需用于高频，可在它的两端并联一个电感较小的小容量电容。

4. 电感的选择

实际电感线圈的等效电路如图 4.7 所示。R 为绕制线圈的导线电阻，C 为线圈匝间以及层间的分布电容。选用电感线圈可从以下三方面考虑：①通过选择线圈导线的粗细、控制通电电流的大小，可以改变 R 的热噪声与过剩噪声；②电感线圈的 L 与 C 均能改变电路的噪声；③电感有空心与磁心两种，磁心

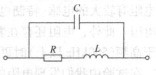

图 4.7 实际电感线圈的等效电路

电感又可分为开环(磁心不闭合)与闭环(磁心闭合)两种。电感易受外磁场的影响，受影响最大的为空心电感，开环磁心电感次之，而闭环磁心电感的最小。

5. 电源的影响

在要求较高的低噪声放大器中，电源也是一个具体问题，有三点是要注意的。

1) 电源的噪声是由电源内部电子元件产生的，这些噪声在 $0.1 \sim 1\mu V$ 的数量级。

2) 纹波的影响。电源的纹波随同直流电压一起加到低噪声放大器的输入级，影响对有用信号的检测能力，对要求在纳伏级范围内运用的放大器来说，要求电源的纹波不大于 $0.1\mu V$。这就要求有高稳定度的电源。实验中为了解决纹波的影响，可以在放大器的电源输入端，加接由稳压管、大电容、$0.01\mu F$ 电容、晶体管、电阻组成的电容倍增电子滤波器，能收到较好的效果。电路如图 4.8 所示。如

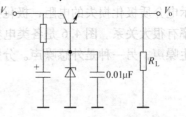

图 4.8 电容倍增器

果在加了滤波以后，还是达不到要求，确认是电源纹波的影响，那么，只好用电池供电了。电池是低噪声放大的理想电源，它不是噪声源，只是在接近耗尽时噪声才增大起来，此时就要及时更换电池。

3) 电网的干扰。电网可以通过变压器直接以 50Hz 的工频干扰整个系统，因此，低噪声系统的电源变压器应该用很厚的铁罐密封屏蔽；变压器的一、二次间的屏蔽层一定要选择合适的接地点，以减小 50Hz 的工频干扰。

4.2.3　同相放大与反相放大的选择

由运放构成的同相放大器和反相放大器都是常用的放大电路形式。由于它们的负反馈组态不同，因而负反馈对其性能的影响不同，使得它们在特点和适用场合上有些区别。但它们都属于比例放大器，从放大的角度来看，两种电路形式并无实质性区别。

然而，反相放大器（运放作理想运放）的输出表达式为

$$V_o = -\frac{R_f}{R_1} V_i$$

式中，R_f 为反相放大器的反馈电阻；R_1 为放大器反相输入端的等效电阻。

作为传感器前置放大器时，传感器的输出电阻 R_s 是 R_1 的一部分，R_s 的变化会引起放大器输出的变化。同相放大器不存在这样的问题。

若传感器的输出电阻 R_s 随工作状态、工作环境等的变化而有明显变化，则不宜选用反相放大器。虽然从原理上讲，对同相放大器，要求运放的共模抑制比更高（因为共模信号大小近似等于输入信号大小），但由于传感器的输出信号幅度往往很小，因而这一限制一般不成问题。

4.2.4　负反馈对噪声性能的影响

因负反馈能有效改善放大器的性能，故基于低噪声运放的传感器前置放大器中，都存在某种组态的负反馈。下面针对最基本的反馈放大电路，分析反馈支路的加入对放大器噪声特性的影响。

1. 同相运算放大器电路的噪声系数

图 4.9 示出了同相运算放大器电路的噪声模型。将式（4.9）中的 R_3、e_3 分别用 R_s、e_s 代替，有

$$E_{no}^2 = E_s^2\left(\frac{R_1 + R_2}{R_1}\right)^2 + E_1^2\left(\frac{R_2}{R_1}\right)^2 + E_2^2 +$$
$$\left[I_{np}R_s\left(\frac{R_1 + R_2}{R_1}\right)\right]^2 + (I_{nn}R_2)^2 +$$
$$E_n^2\left(\frac{R_1 + R_2}{R_1}\right)^2 \tag{4.12}$$

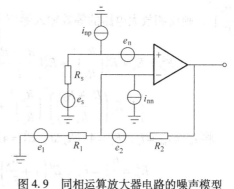

图 4.9　同相运算放大器电路的噪声模型

同相放大电路的电压增益 $A_s = \dfrac{R_1 + R_2}{R_1}$，功率增益为 $A_s^2 = \left(\dfrac{R_1 + R_2}{R_1}\right)^2$，则同相放大电路的等效输入噪声为

$$E_{ni}^2 = \frac{E_{no}^2}{A_s^2} = E_s^2 + E_n^2 + E_1^2\left(\frac{R_2}{R_1}\right)^2\left(\frac{R_1}{R_1 + R_2}\right)^2 + E_2^2\left(\frac{R_1}{R_1 + R_2}\right)^2 +$$
$$(I_{np}R_s)^2 + (I_{nn}R_2)^2\left(\frac{R_1}{R_1 + R_2}\right)^2 \tag{4.13}$$

将 $i_{nn} = i_{np} = i_n$、$E_s^2 = 4kTR_s\Delta f$、$E_1^2 = 4kTR_1\Delta f$、$E_2^2 = 4kTR_2\Delta f$ 代入式（4.13），并化简得

$$E_{ni}^2 = \frac{E_{no}^2}{A_s^2} = E_s^2 + E_n^2 + 4kTR_p\Delta f + (I_{np}R_s)^2 + (I_nR_p)^2 \qquad (4.14)$$

由式(4.14)可求得同相放大电路的噪声系数为

$$F_{non\_in} = \frac{E_{ni}^2}{E_s^2} = \frac{E_s^2 + E_n^2 + 4kTR_p + (I_nR_s)^2 + (I_nR_p)^2}{E_s^2}$$

$$= F + \frac{4kTR_p\Delta f + (I_nR_p)^2}{4kTR_s\Delta f} \qquad (4.15)$$

式(4.15)中，F 是电路不加反馈时的噪声系数，$R_p = R_1 // R_2$。可见，R_p 越小，加反馈后的噪声系数增加得越少。

2. 反相运算放大器电路的噪声系数

图4.10 示出了反相运算放大器电路的噪声模型。将式(4.9)中的 R_1、e_1 分别用 R_s、e_s 代替，有

$$E_{no}^2 = E_s^2 \times \left(\frac{R_2}{R_s}\right)^2 + E_2^2 + E_3^2\left(\frac{R_s + R_2}{R_s}\right)^2 +$$

$$\left[I_{np}R_3\left(\frac{R_s + R_2}{R_s}\right)\right]^2 + (I_{nn}R_2)^2 + E_n^2\left(\frac{R_s + R_2}{R_s}\right)^2 \qquad (4.16)$$

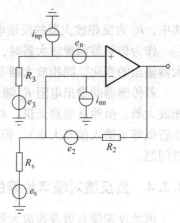

图4.10 反相运算放大器
电路的噪声模型

反相放大电路的电压增益 $A_s = -\dfrac{R_2}{R_s}$，功率增益为 $A_s^2 = \left(\dfrac{R_2}{R_s}\right)^2$，则反相放大电路的等效输入噪声为

$$E_{ni}^2 = E_s^2 + E_2^2\left(\frac{R_s}{R_2}\right)^2 + E_3^2\left(\frac{R_s + R_2}{R_s}\right)^2\left(\frac{R_s}{R_2}\right)^2 +$$

$$\left[I_{np}R_3\left(\frac{R_s + R_2}{R_s}\right)\right]^2\left(\frac{R_s}{R_2}\right)^2 + (I_{nn}R_2)^2\left(\frac{R_s}{R_2}\right)^2 + E_n^2 \times \left(\frac{R_s + R_2}{R_s}\right)^2\left(\frac{R_s}{R_2}\right)^2 \qquad (4.17)$$

将 $i_{nn} = i_{np} = i_n$，$E_s^2 = 4kTR_s\Delta f$，$E_2^2 = 4kTR_2\Delta f$，代入上式，并化简得

$$E_{ni}^2 = \frac{E_{no}^2}{A_s^2} = E_s^2 + E_n^2\left(1 + \frac{R_s}{R_2}\right)^2 + (I_nR_s)^2 + E_2^2\left(\frac{R_s}{R_2}\right)^2 + E_3^2\left(1 + \frac{R_s}{R_2}\right)^2 \qquad (4.18)$$

由式(4.18)可求得反相放大电路的噪声系数为

$$F_{in} = \frac{E_{ni}^2}{E_s^2} = \frac{E_s^2 + E_n^2\left(1 + \frac{R_s}{R_2}\right)^2 + (I_nR_s)^2 + E_2^2\left(\frac{R_s}{R_2}\right)^2 + E_3^2\left(1 + \frac{R_s}{R_2}\right)^2}{E_s^2}$$

$$= F + \frac{R_s}{R_2} + \frac{E_n^2}{4kTR_2}\left(2 + \frac{R_s}{R_2}\right) + \frac{R_3}{R_s}\left(1 + \frac{R_s}{R_2}\right)^2 \qquad (4.19)$$

式(4.19)中，F 是电路不加反馈时的噪声系数；R_3 是为了减少失调和漂移而设置的平衡电阻，$R_3 = R_s // R_2$，将此关系代入式(4.19)有

$$F_{in} = F + \frac{R_s}{R_2} + \frac{E_n^2}{4kTR_2}\left(2 + \frac{R_s}{R_2}\right) + \left(1 + \frac{R_s}{R_2}\right) \qquad (4.19a)$$

可见，反馈电阻 R_2 越大，加反馈后的噪声系数越小。若平衡电阻 $R_3 = 0$，则由式 (4.19) 得

$$F'_{in} = F + \frac{R_s}{R_2} + \frac{E_n^2}{4kTR_2}\left(2 + \frac{R_s}{R_2}\right) \tag{4.19b}$$

对比式(4.19a)与式(4.19b)可知，平衡电阻对噪声系数的贡献为 $(1 + R_s/R_2)$。因此，如何减小平衡电阻的贡献，对于减小反相放大器的噪声系数具有相当重要的意义。

设置平衡电阻的目的是为了减少乃至抵消由于集成运放的输入偏流和失调电流对于放大器的失调和漂移的影响。但近年来，高精度低漂移的集成运放的参数越来越接近理想值，将由于平衡电阻的失配而造成的失调及漂移与集成运放本身的失调与漂移进行比较，如果集成运放的偏置电流及其失调电流在不平衡电阻上造成的失调与漂移相对于集成运放本身的失调与漂移来讲很小，可以忽略不计，就可以不用或尽量减小平衡电阻，从而降低反相放大器的噪声系数，改善放大器的噪声性能。

另一种降低平衡电阻噪声贡献的方法是在平衡电阻的两端并联一只噪声旁路电容。因为失调和漂移是直流和很低的频率，可以认为是不能经过旁路电容的，平衡电阻仍能起到它原有的降低失调和漂移的作用。电阻的热噪声只有在放大器的噪声带宽的频率范围内才起作用，可以取旁路电容与平衡电阻构成的噪声带宽远小于放大器的噪声带宽。这样平衡电阻的热噪声经旁路电容的旁路作用后，只有很少一部分能作用到放大器的输入端，而不会对放大器产生噪声贡献。

式(4.15)与式(4.19)分别给出了电压串联负反馈放大器和电压并联负反馈放大器的噪声系数。从这两个负反馈放大器的噪声系数表达式可见，负反馈会使放大器的噪声性能恶化(噪声系数变大)。同时也可以看出，若元器件参数选择合适，则能使噪声性能恶化的程度小到可以忽略不计。在忽略了反馈电阻的噪声影响后，同相放大器的最小噪声系数与反相放大器的最小噪声系数是一样的。同相放大器适用于高信号源内阻的放大，要选用噪声电流相对较小的集成运放构成同相放大器；而反相放大器适用于低信号源内阻的放大，所以应选用噪声电压较小的集成运放构成反相放大器。

综上所述，在设计基于低噪声运放的传感器前置放大器时，可以通过精心设计，实现既合理利用负反馈改善放大器的性能，又有效防止放大器噪声性能恶化。

4.2.5 工作点的选择

对于给定源电阻 R_s 的前置放大器，要得到最小噪声系数则应满足 $R_s = R_{opt}$。由于 R_s 是确定的，不能改变，因此有源器件选定后，就必须改变直流工作点，使 E_n 和 I_n 满足噪声匹配条件。图 4.11 所示为以源电阻 R_s 为参数，噪声因数 NF 随 I_C 变化曲线。可以看出，对所有 R_s 值都有一个 NF_{min} 点，一个特定的源电阻只对应一个最小噪声因数的集电极电流。同时从图中可以看出，最佳源电阻随集电极电流的增加而减小。上述曲线还表明在设计源电阻值不同的放大器时，可用调节工作点获得 NF_{min} 值。

在宽频带前置放大器的设计中，必须考虑频率和工作点的关系。第 3 章图 3.19 已说明了 E_n 和 I_n 是以 I_C 为参数，并随 f 变化的曲线。此外，在 $10Hz \sim 1MHz$ 频段，E_n 和 I_n 两组特性曲线均有一段平坦区，且高频端和低频端噪声较大。E_n 曲线中集电极电流增大时，E_n 随之减小，但 $1/f$ 噪声却有少量增加。因此在集电极电流较大且 f_T 高时，可以得到最佳 E_n 特

性。I_n 曲线表明，等效噪声电流 I_n 随集电极电流增大而增大。$1/f$ 噪声分量在低频段随集电极电流增加而显著上升。因此，在低频运用时，显然应使管子处于集电极电流 I_C 小的工作状态。上述曲线还表明，E_n、I_n 随 I_C 作方向相反的变化，因此在带宽工作时，可通过调节 I_C 使 E_n/I_n 趋近 R_s，达到噪声匹配的目的。

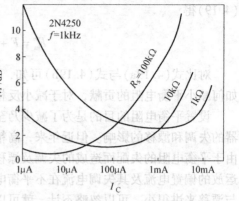

图 4.11 晶体管的 NF-I_C 曲线

通过上面的讨论可知，工作点的选择对噪声特性有着直接影响，任何一个固定的源电阻就有一个最佳集电极电流。而在宽频带运用时，集电极电流直接影响 E_n 及 I_n 的数值，所以通过调节工作点可找到一个使噪声系数或等效输入噪声最小的工作电流。

4.2.6 噪声匹配

如前所述，在直接耦合方式中，半导体晶体管的工作点是根据噪声匹配条件 $R_s = R_{opt}$ 来选择。不同源电阻有不同的最佳工作电流，但最小噪声系数 F_{min} 也是不同的。这种方法虽然简单，但往往不能达到器件的最小噪声系数，可用噪声系数等值图（见图 4.12）来说明。噪声系数等值图是指在某一频率下，噪声因数 NF 与 I_C、R_s 的关系图。通常是用 NF 为参变量的一组 I_C、R_s 平面曲线簇来表示。图 4.12 是在 $f = 1\text{MHz}$ 情况下某半导体晶体管的噪声因数等值图。由图可见，对应不同的 R_s 均有一个最佳工作点 I_{CO} 及 NF_{min} 值。如图中所示，R_s 与 $NF = 3\text{dB}$ 相交点 A 所对应的工作电流 I_{CO} 即为可能得到的最佳工作电流和最小噪声系数。从图中还可知，此时所得到的最小噪声系数还不是器件的最小噪声系数。若把实际的源电阻 R_s 变换到 R_{opt}，并调节工作点到 I_{COPT}，则对应 B 点的噪声因数 NF 才是半导体晶体管在该频率下可能获得的最小噪声系数。此时 I_{COPT} 即为管子在该频率下的最佳工作点。综上所述，低噪声放大器设计中，噪声匹配网络的最终目的是把源电阻 R_s 变换到 R_{opt}，使电路达到最佳噪声匹配。

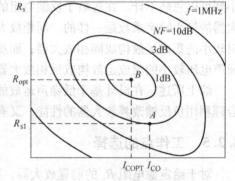

图 4.12 噪声系数等值图

通常与前置放大器连接的传感器并不能满足 $R_s = R_{opt}$，也不能用串并联电阻来达到这个条件（它将增加附加噪声，见本章习题 7）。因此，必须用噪声匹配来改变等效输入电阻，以满足 $R_s' = R_{opt}$，从而达到最佳匹配。

设有一个信号源，源内阻为 R_{s1}，有 $R_{s1} = R_{opt}$，怎样能使放大器工作在最佳状态？这是在实际测量中经常碰到的情况。例如超导器件的测量，用线圈作为传感器的磁测量等，就是这种情况。可以有两种方法：

1) 并联放大器的输入级的晶体管[6]，使并联后的 $R_{opt}' = R_{s1}$。

N 只相同的放大器，并联后的噪声电压 E_n' 和噪声电流 I_n' 可表示为

$$E_n' = \frac{E_n}{\sqrt{N}}, \ I_n' = \sqrt{N}I_n$$

虽然并联系统的噪声电压 E_n' 和噪声电流 I_n' 的乘积为

$$E_n'I_n' = E_nI_n$$

与单个放大器一样，最小噪声系数因而没有改变，但是系统的放大倍数增大了 N 倍，系统的最佳源阻抗为

$$R_{opt}' = \frac{E_n'}{I_n'} = \frac{R_{opt}}{N}$$

这时，可以在低的输入阻抗下工作，匹配较低的信号源阻抗，使等效电流噪声影响减小，可突出多个放大器并联工作的优越性。

多个放大器并联工作是减小本机噪声电压的一个方法。并且，实验上也有一定的价值。可以用噪声的频谱来说明以下观察到的现象，N 路放大器并联后，用示波器观察输入端短路时输出端的总噪声电压，可以看到，随着 N 的增加，噪声中频率较高的分量幅度越来越小，而低频分量减小得并不多。示波器屏幕上显示的噪声波形，从浓密一条的白噪声，逐渐变成稀疏的 $1/f$ 噪声，$1/f$ 噪声是不易叠加掉的。因此，多个放大器的并联使用，能做到低噪声宽带放大。但是，保证多个放大器的相同性（放大器相同，噪声特性相同）是困难的，造价是高的。

2）用变压器提高源内阻，使放大器工作在最佳噪声情况下。

虽然第一种方法有时可以得到很好的效果，但是，在源内阻 R_{s1} 很小时，要许多晶体管并联才能达到噪声最佳，这对成本和体积都不利，特别是对于使用放大器的读者，要去设计一个理想的并联放大器可能有困难。相对起来设计和使用变压器较方便一些，因此下面将重点介绍变压器的作用[2]。

设在信号源和放大器之间有一个电压比为 $1:n$ 的变压器，其原理图和等效电路图分别如图 4.13a 和 b 所示。根据电路原理可以求得变压器耦合时的噪声系数和输出信噪比。

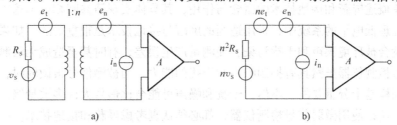

图 4.13　用变压器提高源内阻

a）在信号源与放大器之间接一变压器　b）变压器耦合的等效电路

$$F = \frac{E_n^2 + 4kTn^2R_s\Delta f + I_n^2n^4R_s^2}{4kTn^2R_s\Delta f} \tag{4.20}$$

$$SNR_o = \frac{n^2V_s^2}{E_n^2 + 4kTn^2R_s\Delta f + I_n^2n^4R_s^2} \tag{4.21}$$

究竟多大的电压比 n 最好，可以对上两式求极值，得到相同的 n 如下

$$n^2 = \frac{E_n}{R_s I_n} \tag{4.22}$$

表明 F 最佳时 SNR_o 也最佳。两者统一起来了，并有

$$n^2 R_s = \frac{E_n}{I_n} = R_{opt} \tag{4.23}$$

即要求变压器把信号源内阻变换到最佳信号源内阻值 R_{opt}。把最佳 n 代入式(4.20)和式(4.21)得

$$F_{min} = \frac{2E_n^2/n^2 + 4kTR_s\Delta f}{4kTR_s\Delta f} \tag{4.24}$$

$$\text{SNR}_{omax} = \frac{V_s^2}{2E_n^2/n^2 + 4kTR_s\Delta f} \tag{4.25}$$

这式(4.24)和式(4.25)表明，放大器的噪声电压减小了 $1/n$ 倍，当 $2E_n^2/n^2 \ll 4kTR_s\Delta f$ 时，$F_{min} \approx 1$，即有

$$\text{SNR}_o = \text{SNR}_i \tag{4.26}$$

这样，放大器就达到了完善的程度。

这里需要指出，当使用变压器耦合时，并不能达到上述讨论的理想情况。变压器本身的线绕电阻也要产生热噪声，严格计算应把这些噪声计算在内。另外变压器还会引入附加噪声，还有变压器拾取的外来干扰等。就是当变压器采用了严格屏蔽之后，也不可能达到上述讨论的理想结果。一般来讲源内阻 R_s 和 R_{opt} 相差一个数量级以上，使用变压器可以得到噪声性能的改善；当 R_s 远小于 R_{opt} 时，使用变压器可以得到很大的好处。

4.3 屏蔽与接地

本节简单概述屏蔽和接地技术的概念与作用，其具体实现请参阅相关书籍[1-6, 36]。

在任何处理低电平的系统中，采用适当的屏蔽与接地技术是很重要的。如果屏蔽和接地不当，信号就会被环境噪声和干扰污染，使测量产生误差，有时甚至造成无法测量的情况。

微弱信号检测仪器虽然具有抑制噪声和干扰的能力，当被测信号很微弱时，良好合理的屏蔽与接地同样是十分重要的，不然，干扰和噪声可能会比信号大许多数量级。因此，不论是设计制造，还是使用微弱信号检测仪器，都必须认真考虑屏蔽和接地技术。一般来讲，噪声和干扰是难以消除的。即使采用可行的屏蔽和接地方法，也只能把它们抑制到一定的测量精度内，不致产生影响测量精度的程度。除了最简单的情况外，想用一种简单的屏蔽或接地技术来解决噪声与干扰问题，往往难以奏效。最好用几种不同的屏蔽与接地技术组合起来，并加以试验而解决。对于抑制噪声与干扰，重要的是采用屏蔽和接地这两种措施。因为屏蔽和接地技术有着紧密的内在联系，这里把它们放在一起来讨论。

4.3.1 屏蔽

用导电体或导磁体做成外壳，将干扰源或信号电路罩起来，使电磁场的耦合受到很大的衰减。这种抑制干扰的方法叫做电磁屏蔽。当屏蔽良好时，可以大大降低噪声耦合。屏蔽的

方式，一般是用金属屏蔽体把元器件、电路、组合件、电缆和传输线等包围起来。

1. 电场屏蔽

如图 4.14a 所示，导体 N 为一个干扰源，它对地电压为 $\dot{V}_N$，导体 S 为信号电路，对地阻抗为 Z_s，由于 N、S 间存在耦合电容 C，则导体 S 上的耦合干扰为

$$\dot{V}_S = \frac{j\omega C Z_s}{1 + j\omega C Z_s}\dot{V}_N \tag{4.27}$$

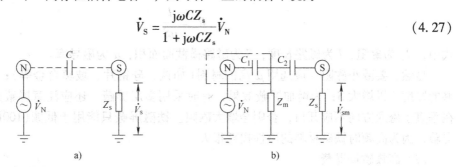

图 4.14　电场耦合及屏蔽

用金属壳体将导体 N 屏蔽起来，如图 4.14b 所示。图中 C_1 为导体 N 与屏蔽罩之间的电容，C_2 为导体 S 与屏蔽罩之间的电容，Z_m 为屏蔽罩对地阻抗。可以求得，导体 S 上的耦合干扰电压为

$$\dot{V}_{sm} = \frac{\omega^2 C_1 C_2 Z_m Z_s \dot{V}_N}{(\omega^2 C_1 C_2 Z_m Z_s - 1) - j\omega[(C_1 + C_2)Z_m + C_2 Z_s]} \tag{4.28}$$

尽管干扰源被屏蔽起来，导体 S 上仍然存在干扰电压，这是由于屏蔽罩中介耦合的结果。如果将屏蔽罩接地，即 $Z_m = 0$，则 $\dot{V}_{sm} = 0$，耦合干扰完全消除，这就是屏蔽的效果。当然，这要求屏蔽罩良好接地。一般要求接地电阻小于 $2m\Omega$。如果屏蔽罩不接地，$Z_m = \infty$，且 $C_1 > C$、$C_2 > C$，比较式(4.28)与式(4.27)，$\dot{V}_{sm} > \dot{V}_s$，其耦合干扰更为严重，反而弄巧成拙。

同样分析，如果干扰源不屏蔽，而将信号电路屏蔽，所得结果与上述屏蔽类似。

由式(4.27)与式(4.28)可看到，耦合干扰的大小与频率有关。频率升高，干扰增加。因此，频率越高，采用屏蔽越有必要，且效果越明显。

根据以上分析，电场屏蔽的一般原则是：

1) 不要让屏蔽电缆悬浮，应接到屏蔽范围内所包括电路的基准电位上。

2) 如果屏蔽电缆分几段，在使用连接器时，每一段电缆必须与相邻电缆依次连接在一起，并且仅把最后一段连接到被测信号基准点上。

3) 如果信号地多于一个，每一屏蔽层应连接到其自身被测信号的基准点上。

4) 不要将屏蔽电缆两端都直接接地。

5) 不允许屏蔽电缆相对基准电位有电压。

6) 使屏蔽电缆捕获的噪声合理地返回"地线"。

2. 磁场屏蔽

磁场屏蔽是为了抑制磁场的耦合干扰。但是，随着频率的不同，其屏蔽原理和使用的屏蔽材料也不同。

（1）低频磁场屏蔽

为抑制磁场耦合干扰，必须尽量减小互感 M，即减小干扰源与被干扰电路之间的交链磁通 Φ。为此，可用具有高磁导率的铁磁材料将干扰源屏蔽起来，使干扰源产生的磁通被引导至铁磁材料中，而不与被干扰电路交链。同样道理，也可将被干扰电路屏蔽起来。

磁通所流通的路径叫做磁路，对于屏蔽材料，希望磁路的磁阻 R_m 越小越好。

$$R_m = \frac{l}{\mu S} \qquad (4.29)$$

式中，R_m 为磁阻；l 为磁路长度；S 为磁路横截面面积；μ 为磁导率。

显然，要减小磁阻，应选用 μ 高的材料（如铁、硅钢片、坡莫合金等）；屏蔽罩应有足够的厚度，以增大 S；为增加屏蔽效果，有时采用多层屏蔽。还应注意屏蔽盒盖必须拧紧；在垂直于磁通方向不应开口，否则会增大磁阻。铁磁屏蔽只能用于低频（100kHz 以下）磁场屏蔽，因为高频时铁磁材料的磁性损耗很大。

（2）高频磁场屏蔽

高频磁场屏蔽是利用电磁感应现象在屏蔽壳体表面所产生的涡流的反磁场来达到其目的。因此，希望屏蔽体上形成的涡流越大越好。下面以一个良导体做成的屏蔽盒对一个线圈的屏蔽为例，说明涡流的大小与某些因素的关系。

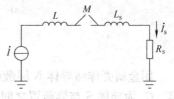

图 4.15　线圈屏蔽等效电路

图 4.15 表示线圈屏蔽的等效电路，图中 L 为线圈电感；M 为线圈与屏蔽盒互感；L_S 为屏蔽盒电感；$\dot{I}$ 为线圈电流；R_s 为屏蔽盒电阻。

屏蔽盒上形成的涡流为

$$\dot{I}_s = \frac{j\omega M \dot{I}}{R_s + j\omega L_s} \qquad (4.30)$$

当频率高时，$\omega L_s \gg R_s$，此时 R_s 可忽略不计，则

$$\dot{I}_s \approx \frac{M \dot{I}}{L_s} \qquad (4.31)$$

当频率低时，$\omega L_s \ll R_s$，此时 ωL_s 可忽略不计，则

$$\dot{I}_s = \frac{j\omega M \dot{I}}{R_s} \qquad (4.32)$$

由式（4.30）可见，涡流随频率升高而增大，这说明导电材料适用于高频磁场屏蔽。而式（4.31）则说明，涡流大小与频率无关，即涡流随频率升高增大到一定程度后，继续升高频率其屏蔽效果就不再增强了。

从式（4.32）可以看出，在低频段，ω 低，$\dot{I}_s$ 小，其屏蔽效果差；R_s 小，$\dot{I}_s$ 大，屏蔽效果好，而且屏蔽体损耗也小。这就要求屏蔽材料采用良导体。

由于高频趋肤效应，涡流仅在屏蔽盒表面薄层流通，因此，高频屏蔽盒无需做得很厚，这一点与低频铁磁屏蔽盒不同。高频屏蔽盒厚度只需保证一定的机械强度即可，一般为 0.2~0.8mm。对于屏蔽导线，通常采用多股线编织网，因为多股线在相同体积下有更大的表面积。

（3）屏蔽层与中心导线的磁耦合

在电场中，采用屏蔽导线对抑制容性耦合是十分有效的，那么，在磁耦合中屏蔽导线的效果又怎么样呢？

屏蔽导线的屏蔽层与中心导线的磁耦合,可视为一管状导体与中心导线的磁耦合。假设一根载有均匀轴向电流的管状导体,如果管子的内孔与外壁同轴,则其产生的磁场全部围绕在管子外部,其空腔内没有磁场。如果将一根导线放在管内,便形成同轴电缆,屏蔽层中的电流 $\dot{I}_s$ 所形成的全部磁通 Φ 都包围着内导线,其剖面图如图 4.16 所示。

屏蔽层自感为

$$L_s = \frac{\Phi}{\dot{I}_s} \tag{4.33}$$

屏蔽层与内导线间的互感为

$$M = \frac{\Phi}{\dot{I}_s} \tag{4.34}$$

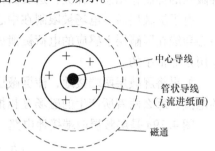

由于屏蔽层电流 $\dot{I}_s$ 所产生的磁通全部包围着中心导线,所以上述两式的 Φ 相等。那么,屏蔽层自感等于屏蔽层与中心导线之间的互感,即

图 4.16　有屏蔽层电流的同轴电缆

$$M = L_s \tag{4.35}$$

由于存在互感,屏蔽层电流 $\dot{I}_s$ 必然会在中心导体上产生感应电压 $\dot{V}_N$。设屏蔽层电流 $\dot{I}_s$ 是由外界因素在屏蔽层上感应的电压 $\dot{V}_s$ 所产生的,且屏蔽层有自感 L_s 和电阻 R_s。其等效电路如图 4.17 所示。

由图可得

$$\dot{V}_N = j\omega M \dot{I}_s \tag{4.36}$$

$$\dot{I}_s = \frac{\dot{V}_s}{R_s + j\omega L_s} \tag{4.37}$$

将式(4.37)代入式(4.36)得

$$\dot{V}_N = \frac{j\omega}{j\omega + R_s/L_s} \dot{V}_s \tag{4.38}$$

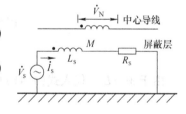

图 4.17　屏蔽导线等效电路

设

$$\omega_c = R_s/L_s \tag{4.39}$$

ω_c 为屏蔽层的截止角频率,这是一个重要参数。

式(4.38)取模得

$$V_N = \frac{V_s}{\sqrt{1 + (\omega_c/\omega)^2}} \tag{4.40}$$

根据式(4.40)作 V_N-ω 曲线,如图 4.18 所示。由图可见,中心导线上的感应电压随频率升高而增大,且当 $\omega = 0$(直流)时,$V_N = 0$;当 $\omega = \omega_c$ 时,$V_N = 0.707V_s$;当 $\omega = 5\omega_c$ 时,$V_N = 0.98V_s$。

由此可得出结论:当屏蔽层中有电流时,中心导线上将感应一个电压 V_N,此电压在频率 $\omega \geq 5\omega_c$ 时接近于屏蔽层上的电压 V_s,由式(4.40)可知,将屏蔽层两端接地并不能抑制磁耦合干扰,因为屏蔽层中的

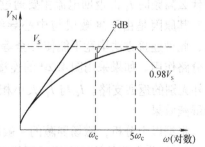

图 4.18　中心导线感应电压与 ω 的关系

电流所产生的磁通会与中心导线交链。通常只将屏蔽层一端接地,使屏蔽层无电流通路,这样还能将屏蔽层上感应的电荷泄放入地,同时起到电场屏蔽的作用。

上述讨论的是外界干扰通过屏蔽层耦合到中心导线的情况,至于中心导线的电磁辐射,屏蔽层的抑制作用怎么样呢?这要具体分析。

有了屏蔽层后,电场被限制在中心导线与屏蔽层之间。如果将屏蔽层的一端接地,那么中心导线在屏蔽层上感应的电荷被泄放入地,起到了电场屏蔽的作用,但是对磁场来说,其作用是非常小的。

如果将屏蔽层两端接地,使屏蔽层内流过一个与中心导线中的电流大小相等、方向相反的电流,那么两者所产生的磁场互相抵消,从而起到抑制磁场辐射的目的。

图4.19a 是屏蔽层两端接地电路,图4.19b 为等效电路。由 AR_sL_sB 支路列方程

$$(R_s + j\omega L_s)\dot{I}_s - j\omega M \dot{I}_1 = 0 \tag{4.41}$$

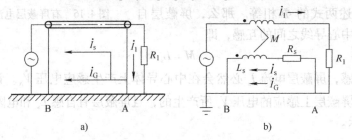

图 4.19 屏蔽层两端接地及等效电路

a) 屏蔽层两端接地 b) 等效电路

由于 $M = L_s$,代入式(4.41)可得

$$\dot{I}_s = \frac{j\omega}{j\omega + \omega_c}\dot{I}_1 \tag{4.42}$$

及

$$\dot{I}_s = \frac{\dot{I}_1}{\sqrt{1 + (\omega_c/\omega)^2}} \tag{4.43}$$

式中,ω_c 为屏蔽层截止角频率,$\omega_c = R_s/L_s$。

由式(4.43)看到,如果中心导线电流 $\dot{I}_1$ 的频率远大于屏蔽层的截止频率 ω_c,屏蔽层电流 $\dot{I}_s$ 将接近于电流 $\dot{I}_1$,两电流所产生的外部磁场近于互相抵消,起到了防磁辐射的目的。为什么高频时 $\dot{I}_1$ 的返回电流主要通过屏蔽层而不通过地回路呢?其原因是由于屏蔽层与中心导线之间的互感作用。当然,此种连接方法毕竟不能使 $\dot{I}_s$ 全等于 $\dot{I}_1$,因为地电流 $\dot{I}_G$ 还

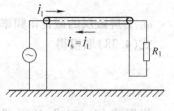

图 4.20 屏蔽层一端接地、
另一端与电阻连接

有分路作用。如果采用图 4.20 的连接方式,就可以获得很好的磁屏蔽效果,这是因为 $\dot{I}_1$ 除 $\dot{I}_s$ 外无别的返回支路。$\dot{I}_s$ 与 $\dot{I}_1$ 大小相等,方向相反。这种连接无论高频还是低频都有良好的屏蔽效果。

根据以上分析,磁场屏蔽的一般原则是:

1)接收电路的放置应当尽可能远离磁场源。

2)不允许走线与磁场平行,而要与磁场成直角。

3）根据频率与场强选用适当的材料屏蔽磁场。

4）对传输大电流的导体，应使用双绞线。

5）应尽量减小接收电路的环路面积。

4.3.2 接地

接地的意义可以理解为一个等电位点或等电位面。它是电路或系统的基准电位，但不一定是大地电位。如该接地点经一低阻通路接至大地时，则该点电位即可算为大地电位。通常电路接地有两个目的，安全和使信号电压有一个基准电位。为了安全的保护地线，必须接到大地电位上。而信号基准的地线电位，根据设计要求可以是大地电位，也可以不是大地电位。当保护线的电位与信号地线的电位配合不当时，就会引起噪声的干扰。

接地设计有两个目的：其一，消除各电路电流流经一个公共地线阻抗时，而产生的相互耦合和干扰；其二，避免受磁场和地电位差的影响。即不形成地回路，从而减小或消除地回路电流的干扰。

1. 信号接地

信号地线是指各信号的公共参考电位线。在相当多的电路中，常以直流电源的正极线或负极线作为信号地线。但是交流零线不能作为信号地线，因为一段交流零线两端可能有数百微伏至数百毫伏的电压，这对低电压信号是一个非常严重的干扰。

在讨论接地技术时，首先应明确，任何一段导线都具有一定的阻抗，包括电阻和电抗。两个不同的接地点很难做到等电位。正确接地设计的目的就在于消除公共地线阻抗所产生的共阻抗耦合干扰，并避免受磁场和电位差的影响，即不使其形成地电流环路，以免地环路电流与其他电路产生磁耦合干扰。

信号接地可归结为图 4.21 所示的三种形式。

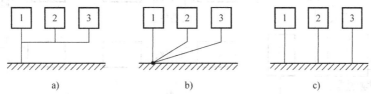

图 4.21 信号地线接地方式

a）共用地线，串联一点接地 b）独立地线，并联一点接地 c）独立地线，多点接地

图 4.21a 所示的共用地线串联一点接地方式中，由于接地导线事实上存在电阻，而各接地线又串联入地，因此各电路的接地电位均受其他电路电流的影响。从抑制电阻耦合角度看，这种接地方式最不可取，尤其是强电流电路对弱信号电路干扰更为严重。由于这种接地方式简单，设计电路板时较方便，因此在信号电平较高但各路电平相差不大时仍常被采用。值得注意的是，采用这种接地方式时，应把弱信号电路放在接地点最近处。

图 4.21b 所示的独立地线并联一点接地方式可以避免电阻耦合干扰，因为各电路的接地电位只与自身电流有关，不受其他电路电流的影响。这种接地方式最适用于低频。但是，由于布线复杂，接地线长而多，考虑到导线存在分布电感与分布电容，随着频率升高，地线间的感性耦合、容性耦合越趋严重，并且长线也会成为辐射干扰信号的天线，因此不适用于高

频。

在高频段，应采用图 4.21c 所示的多点接地方式。在多点接地时，地线常用导电条连成网(或是一块金属网板)，各电路单元分别以最短连线接地，以降低接地阻抗。一般来说，频率低于 1MHz 时可采用一点接地方式，高于 10MHz 时应采用多点接地。在 1 ~ 10MHz 之间，如采用一点接地，其地线长度不得超过波长的 1/20。

在实际应用中，接地方式需统筹兼顾，既要简单易行，又能消除噪声和干扰。如图 4.22 所示，模拟电路可根据信号电平高低分成数组，每组内各级电路并联接"地"，且与数字电路的"地"分开，最后将各级的地线与机壳并联一点接总"地"。

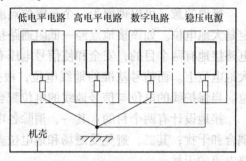

图 4.22　分组并联一点接地示意图

由于许多电路需要有一个公共信号地，因此，在连接信号地时特别要避免大电流流过小信号回线。图 4.23 是小信号回路和功率放大器回路的连接。图中电源回线接到 A 点是正确的，接到 B 点，如虚线所示，是一个大错误，假定信号小于 1mV，信号回线有 1mΩ 电阻，功放级的电流是 1A，那么，该电流在信号回线上产生 1mV 电压，此电压与信号串联加在功放输入端，致使功放结果完全不可信。

图 4.24 是共地连接的又一示例。在两个传输回路需要共地连接时，不能共用较长回线。图 4.24a 是错误连接，因为两个信号都流过公共回线，形成耦合干扰。图 4.24b 的两个信号回路是独立的，尽管它们有公共参考电位，但是无耦合干扰。

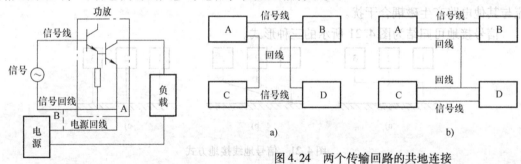

图 4.23　小信号回路和功放回路的连接

图 4.24　两个传输回路的共地连接
a) 两个回路有耦合　b) 两个回路无耦合

当被测信号与测试系统相距较远时，由于两者的接地电位不相等，这种情况会引入所谓共模干扰。为说明这个问题，首先介绍串模干扰和共模干扰的概念。

串联干扰又称常模干扰或差动干扰。如图 4.25a 所示，其中 $\dot{V}_s$ 为测量信号，$\dot{V}_N$ 为干扰信号。A 为放大器。这种干扰与测量信号成串联叠加形式，其危害性很大，一旦形成就难以消除。前述图 4.23 及图 4.24 中的耦合干扰就是串模干扰。当接线不当时，电路间的耦合以及外来电磁波就成为这种干扰的重要成因。共模干扰又称不平衡干扰。这种干扰同时加在信号线及其回线与地之间，如图 4.25b 所示。表面上看，放大器两输入端似乎只有信号 $\dot{V}_s$，事实上，由于线路不平衡，共模干扰将转换为串模干扰。

如果将图 4.25b 中的等效参数标出来。其等效电路如图 4.26 所示。图中，$\dot{V}_s$ 为被测信号，Z_s 为内阻，Z_H、Z_L 分别为信号线和回线的阻抗，1、2 为放大器两个输入端，Z_1、Z_2 分别为两输入端对地阻抗，$\dot{V}_N$ 为信号源接地点与放大器接地点之间的电位差，Z_N 为地阻抗。

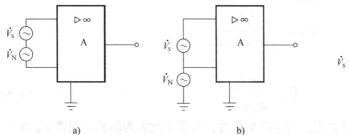

图 4.25　串模、共模干扰模型　　　　图 4.26　共模干扰的等效电路
a) 串模干扰　b) 共模干扰

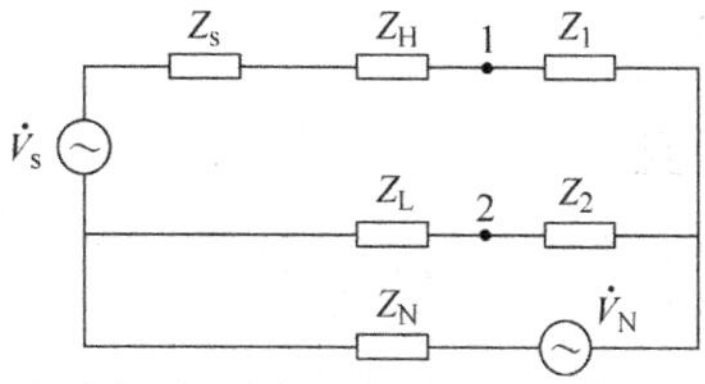

下面用叠加原理求解加于 1—2 两端的电压：

仅信号源 $\dot{V}_s$ 作用的等效电路如图 4.27 所示。可以求得 $\dot{V}_s$ 作用于 1—2 两端的电压为

$$\dot{V}_{s12} = \frac{[Z_1(Z_L + Z_2 + Z_N) - Z_N Z_2]\dot{V}_s}{(Z_s + Z_H + Z_1)(Z_L + Z_2 + Z_N) + (Z_L + Z_2)Z_N} \tag{4.44}$$

同样，通过图 4.28 所示的等效电路求得 $\dot{V}_N$ 作用于 1—2 两端的电压为

$$\dot{V}_{N12} = \frac{(Z_1 Z_L - Z_2 Z_s - Z_H Z_2)\dot{V}_N}{(Z_s + Z_H + Z_1)(Z_L + Z_2) + (Z_s + Z_H + Z_1 + Z_L + Z_2)Z_N} \tag{4.45}$$

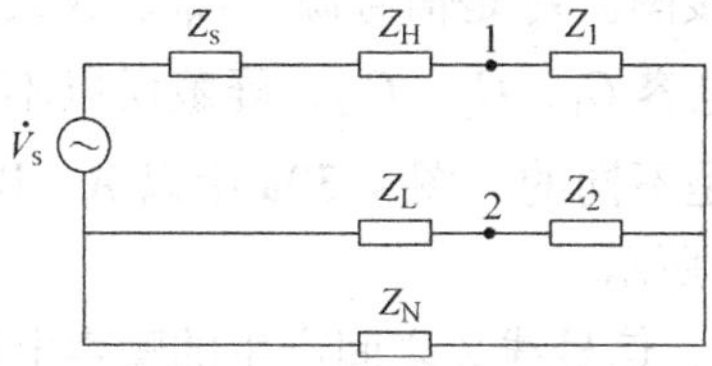

图 4.27　仅有信号源的等效电路 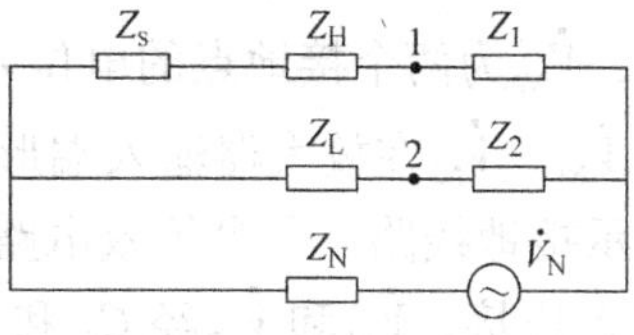　　　　图 4.28　仅有地电位差的等效电路

$\dot{V}_s$、$\dot{V}_N$ 共同在放大器 1—2 端的输入电压为

$$\dot{V}_{i12} = \dot{V}_{N12} + \dot{V}_{s12} \tag{4.46}$$

如果信号源接地点与放大器接地点同电位，即 $\dot{V}_N = 0$，$Z_N = 0$，其等效电路如图 4.29 所示，在此情况下 1—2 端电压为

$$\dot{V}_{12} = \frac{Z_1 \dot{V}_s}{Z_s + Z_H + Z_1} \tag{4.47}$$

$\dot{V}_{12}$ 是完全无干扰的输入电压。$\dot{V}_{i12}$ 与 $\dot{V}_{12}$ 之差就是共模干扰转换成为放大器输入端的串模干扰。此干扰使信噪比下降，严重时放大器不能正常工作。

减小共模干扰影响的措施是使电路平衡，参见式 (4.44)和式(4.45)。若 $Z_s + Z_H = Z_L$，$Z_1 = Z_2$，则有

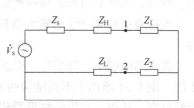

图 4.29　两接地点同电位的等效电路

$$\dot{V}_{s12} = \frac{Z_1 \dot{V}_s}{Z_L + 2Z_N + Z_1} \tag{4.48}$$

$$\dot{V}_{N12} = 0$$

那么

$$\dot{V}_{i12} = \frac{Z_1 \dot{V}_s}{Z_L + 2Z_N + Z_1} \tag{4.49}$$

且

$$\dot{V}_{12} = \frac{Z_1 \dot{V}_s}{Z_L + Z_1} \tag{4.50}$$

由式(4.49)与式(4.50)可以看到,当电路平衡时,共模干扰大为削弱。通常 Z_N 远小于 Z_1,那么 $\dot{V}_{12} \approx \dot{V}_{i12}$,这说明共模干扰几乎完全被抑制。

为使电路平衡,一方面要采取措施使两条长线上的阻抗相等,例如采用低内阻信号源,外加电阻来补偿不平衡;而更重要的方面是使放大器两输入端对地阻抗相等。由于放大器输入阻抗一般很大,从这点看来,将电路中2端直接接地($Z_2 = 0$)是不可取的。相当多电路中是在2端用大电阻接地,以保证 $Z_1 \approx Z_2$。更好的措施是采用浮地技术以截断地回路的影响。

2. 电缆屏蔽层的接地

当放大器与传感器距离较远时,信号传输线都要采用屏蔽导线,并且屏蔽层应接地,以防止外界干扰。频率低于 1MHz 时,屏蔽层应一端接地,以防止电流在屏蔽层流通造成对信号的干扰,同时还可避免屏蔽层与地形成环路,从而可防止磁场干扰。但是,接地点选择不当,反而会引入新的干扰。

图 4.30 为一个浮地信号源与一个接地放大器的连接图。$\dot{V}_s$ 是信号源,$\dot{V}_{N1}$ 是放大器 2 端对地电位,$\dot{V}_{N2}$ 为两个接地点的电位差。由于存在分布电容 C_1、C_2、C_{12},屏蔽层以不同线路接地,其 $\dot{V}_{N1}$、$\dot{V}_{N2}$ 在放大器输入端形成的干扰电压 $\dot{V}_{12}$ 是不同的。图 4.30a 中以 A、B、C 三条虚线表示接地线路,各自等效电路如图 4.30b、c、d 所示。

对于 A 连接,$\dot{V}_{N1}$ 和 $\dot{V}_{N2}$ 经 C_1 和 C_{12} 分压在信号线 1、信号线 2 之间产生的噪声电压为

$$\dot{V}_{12} = \frac{C_1}{C_1 + C_{12}}(\dot{V}_{N1} + \dot{V}_{N2})$$

对于 B 连接,$\dot{V}_{N2}$ 对 $\dot{V}_{12}$ 无影响,$\dot{V}_{N1}$ 经 C_1 和 C_{12} 分压在信号线 1、信号线 2 之间产生的噪声电压为

$$\dot{V}_{12} = \frac{C_1}{C_1 + C_{12}}\dot{V}_{N1}$$

相比之下,C 连接最佳,因为 $\dot{V}_{N1}$ 和 $\dot{V}_{N2}$ 不会在信号线 1 与信号线 2 之间产生任何噪声电压。所以,当浮地信号源与接地放大器连接时,电缆屏蔽层接至放大器公共端是优选方案。

当接地信号源与浮动放大器连接时,同样可分析得出,电缆屏蔽层应接至信号源公共端。

在多芯电缆中,如果每一根芯线是相互绝缘的,那么屏蔽层可以在不同点接地,但效果不同。图 4.31 给出了不同结构的电缆置于地平面上方 2.5cm 处,测得对 100kHz 磁干扰的相对敏感度。从图中提供的结果看到,将负载直接接地是不合适的,而紧绕双绞线结构性能最好。

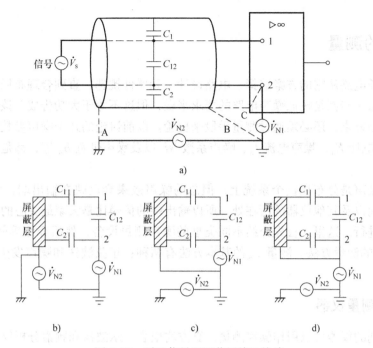

图 4.30　浮地信号源屏蔽层接地线路

a）屏蔽层接地　b）接法 A　c）接法 B　d）接法 C

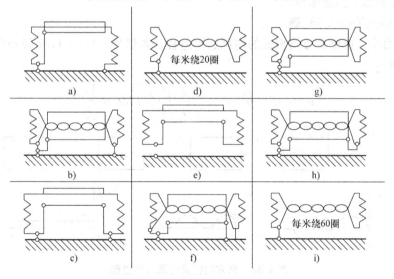

图 4.31　环路对磁场的相对敏感度

a）0dB（参考）　b）–2dB　c）–5dB　d）–49dB　e）–57dB　f）–64dB
g）–64dB　h）–71dB　i）–79dB

　　值得提出的是，当频率高于 1MHz 或电缆长度超过信号波长的 1/20 时，应采用多点接地方式，保证屏蔽层上的地电位。长电缆应每隔 1/10 波长有一个接地点。由于趋肤效应使干扰电流在屏蔽层外表面流动，而信号电流在内表面流动。同轴电缆在高频时多点接地能取得一定的磁屏蔽作用。

4.4 噪声的测量

低噪声电子电路从它的方案选择、电路设计、元器件挑选，直到合理布局、科学走线以及良好焊接，每一步都是按低噪声电路的要求来做，但这不等于大功告成。该电路是否达到了预期的性能和要求，还必须通过测量手段来检验。以前讨论的几个噪声参数，如等效输入噪声 E_{ni}、噪声电压 E_n、噪声电流 I_n、噪声系数 NF 以及噪声带宽 B_n 等，都是能够直接或间接测量的量。

实际上，噪声是分布在整个系统上，但总的噪声效果会反映在输出端，而输出端是显示、记录、控制以及其他仪器的所在处，所以输出端的信噪比是大家最关心的。一般的测量都是在输出端进行。这里，首先介绍不同类型的噪声测量设备，然后介绍等效输入噪声 E_{ni} 和噪声带宽 B_n 的测量方法。测量 E_{ni} 的基本方法有两种：正弦波法和噪声发生器法（又称功率倍增法）。

4.4.1 噪声测量仪器

有三种类别的仪器可以用作噪声测量：真方均根表、示波器和频谱分析仪。真方均根表可以测量任意波形信号的方均根电压，示波器可以使操作者观察到时域的噪声波形，而频谱分析仪可以在频域上测量噪声。

1. 真方均根（True-RMS）表

图 4.32 给出了典型真方均根表的内部运算过程。若信号 $v_i(t) = V_1 \sin(2\pi t/T)$，则 $v_i(t)$ 的真方均根值为

$$v_i = \sqrt{<v_i^2>} = \sqrt{\frac{1}{T}\int_0^T v_i^2(t)\,\mathrm{d}t} = \frac{V_1}{\sqrt{2}} \qquad (4.51)$$

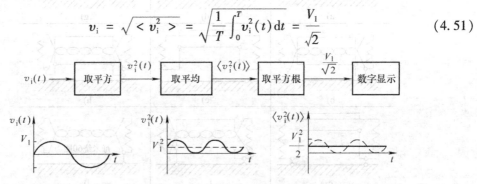

图 4.32　真方均根表内部运算过程

从理论上讲，真方均根值测量电路的测量精度应该与波形无关，但因受具体电路特性的限制，测量精度与波形有一定的关系。具体说来，主要是受电路的频率响应和可能被测幅度的范围所限制，以致造成方均根值相等、但波形不同的被测信号，可能有一部分信号的高次谐波分量超出了电路的允许工作频率范围，从而引起精度下降。另外，因信号波峰因数（峰值与有效值之比）不同，虽有效值相等，峰值也各不相同。波峰因数越大，峰值就越大。此时，信号有效值可能在测量的量程范围之内，但由于波峰因数太大，其幅值可能会超过测量电路的最大动态范围，因而引起误差。再则，即使测量电路的动态范围足够大，但是高波峰

因数的信号其高次谐波分量比较丰富，结果超过测量电路的通频带，因此也会引起误差。

由于二次方电路设计和实现的困难，人们常用普通的均值电路和刻度定度等方法来求取信号 $v_i(t)$ 的真方均根值。图 4.33 给出了典型均值（Average Value）电压表的内部运算过程。同样，若信号 $v_i(t) = V_1\sin(2\pi t/T)$，则 $v_i(t)$ 的均值为

$$< |v_i(t)| > = \frac{2}{T}\int_0^{T/2} |v_i(t)|\,\mathrm{d}t = \frac{2}{\pi}V_1 \tag{4.52}$$

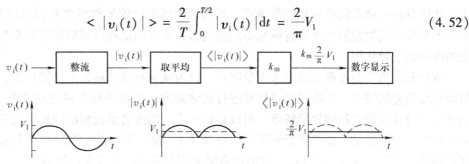

图 4.33　均值电压表内部运算过程

因而，要让均值电压表显示正确的方均根值，必须

$$k_m\frac{2}{\pi}V_1 = \frac{1}{\sqrt{2}}V_1$$

此时，刻度因子为

$$k_m = \frac{\pi}{2\sqrt{2}} = 1.11 \tag{4.53}$$

现在考虑用平均值表测量随机噪声的情况。假设噪声的平均值为零，幅度分布为高斯分布，则均值表的读数为

$$V_M = \frac{\pi}{2\sqrt{2}} < |v_i(t)| > = \frac{\pi}{2\sqrt{2}}\int_{-\infty}^{\infty} |x|p(x)\,\mathrm{d}x \tag{4.54}$$

$p(x)$ 为

$$p(x) = \frac{1}{\sqrt{2\pi}v_i}\exp\left(\frac{-x^2}{2v_i^2}\right) \tag{4.55}$$

将式（4.55）代入式（4.54），并考虑到 $|x|p(x)$ 是偶函数，有

$$V_M = \frac{\pi}{2\sqrt{2}}\cdot\frac{2}{\sqrt{2\pi}v_i}\int_0^{+\infty} x\exp\left(\frac{-x^2}{2v_i^2}\right)\mathrm{d}x = \frac{\sqrt{\pi}}{2}v_i \tag{4.56}$$

由式（4.56），可得到

$$v_i = \frac{2}{\sqrt{\pi}}V_M = 1.128V_M \tag{4.57}$$

式（4.57）表明，如果用平均值表测量高斯噪声的方均根值，则均值电压表读数需要乘以一个修正系数 1.128。如果待测随机噪声不是高斯分布，则应按上述过程计算相应噪声分布的修正系数。

和方均根值电压表类似，用均值表测量时，应利用衰减器（量程开关）适当将被测信号衰减，使指针在标尺刻度的一半为宜。因为噪声随机的峰值可能在某时刻太高，超过放大器

的动态范围而被削波，影响准确度。此外，就是均值表的频带应比被测噪声的频带要宽，以减小测量误差。

2. 示波器

使用真方均根值表测量噪声的一个缺点是不能得知噪声的自然形态。例如，真方均根值表无法区分特定频点的噪声和宽带噪声。然而示波器可以使操作者观察到时域的噪声波形。由于大部分不同类型的噪声具有截然不同的波形，所以测量者可以根据波形来判定是何种类型的噪声起主导作用。

数字和模拟示波器都可以用来测量噪声。因为噪声在自然形态上是随机的，模拟示波器只能触发重复的波形，不能对噪声信号进行正常触发。不过将噪声源连接到模拟示波器时，由于上述特性和荧光粉的显示特点，可以显示一个平均或者说模糊的波形。大部分标准模拟示波器的一个缺点是不能捕获低频噪声($1/f$噪声)。数字示波器在测量噪声方面具有一些方便的特性，如可以捕获$1/f$噪声，同时也有能力用数学方法计算方均根值。

当使用的示波器的频带宽度很宽时，非常适合测量噪声电压的峰-峰值。测量时，将被测噪声信号通过 AC 耦合方式送入示波器的垂直通道，将示波器的垂直灵敏度置于合适档位，将扫描速度置于较低档，在荧光屏上即可看到一条水平移动的垂直亮线，这条亮线垂直方向的长度乘以示波器的垂直电压灵敏度就是被测噪声电压的峰-峰值 V_{pp}。若噪声幅度是高斯分布，则噪声电压的有效值是 $\sigma = V_{pp}/6.6$。

3. 频谱分析仪

频谱分析仪是进行噪声测量的重要仪器。通常频谱分析仪显示的是与噪声频谱密度曲线相似的功率(或电压)-频率曲线。事实上，某些频谱分析仪具有将测量结果直接显示成频谱密度单位(即 $nV/\sqrt{Hz}$)的特殊操作模式。在其他情况下，测量结果必须乘以一个校正因子才能转换成频谱密度单位。

频谱分析仪和示波器一样，可能是数字的或是模拟的。模拟频谱分析仪生成频谱曲线的方式之一是在一定范围内进行带通滤波器扫描，然后将测量到的滤波器输出描绘成图。另外一种方式是利用本振在一定频率范围内扫描的超外差技术来实现，称为超外差式扫描频谱分析仪。图 4.34 是超外差式扫描频谱分析仪的原理框图，主要由输入电路、混频电路、中频处理电路、检波电路和视频滤波电路等部分组成。频率为 f_x 的输入信号与频率为 f_L 的本振信号在混频器中进行差频，只有当差频信号的频率落入中频滤波器的带宽内时，即当 $f_L - f_x$ $\approx f_I (f_I$ 为中频滤波器的中心频率)时中频放大器才有输出，且其大小正比于输入信号分量 f_x 的幅度。因此只需要连续调节 f_L，输入信号的各频率分量就将依次落入中频放大器的带宽内。中心滤波器输出信号经检波、放大后，输入到显示器的垂直通道(Y 轴)；由于 CRT 显示器的水平扫描电压同时也是扫频本振的调制电压，故水平轴(X 轴)就变成了频率轴，这样，显示器上就可以显示出输入信号的频谱图。为了获得较高的灵敏度和频率分辨力，混频电路一般采用多次变频的方法，固定中频可使中频滤波器的带宽做得很窄，可获得很高的频率分辨力，改变中频滤波器带宽，就可以改变频率分辨力。外差式频谱分析仪具有频率范围宽、灵敏度高、频率分辨力可变等特点，是目前频谱仪中应用最多的一种，尤其在高频段应用更多。但由于本振是连续可调的，被分析的频谱依次被顺序采样，因此这种外差式频谱分析仪不能实时分析信号的频谱，只能提供幅度谱，而不能提供相位谱。

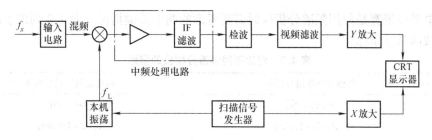

图 4.34　超外差式扫描频谱分析仪的原理框图

数字频谱分析仪使用快速傅里叶变换（FFT）来生成频谱，一般称为 FFT 频谱分析仪。图 4.35 为 FFT 频谱仪的简化框图。输入信号通过程控步进衰减器和滤波器后，扩展了仪器的输入动态范围并滤除了不希望的频率分量。取样器对输入的时域信号进行取样，由模-数转换器完成量化。采用频率抽取式数字滤波器能同时减小信号带宽和降低取样频率，既改善了频率分辨力又避免出现频率混叠。微处理器接收滤波后的取样波形，利用 FFT 计算波形频谱，测量结果输出在显示器上。目前，FFT 频谱仪多数采用大规模 DSP 芯片或 FFT 专用计算机，由于 FFT 所取的是有限长度，运算的点数也是有限的，因此运算出来的频谱和波形真实频谱是有差距的。

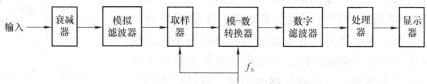

图 4.35　FFT 频谱仪的简化框图

无论用什么类型的频谱分析仪，一些关键的参数必须被考虑到。起始和停止频率表示带通滤波器扫过的频率范围。分辨带宽为对频率范围进行扫描的带通滤波器的宽度，减少分辨带宽将会增加频谱分析仪在离散频点上解析信号的能力，同时导致扫描的速率变低，时间周期变长。

某些频谱分析仪可以将频谱幅度显示为噪声频谱密度（单位为 $\mathrm{nV}/\sqrt{\mathrm{Hz}}$）。如果不具备这个特性的话，可以将频谱幅度除以噪声分辨带宽的二次方根，从而得到噪声频谱密度。注意将分辨带宽转换成噪声分辨带宽需要一个转换因数。将对数毫瓦频谱转换成频谱密度的计算公式为

$$V_{\text{spect\_anal}} = \sqrt{\left(10^{N\mathrm{dB_m}/10}\right)\left(1\,\mathrm{mW}\right)R} \tag{4.58}$$

$$V_{\text{spect\_den}} = \frac{V_{\text{spect\_anal}}}{\sqrt{K_{\mathrm{n}}\cdot \mathrm{RBW}}} \tag{4.59}$$

两式中，$N\,\mathrm{dB_m}$ 是频谱分析仪中噪声幅度以 $\mathrm{dB_m}$ 为单位的表达；R 是 $\mathrm{dB_m}$ 计算中用到的参考电阻；$V_{\text{spect\_anal}}$ 是频谱分析仪单位分辨带宽测量到的噪声电压；$V_{\text{spect\_den}}$ 是以 $\mathrm{nV}/\sqrt{\mathrm{Hz}}$ 为单位的频谱密度；RBW 是频谱分析仪设置的分辨带宽；K_{n} 是分辨带宽转换成噪声分辨带宽需要的一个转换系数，K_{n} 的大小与频谱分析仪所采用的滤波器类型和阶数有关，其计算方法请参阅第 2 章 2.6 节。

噪声电平和带宽是使用频谱分析仪时需要考虑的两个关键指标。表4.2列出了两个不同频谱分析仪的部分指标。

表 4.2 对比不同频谱分析仪的指标

	典型数字频谱分析仪	典型模拟频谱分析仪
本底噪声	$20\mathrm{nV}/\sqrt{\mathrm{Hz}}$	$50\mathrm{nV}/\sqrt{\mathrm{Hz}}$
带宽	$0.016\mathrm{Hz}\sim120\mathrm{kHz}$	$10\mathrm{Hz}\sim150\mathrm{MHz}$
总评	这是一个使用FFT来测量频谱的现代数字频谱分析仪。它具有非常低的频谱测试能力，因此非常适合$1/f$测量	这是一个使用超外差技术来测量频谱的老式频谱分析仪。低频截止频率为10Hz，因此不适合用来测量典型运放的$1/f$测量噪声

4.4.2 正弦波法

所谓等效输入噪声，就是将各个电路的噪声折算到信号源处的结果（见图4.36）。正弦波法测量E_{ni}分为三步：①在输出端测量总输出噪声E_{no}；②测量并计算从信号源到输出端的传输函数$A_s = U_o/U_i$；③输出等效输入噪声$E_{\mathrm{ni}} = E_{\mathrm{no}}/A_s$。

测量总输出噪声E_{no}是在去掉信号发生器和保留源阻抗R_s的情形下进行，然后在输出端用有效值（方均根值）电压表测得E_{no}。对于测量噪声的电压表的要求是：①要正确地响应电压的有效值，如果使用的电压表是响应均值的整流式仪表，用这种仪表测量高斯噪声时，需要将读数乘上修正系数1.13才是真正的有效值；②要有足够的带宽。有的仪表如电磁式和电动式仪表，它们都能正确地响应有效值，但由于带

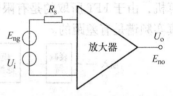

图 4.36 正弦波法测量等效输入噪声

宽窄，将使噪声电压读数减小。一般要求仪表的带宽大于噪声带宽的10倍。即使是这样，噪声功率增益曲线的尾部也往往被仪表的带宽所限而不能通过，使得读数下降。例如，仪表的带宽等于噪声带宽的10倍时，则由带宽引起的测量误差为-4.4%，即真实值为1时，仪表测量值为0.956，如仪表带宽是噪声带宽的20倍时，误差为-2.2%。

为了测量从信号源到输出端的传输函数A_s，用一个正弦波信号发生器U_i与源阻抗R_s串联，在输出端测得U_o，然后通过$A_s = U_o/U_i$计算，正弦波法便是由此而得名。在整个电路中，由于信号与噪声混在一起，为了较准确地测出A_s，应使信号U_i的电平高于噪声电平，但也不要因此而使放大器产生阻塞失真。这里，不要将放大器的电压增益A_V与传输函数A_s混淆，一般$|A_s| \leq |A_V|$，且A_s与源阻抗、放大器的输入阻抗以及频率有关。等效输入噪声E_{ni}等于总输出噪声E_{no}除以系统传输函数A_s。

4.4.3 噪声发生器法

此法属于比较法，比较的基准是噪声发生器，因此，测量的准确度决定于噪声发生器的精度和读数误差。此外，还要求噪声发生器在测量带宽上应具有均匀的噪声谱密度。图4.37是噪声发生器法的原理图。E_{ni}为放大器的等效输入噪声，E_{ng}为噪声电压发生器，R_s为源电阻。为了测量E_{ni}，在输出端进行两次噪声测量：一次是噪声发生器未接入时测出的总输出噪声E_{no1}，而且$E_{\mathrm{no1}}^2 = A_s^2 E_{\mathrm{ni}}^2$，$A_s$是系统的传输函数；另一次是噪声发生器接入时测出的

总输出噪声 E_{no2}，且 $E_{no2}^2 = A_s^2 E_{ni}^2 + A_s^2 E_{ng}^2$。从上述两次测量的总输出噪声和噪声发生器 E_{ng} 的值，可以算出系统传输函数 $A_s^2 = (E_{no2}^2 - E_{no1}^2)/E_{ng}^2$，于是可以方便地得到等效输入噪声

$$E_{ni}^2 = \frac{E_{no1}^2}{A_s^2} = \frac{E_{no1}^2 E_{ng}^2}{E_{no2}^2 - E_{no1}^2} \tag{4.60}$$

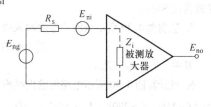

图 4.37　噪声发生器法测量等效输入噪声

这里所描述的方法要进行两次测量并且必须进行计算，实际上只要改变 E_{ng}，使其满足关系 $E_{no2}^2 = 2E_{no1}^2$，由此便可以得到

$$E_{ni}^2 = \frac{E_{no1}^2 E_{ng}^2}{2E_{no1}^2 - E_{no1}^2} = E_{ng}^2 \tag{4.61}$$

式(4.61)表明，使输出噪声功率增大一倍所需的噪声发生器电压就等于放大器的等效输入噪声，不需计算，功率倍增法即由此得名。具体测量可分为三步：①输入端不接噪声发生器，测量输出端总噪声；②输入端接入一个经校准了的噪声电压发生器，调节噪声发生器使输出噪声电压提高 3dB；③读取噪声发生器的电压，它就等于放大器的等效输入噪声。

正弦波法与噪声发生器法各有所长。正弦波法的特点是所需设备一般实验室都具备，适合于低频和中频情形使用，缺点是测量和计算次数较多，显得不简洁。噪声发生器法的特点是操作简便易行、速度快，故在宽带系统中或要求频繁测量时能充分发挥其优势，适用的频率范围是高频和射频。噪声发生器是专用设备，通用性差，且要求精度高，这是这种方法美中不足的地方。

4.4.4　噪声带宽 B_n 的测量

我们知道噪声带宽的定义是：$B_n = \dfrac{1}{A_{s0}^2} \displaystyle\int_0^\infty \left[A_s^2(f) \right] \mathrm{d}f$，相应的图形如图 4.38 所示。为了

从图上确定噪声带宽，选择增益为最大时的频率 f_0 作基准频率，过 F 点作矩形 $ABCD$，使 $ABCD$ 的面积等于增益曲线 EFG 下的面积，间隔 AD 就是噪声带宽 B_n。

测量 B_n 可分为三步：

1）输入端接入正弦波信号发生器，测量频率为 f_0 时系统的电压传输函数 A_s。

2）去掉信号发生器，换上噪声电压发生器，读取输入噪声电压 $E_{no} = A_s E_{ng} B_n$，用有效值电压表在输出端读取输出噪声电压，如果所用仪表不是有效值电压表，上式还应乘上修正系数 M，即 $E_{no} = A_s E_{ng} B_n M$。

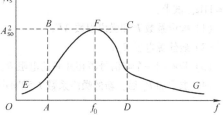

图 4.38　噪声带宽的测量

3）计算噪声带宽，即 $B_n = \dfrac{E_{no}}{A_s E_{ng} M}$。

思考题与习题

1. 在低噪声放大器设计中有哪几个重要环节？

2. 如何使放大器噪声特性最佳?

3. 如何正确选用现成的集成放大器实现低噪声放大?

4. 如果信号源输出电阻 $R_s = 10\Omega$,工作频率 $f = 1\text{kHz}$,选用的前置放大器为 OP07,其在 1kHz 时的等效输入噪声平方根谱密度为 $e_N = 10\text{nV}/\sqrt{\text{Hz}}$,$i_N = 0.1\text{pA}/\sqrt{\text{Hz}}$。试求匹配变压器的匝数比和能够达到的信噪改善比 SNIR。

5. 证明图 4.39 所示电路的等效输入噪声总功率为

$$E_{\text{ni}}^2 = 4kTB(R_s + R_p) + E_n^2 + I_n^2(R_s + R_p)^2$$

其中,$R_p = R_{f1} /\!/ R_{f2}$。

6. 试计算图 4.40 所示电路的输出噪声电压 E_{no},放大器噪声源等效为一个噪声电压源和两个电流噪声源($\Delta f = 1\text{Hz}$,$T = 290\text{K}$,$E_n = 10\text{nV}/\sqrt{\text{Hz}}$,$I_n = 0.3\text{pA}/\sqrt{\text{Hz}}$)。

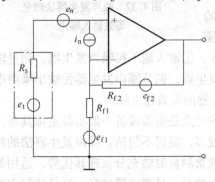

图 4.39 题图 5

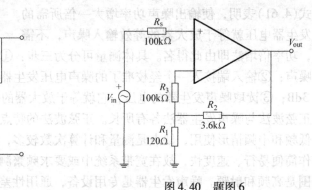

图 4.40 题图 6

7. 设放大器的噪声系数为 F,最佳源电阻为 R_{opt},信号源电阻为 R_s。

(1) 当 $R_s < R_{\text{opt}}$ 时,出于噪声匹配的目的添加一个与信号源内阻相串联的电阻 R_{s1},以使 $R_{\text{opt}} = R_s + R_{s1}$,求添加 R_{s1} 后的噪声系数 F'。

(2) 当 $R_s > R_{\text{opt}}$ 时,出于噪声匹配的目的添加一个与信号源内阻相并联的电阻 R_{s2},以使 $R_{\text{opt}} = R_s /\!/ R_{s1}$,求添加 R_{s2} 后的噪声系数 F'。

8. 某放大器的 $e_N = 3\text{nV}/\sqrt{\text{Hz}}$,$i_N = 6\text{pA}/\sqrt{\text{Hz}}$。驱动信号源的输出电阻为 $R_s = 1\text{k}\Omega$。假设噪声带宽为 $\Delta f = 1\text{Hz}$。试求:

(1) 噪声系数 F 和噪声因数 NF;

(2) 最佳源电阻 R_{so};

(3) 若添加一个与信号源相并联的电阻 R_p,以使 $R_{\text{so}} = R_s /\!/ R_p$,求 R_p;

(4) 求添加 R_p 后,新的噪声系数 F 和噪声因数 NF。

第5章 相关检测与锁定放大

相关检测是从噪声中提取有用信号的有效方法,这在通信、雷达、自动控制等领域中早已得到充分证实。由于噪声与噪声、噪声与信号均不相关,而信号与信号则完全相关,根据这一特性,电路完成信号与参考信号的互相关运算,从而达到将强噪声中的信号振幅和相位信息满意地检测出来[1-6][37]。

锁定放大器就是利用互相关原理设计的一种同步相干检测仪,它是一种对检测信号和参考信号进行相关运算的电子设备。锁定放大器的出现使检测电压的满刻度灵敏度达到小于1nV,信噪比改善优于 10^5。这一特性使它几乎在所有的现代科技领域中获得了广泛应用,成为检测噪声中周期信号振幅和相位信息的最佳仪器设备[38-42]。

本章介绍相关函数的概念、相关检测的原理、典型相关器电路、基于相关检测技术的锁定放大器及其性能指标等知识。

5.1 相关函数

5.1.1 能量信号与功率信号[3]

由于信号的相关与信号的能量和功率特征有着密切联系,因此先给出能量信号和功率信号的定义。

信号电压(或电流)加到 1Ω 电阻上消耗的能量定义为信号 $f(t)$ 的归一化能量(或称信号的能量),用 E 表示,即

$$E = \int_{-\infty}^{\infty} |f(t)|^2 dt \tag{5.1a}$$

若 $f(t)$ 为实函数,则有

$$E = \int_{-\infty}^{\infty} f^2(t) dt \tag{5.1b}$$

通常把能量为有限值的信号称为能量有限信号。在实际应用中,一般非周期信号均属于能量有限信号。然而,对于周期信号、阶跃函数及随机信号,式(5.1b)的积分为无穷大,所以不属于能量有限信号。对于这类信号,一般不研究信号的能量,只研究信号的平均功率。

信号的平均功率为信号电压(或电流)在 1Ω 电阻上所消耗的功率,通常以 P 表示,即

$$P = \frac{1}{T_2 - T_1} \int_{T_1}^{T_2} |f(t)|^2 dt \tag{5.2a}$$

式(5.2a)表示 $f(t)$ 在区间 $[T_1, T_2]$ 上的平均功率。而把整个时间轴 $[-\infty, +\infty]$ 上的平均功率记作

$$P = \lim_{T \to \infty} \frac{1}{T} \int_{-T/2}^{T/2} |f(t)|^2 dt \tag{5.2b}$$

若 $f(t)$ 为实函数，则有

$$P = \lim_{T \to \infty} \frac{1}{T} \int_{-T/2}^{T/2} f^2(t) \mathrm{d}t \tag{5.2c}$$

式中，T 是从 $f(t)$ 中截取功率的时间区间。

如果信号的功率是有限值，则称这类信号为功率有限信号。当信号的功率为无限大时，则它既不是能量信号，也不是功率信号。

5.1.2 相关函数的概念

相关是指客观事物变化量之间的相依关系，在统计学中是用相关系数来描述两个变量 x、y 之间的相关性，即

$$r_{xy} = \frac{C_{xy}}{\sigma_x \sigma_y} = \frac{E[(x - \mu_x)(y - \mu_y)]}{\sqrt{E[(x - \mu_x)^2] E[(y - \mu_y)^2]}} \tag{5.3a}$$

式中，μ_x、μ_y 分别是随机变量 x、y 的均值；σ_x、σ_y 分别是随机变量 x、y 的方均根值；C_{xy} 是两个随机变量波动量之积的数学期望，称之为协方差或相关性，表征了 x、y 之间的关联程度；r_{xy} 是一个无量纲的系数，$-1 \leqslant r_{xy} \leqslant 1$。当 $|r_{xy}| = 1$ 时，说明 x、y 两变量是理想的线性相关；$r_{xy} = 0$，表示 x、y 两变量完全无关；$0 < r_{xy} < 1$，表示两变量之间有部分相关。

如果所研究的随机变量 x、y 是与时间有关的函数，即 $x(t)$ 与 $y(t)$，这时相关系数与 $x(t)$ 和 $y(t)$ 之间的时移 τ 有关，即

$$r_{xy}(\tau) = \frac{\int_{-\infty}^{\infty} x(t) y^*(t - \tau) \mathrm{d}t}{\sqrt{\int_{-\infty}^{\infty} x^2(t) \mathrm{d}t \int_{-\infty}^{\infty} y^2(t) \mathrm{d}t}} \tag{5.3b}$$

式中，"$*$"表示复数。这里假定 $x(t)$、$y(t)$ 是不含直流分量（信号均值为零）的能量信号。分母部分是一个常量，分子部分是时移 τ 的函数，反映了两个信号在时移中的相关性，称为相关函数。因此相关函数定义为

$$R_{xy}(\tau) = \int_{-\infty}^{\infty} x(t) y^*(t - \tau) \mathrm{d}t \quad \text{或} \quad R_{yx}(\tau) = \int_{-\infty}^{\infty} y(t) x^*(t - \tau) \mathrm{d}t \tag{5.4}$$

若 $x(t)$ 与 $y(t)$ 不是同一信号，则它们的相关函数 $R_{xy}(\tau)$ 或 $R_{yx}(\tau)$ 称为互相关函数，$x(t)$ 与 $y(t)$ 是同一信号，即 $x(t) = y(t)$，则称 $R_x(\tau) = R_{xy}(\tau)$ 为自相关函数，即

$$R_x(\tau) = \int_{-\infty}^{\infty} x(t) x^*(t - \tau) \mathrm{d}t \tag{5.5}$$

若 $x(t)$ 与 $y(t)$ 为功率有限信号（如周期信号、阶跃函数及随机信号），那么，上述定义的相关函数已失去意义。因为在 $[-\infty, +\infty]$ 的区间里功率函数是不可积的。这时，通常把这类信号的相关函数定义为

$$R_{xy}(\tau) = \lim_{T \to \infty} \frac{1}{T} \int_{-T/2}^{T/2} x(t) y^*(t - \tau) \mathrm{d}t$$
$$R_x(\tau) = \lim_{T \to \infty} \frac{1}{T} \int_{-T/2}^{T/2} x(t) x^*(t - \tau) \mathrm{d}t \tag{5.6}$$

在实际应用中，信号 $x(t)$、$y(t)$ 一般是实函数而不是虚函数，上述各式仍然适用。

相关函数描述了两个信号或一个信号自身不同时刻的相似程度，通过相关分析可以发现

信号中许多有规律的东西。

自相关函数和互相关函数的性质已在第 2 章 2.2.3 节和 2.2.4 节给出，此处不再赘述。

5.2　相关检测[1-6]

确定性信号的不同时刻取值一般都具有较强的相关性；而对于干扰噪声，因为其随机性较强，不同时刻取值的相关性一般较差，利用这一差异可以把确定性信号和干扰噪声区分开来。对于叠加了噪声的信号 $x(t)$，当其自相关函数 $R_x(\tau)$ 的时延 τ 较大时，随机噪声对 $R_x(\tau)$ 的贡献很小，这时的 $R_x(\tau)$ 主要表现 $x(t)$ 中包含的确定性信号特征，例如直流分量、周期性分量的幅度和频率等。而对于非周期性的随机噪声，当时延 τ 较大时，噪声项的自相关函数趋向于零，这就从噪声中把有用信号提取了出来。

5.2.1　自相关法

用自相关法从噪声中恢复有用信号的模型如图 5.1 所示，图中 $s(t)$ 为周期性的被测信号，$n(t)$ 为零均值宽带叠加噪声。可观测到的信号为

$$x(t) = s(t) + n(t) \tag{5.7}$$

对 $x(t)$ 作自相关运算，得

$$R_x(\tau) = E[x(t)x(t-\tau)] = E\{[s(t)+n(t)][s(t-\tau)+n(t-\tau)]\}$$
$$= E[s(t)s(t-\tau)] + E[n(t)n(t-\tau)] + E[s(t)n(t-\tau)] + E[n(t)s(t-\tau)]$$
$$= R_s(\tau) + R_n(\tau) + R_{sn}(\tau) + R_{ns}(\tau)$$

若 $n(t)$ 与 $s(t)$ 不相关，则 $R_{sn}(\tau) = R_{ns}(\tau) = 0$，$R_x(\tau) = R_s(\tau) + R_n(\tau)$

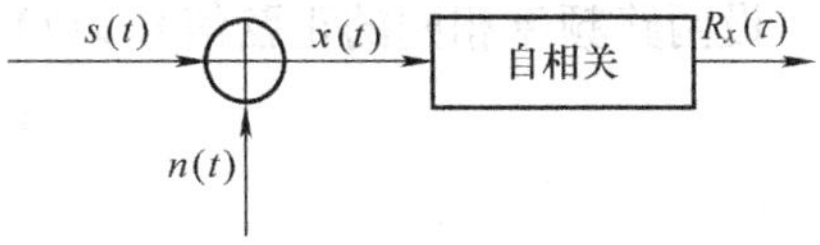

图 5.1　用自相关法从噪声中提取信号

对于带宽较宽的零均值噪声 $n(t)$，其自相关函数 $R_n(\tau)$ 主要反映在 $\tau=0$ 附近，当 τ 较大时，$R_x(\tau)$ 只反映 $R_s(\tau)$ 的情况。如果 $s(t)$ 为周期性函数，则 $R_s(\tau)$ 仍为周期性函数，这样就可以由 τ 较大时的 $R_s(\tau)$ 测量出 $s(t)$ 的幅度和频率。

例如，如果 $x(t)$ 为正弦函数 $s(t)$ 叠加了不相关的噪声 $n(t)$，即

$$x(t) = s(t) + n(t) = A\sin(\omega_0 t + \varphi) + n(t)$$

式中，A 为信号幅度，φ 为信号初相角。

则其自相关函数为

$$R_x(\tau) = R_s(\tau) + R_n(\tau)$$
$$= \lim_{T \to \infty} \frac{1}{2T} \int_{-T}^{T} [s(t)s(t-\tau)]\mathrm{d}t + R_n(\tau)$$
$$= \lim_{T \to \infty} \frac{1}{2T} \int_{-T}^{T} [A\sin(\omega_0 t + \varphi)A\sin(\omega_0(t-\tau)+\varphi)]\mathrm{d}t + R_n(\tau)$$
$$= \frac{A^2}{2}\cos(\omega_0\tau) + R_n(\tau)$$

如果 $n(t)$ 为宽带噪声，则 $R_n(\tau)$ 集中表现在 $\tau=0$ 附近，当 τ 很大时，由 $R_x(\tau)$ 就可以测量出信号 $s(t)$ 的幅度和频率，如图 5.2 所示。这样，经过自相关处理，就从噪声中提取出

了正弦信号的幅度和频率。不足的是，自相关函数丢失了原信号的相位信息。

图 5.3a 所示为叠加了限带噪声的周期信号 $x(t)$ 随时间变化的波形，很难从这样的波形中观测出有用信号的周期性，更不可能观测出周期信号的频率、幅度等特征。图 5.3b 所示为该信号的自相关函数 $R_x(\tau)$ 的波形，有用信号的周期性已经十分明显，而且还可以由 $R_x(\tau)$ 波形粗略观测出信号的周期和幅度。

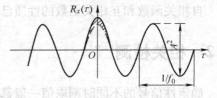

图 5.2　叠加了宽带噪声的
正弦波的自相关函数

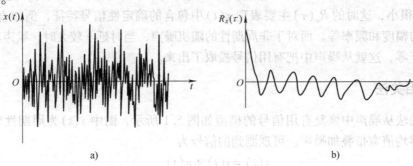

a)　　　　　　　　　　　　　　　　　　b)

图 5.3　叠加了限带噪声的周期信号及其相关函数

a) 叠加了限带噪声的周期信号 $x(t)$　b) $x(t)$ 的自相关函数 $R_x(\tau)$

5.2.2　互相关法

设两路频率相同的正弦信号 $x(t)$ 与 $y(t)$ 分别为

$$x(t) = A\sin(\omega_0 t + \varphi)$$

和

$$y(t) = B\sin(\omega_0 t + \theta)$$

它们的互相关函数为

$$R_{xy}(\tau) = \frac{AB}{2}\cos(\omega_0 \tau + \varphi - \theta) \tag{5.8}$$

可见，对于频率相同的正弦信号 $x(t)$ 与 $y(t)$，如果已知其中一个幅度，就可以由互相关法来测定另一个信号的幅度，而且利用相关法处理和抑制噪声的能力，可以避免直接测量信号幅度时噪声带来的误差。由式(5.8)还可以看出，两个信号的相位差也反映在互相关函数中，如果其中一个信号的初相位已知，就能测定另一个信号的相位，这是互相关法优于自相关法的地方。所以，如果其中的一个信号为已知，则基于互相关函数的参数完全可以重构另一个信号。

下面考虑两路信号叠加了噪声的情况，设

$$x(t) = s_1(t) + n(t)$$
$$y(t) = s_2(t) + v(t)$$

式中，$s_1(t)$ 和 $s_2(t)$ 是有用信号；$n(t)$ 是叠加在 $s_1(t)$ 上的噪声，且与 $s_1(t)$ 互不相关；$v(t)$ 是 $s_2(t)$ 上的噪声，且与 $s_2(t)$ 互不相关，$n(t)$ 与 $v(t)$ 互不相关，这种设定符合多数实际情况。$x(t)$ 与 $y(t)$ 的互相关函数为

$$R_{xy}(\tau) = R_{s_1 s_2}(\tau)$$

这样就从噪声中提取出了 $s_1(t)$ 与 $s_2(t)$ 的互相关特性。类似的结论可以推广包含到多个分量的相关信号。

如果被噪声淹没的信号的频率已知，考虑式（5.8），可以利用同样频率的参考信号与观测信号作互相关处理，从而把有用信号从噪声中提取出来。图 5.4a 所示为余弦参考信号波形，其频率是由图 5.3b 的自相关函数确定出来的被测信号频率，幅度为 1，相位为 0。将其与图 5.3a 所示的信号作互相关处理，得到的互相关函数波形示于图 5.4b。与图 5.3b 所示自相关函数波形相比可见，用同频参考信号与被噪声污染的被测信号作互相关处理，得到的 $R_{xy}(\tau)$ 波形要比自相关函数 $R_x(\tau)$ 清晰很多，即使对于较大的 τ，互相关函数中的周期性分量仍然保持非常清晰的波形，便于用来测量被测信号的幅度和频率。而且，根据式（5.8），由 $R_{xy}(\tau)$ 还可以确定被测信号的初相位，这样就可以把被测信号完整地恢复出来。

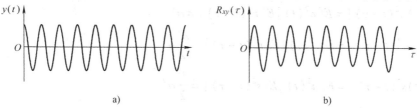

图 5.4　用参考余弦信号作互相关处理提取被噪声污染的信号

a）参考余弦信号　b）互相关函数波形

5.2.3　自相关检测法中信噪比的计算[49]

实际上相关器的取样平均时间 T 不是无限长，因此相关器的输出仍然存在起伏噪声。下面计算自相关检测法中信噪比的计算。

设式（5.7）中的周期信号 $s(t)$ 为一随机相位的正弦波过程，即 $s(t) = A\sin(\omega_0 t + \theta)$，其中 A、ω_0 为常数，θ 为均匀分布在 $[0, 2\pi]$ 间的随机变量，信号 $s(t)$ 的方均根值为 $A/\sqrt{2}$。

又设噪声 $n(t)$ 具有各态遍历性，其均值为零，方差为 σ_n^2，σ_n^2 代表噪声的功率，于是噪声有效值为 σ_n。

于是相关器输入信噪比为

$$\mathrm{SNR_i} = \frac{S_i}{N_i} = \frac{A}{\sqrt{2}\sigma_n}$$

设 $x(t, \tau) = [s(t) + n(t)][s(t-\tau) + n(t-\tau)]$，理论上采用 $R_x(\tau) = \lim\limits_{T \to \infty} \frac{1}{T}\int_0^T x(t, \tau)\mathrm{d}t$，但在实际的相关器中 T 不是无穷长，现在假定在有限长的 T 时间内取 N 点平均来代表 $R_x(\tau)$，那么所得到的值不是 $R_s(\tau) + R_n(\tau)$。

由于 $x(t, \tau)$ 的 N 个样本平均值是起伏的，是一个随机变量，它的方差为 $\sigma^2 = \frac{1}{N}\sigma_x^2$，其中 σ_x^2 代表一个样本点的方差，而

$$\sigma_x^2 = E[x^2(t, \tau)] - E^2[x(t, \tau)] \tag{5.9}$$

$$E^2[x(t, \tau)] = E^2\{[s(t) + n(t)][s(t-\tau) + n(t-\tau)]\}$$

$$= [R_s(\tau) + R_n(\tau) + R_{sn}(\tau) + R_{ns}(\tau)]^2$$

$$= [R_s(\tau)]^2 = \left[\frac{A^2}{2}\cos\omega_0\tau\right]^2 = \frac{A^4}{4}\cos^2\omega_0\tau \tag{5.10a}$$

$$E[x^2(t, \tau)] = E\{[s(t)+n(t)]^2[s(t-\tau)+n(t-\tau)]^2\}$$

$$= E[s^2(t)s^2(t-\tau)] + E[n^2(t)n^2(t-\tau)] + E[s^2(t)n^2(t-\tau)] +$$
$$E[n^2(t)s^2(t-\tau)] + 2E[s^2(t)s(t-\tau)n(t-\tau)] +$$
$$2E[n^2(t)s(t-\tau)n(t-\tau)] + 4E[s(t)s(t-\tau)n(t)n(t-\tau)] +$$
$$2E[s(t)n(t)s^2(t-\tau)] + 2E[s(t)n(t)n^2(t-\tau)]$$

其中

$$E[s^2(t)s^2(t-\tau)] = \lim_{T\to\infty}\frac{1}{T}\int_0^T A^4\sin^2(\omega_0 t+\theta)\sin^2[\omega_0(t-\tau)+\theta]dt = \frac{A^4}{4}\cos^2\omega_0\tau + \frac{A^4}{8}$$

$$E[n^2(t)n^2(t-\tau)] = E[n^2(t)]E[n^2(t-\tau)] = \sigma_n^4$$

$$E[s^2(t)n^2(t-\tau)] = E[s^2(t)]E[n^2(t-\tau)] = \frac{A^2}{2}\sigma_n^2$$

$$E[n^2(t)s^2(t-\tau)] = E[n^2(t)]E[s^2(t-\tau)] = \frac{A^2}{2}\sigma_n^2$$

$$E[s^2(t)s(t-\tau)n(t-\tau)] = E[s^2(t)s(t-\tau)]E[n(t-\tau)] = 0$$
$$E[n^2(t)s(t-\tau)n(t-\tau)] = E[n^2(t)]E[s(t-\tau)]E[n(t-\tau)] = 0$$
$$E[s(t)s(t-\tau)n(t)n(t-\tau)] = 0$$
$$E[s(t)n(t)s^2(t-\tau)] = 0$$
$$E[s(t)n(t)n^2(t-\tau)] = 0$$

因此

$$E[x^2(t, \tau)] = \frac{A^4}{4}\cos^2\omega_0\tau + \frac{A^4}{8} + \sigma_n^4 + A^2\sigma_n^2 \tag{5.10b}$$

将式(5.10a)与式(5.10b)代入式(5.9)，有

$$\sigma_x^2 = \frac{A^4}{8} + \sigma_n^4 + A^2\sigma_n^2$$

由此可知 $x(t, \tau)$ 的方差与 t、τ 无关。

N 个样本平均值的方差为

$$\sigma^2 = \frac{1}{N}\sigma_x^2 = \frac{1}{N}\left[\frac{A^4}{8} + \sigma_n^4 + A^2\sigma_n^2\right]$$

只有当取样数不断增加时 σ^2 才可以不断下降，当 $N\to\infty$ 时 σ^2 才可能趋于零，即当样本点个数有限时它的方差不为零。样本点的个数反映了相关器输出的噪声。相关器输出噪声的方均根值为

$$N_o = \sigma = \sqrt{\frac{1}{N}\left[\frac{A^4}{8} + \sigma_n^4 + A^2\sigma_n^2\right]}$$

自相关器输出的信号即为自相关器输出的理论值，它的有效值为

$$S_o = \frac{A^2}{2\sqrt{2}}$$

因此，自相关器输出的信噪比为

$$SNR_o = 20\lg\frac{S_o}{N_o} = 10\lg\frac{NA^4}{A^4 + 8\sigma_n^4 + 8A^2\sigma_n^2}$$

$$= 10\lg\frac{N}{1 + \dfrac{4}{(SNR_i)^2} + \dfrac{2}{(SNR_i)^4}} \tag{5.11}$$

如果 $SNR_i = 0.1$ 或 $SNR_i = -20dB$，那么当

$$N = 1 + \frac{4}{(SNR_i)^2} + \frac{2}{(SNR_i)^4} \approx 20400$$

时，$SNR_o = 0dB$，即可获得 20dB 的增益；如果选用 $N > 20400$，则 $SNR_o > 0dB$；若选用 $N = 50000$，则 $SNR_o = 4dB$，即可获得 24dB 的增益，这是可以明显地检测到输入 $x(t)$ 中存在着周期性的随机信号。从上面的公式也可以看出，增加 N 可以增加输出的信噪比。

5.2.4　互相关检测法中信噪比的计算[49]

设输入信号为 $x(t) = s(t) + n(t) = A\sin(\omega_0 t + \theta_1) + n(t)$，式中信号与噪声的定义和 5.2.3 节讨论自相关检测中信噪比的计算相同。在互相关器内部提供的参考信号为 $y(t) = B\sin(\omega_0 t + \theta_2)$，式中 θ_2 为随机变量，但 $x(t)$ 与 $y(t)$ 是相干的。

若 $T \to \infty$，则

$$R_{xy}(\tau) = \lim_{T \to \infty}\frac{1}{T}\int_0^T [s(t) + n(t)]y(t - \tau)dt = \lim_{T \to \infty}\frac{1}{T}\int_0^T z(t,\tau)dt = R_{sy}(\tau)$$

上式中，$z(t, \tau) = [s(t) + n(t)]y(t - \tau)$ 代表样本函数。上述结果是在 $T \to \infty$ 时达到的，是互相关器输出的理论值

$$R_{xy}(\tau) = R_{sy}(\tau) = \lim_{T \to \infty}\frac{1}{T}\int_0^T AB\sin(\omega_0 t + \theta_1)\sin[\omega_0(t - \tau) + \theta_2]dt$$

$$= \frac{AB}{2}\cos(\omega_0\tau + \theta) \quad (\theta = \theta_1 - \theta_2)$$

实际上 T 是有限的，即样本函数仅在有限时间内取平均，因而其样本平均仍然是起伏的，它是对 N 为有限时的样本平均。

设样本函数 $z(t, \tau)$ 的方差为 σ_z^2，则 N 个样本平均值的方差为 $\sigma^2 = \frac{1}{N}\sigma_z^2$，而

$$\sigma_x^2 = E[z^2(t, \tau)] - E^2[z(t, \tau)] \tag{5.12}$$

$$E^2[z(t, \tau)] = \frac{A^2B^2}{4}\cos^2(\omega_0\tau + \theta) \tag{5.13a}$$

$$E[z^2(t, \tau)] = E\{[s(t) + n(t)]^2[y(t - \tau)]^2\}$$
$$= E[s^2(t)y^2(t - \tau)] + E[n^2(t)y^2(t - \tau)] + 2E[s(t)n(t)y^2(t - \tau)]$$

其中

$$E[s^2(t)y^2(t - \tau)] = \lim_{T \to \infty}\frac{1}{T}\int_0^T A^2B^2\sin^2(\omega_0 t + \theta_1)\sin^2[\omega_0(t - \tau) + \theta_2]dt$$

$$= \frac{A^2B^2}{4}\cos^2(\omega_0\tau + \theta) + \frac{A^2B^2}{8}$$

$$E[n^2(t)y^2(t-\tau)] = E[n^2(t)]E[y^2(t-\tau)] = \frac{B^2}{2}\sigma_n^2$$

$$E[s(t)n(t)y^2(t-\tau)] = E[s(t)]E[n(t)]E[y^2(t-\tau)] = 0$$

因此

$$E[z^2(t,\tau)] = \frac{A^4}{4}\cos^2\omega_0\tau + \frac{A^4}{8} + \frac{B^2}{2}\sigma_n^2 \tag{5.13b}$$

将式(5.13a)与式(5.13b)代入式(5.12)，有

$$\sigma_z^2 = \frac{A^2B^2}{8} + \frac{B^2}{2}\sigma_n^2$$

由此可知 $z(t,\tau)$ 的方差与 t、τ 无关，而

$$\sigma^2 = \frac{1}{N}\sigma_z^2 = \frac{1}{N}\left(\frac{A^2B^2}{8} + \frac{B^2}{2}\sigma_n^2\right)$$

上式给出了相关器输出噪声的方差，因此相关器输出噪声的方均根值为

$$N_o = \sigma = \sqrt{\frac{1}{N}\left(\frac{A^2B^2}{8} + \frac{B^2}{2}\sigma_n^2\right)}$$

互相关器输出的信号即为互相关器输出的理论值，它的有效值为

$$S_o = \frac{AB}{2\sqrt{2}}$$

因此，互相关器输出的信噪比为

$$\mathrm{SNR}_o = 20\lg\frac{S_o}{N_o} = 10\lg\frac{NA^2}{A^2 + 4\sigma_n^2} = 10\lg\frac{N}{1 + \dfrac{2}{(\mathrm{SNR}_i)^2}} \tag{5.14}$$

如果 $\mathrm{SNR}_i = 0.1$ 或 $\mathrm{SNR}_i = -20\mathrm{dB}$，如果仍选用 $N = 50000$，则

$$\mathrm{SNR}_o = 10\lg\frac{50000}{1 + 200} = 24\mathrm{dB}$$

这时互相关检测可以获得增益 $24\mathrm{dB} + 20\mathrm{dB} = 44\mathrm{dB}$，它比自相关检测所获得的增益高 $20\mathrm{dB}$。从这一点上互相关检测优于自相关检测，但是互相关检测需要事先知道输入信号的频率，要在相关器内提供一个参考信号。

5.3 相关器概念及其传输函数

相关器是实现求参考信号和被测信号两者互相关函数的电子电路。由相关函数的数学表达式可知，需要一个乘法器和积分器实现这一数学运算。从理论上讲用一个模拟乘法器和一个积分时间为无穷长的积分器，就可以把深埋在任意大噪声中的微弱信号检测出来。

通常在锁定放大器中不采用模拟乘法器，也不采用积分时间为无穷长的积分器。因为模拟乘法器要保证动态范围大，线性好将是困难的。由于被测信号是正弦波或方波，乘法器就可以采用动态范围大、线性好、电路简单的开关乘法器。国内外大部分的锁定放大器都是采用这种乘法器，本节只讨论采用这种乘法器的相关器。

5.3.1 相关器的数学解[2-4][37-41]

锁定放大器中常采用的相关器原理框图如图5.5所示。

被测信号 V_A 和参考信号 V_B 在乘法器中相乘,两者之积 V_1 为乘法器的输出信号,同时也是低通滤波器的输入信号。低通滤波器是采用运算放大器的有源滤波器,电阻 R_1、R_0、C_0 为图中所示,V_o 为低通滤波器的输出信号。图中的乘法器用开关来实现,可以等效成被测输入信号与单位幅度的方波相乘的乘法器。若参考信号为占空比 $1:1$ 的对称方波,V_B 就能用单位幅度的对称方波函数表示(或称单位幅度开关函数记为 x_k)。因此有

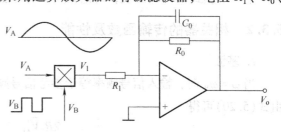

图5.5 相关器原理框图

$$V_B = x_k = \frac{4}{\pi} \sum_{n=0}^{\infty} \frac{1}{2n+1} \sin\left[(2n+1)\omega_R t\right] = \begin{cases} +1 & \text{正半周} \\ -1 & \text{负半周} \end{cases}$$

式中,ω_R 为参考信号的角频率。

设输入被测信号 $V_A = \overline{V}_A \sin(\omega t + \varphi)$,$\omega$ 为信号角频率,φ 为相位差,$\overline{V}_A$ 为正弦波的振幅。乘法器的输出为 V_1,可以表示为

$$V_1 = V_A \cdot V_B = \frac{4}{\pi} \overline{V}_A \sin(\omega t + \varphi) \sum_{n=0}^{\infty} \frac{1}{2n+1} \sin\left[(2n+1)\omega_R t\right] \tag{5.15}$$

对于低通滤波器,输入电压 V_1,输出电压 V_o,满足大家熟知的微分方程。

用运放虚地点得

$$I_C + I_{R_0} + I_{R_1} = 0 \tag{5.16}$$

有

$$C_0 \frac{dV_o}{dt} + \frac{V_o}{R_0} + \frac{V_1}{R_1} = 0 \tag{5.17}$$

变成

$$\frac{dV_o}{dt} + \frac{V_o}{C_0 R_0} = -\frac{V_1}{C_0 R_1} \tag{5.18}$$

式(5.18)为一阶线性微分方程。通解为

$$V_o = \exp\left(-\int \frac{1}{R_0 C_0} dt\right) \cdot \left[\iint \left(\frac{V_1}{R_1 C_0}\right) \exp\left(\int \frac{1}{R_0 C_0} dt\right) dt + C\right] \tag{5.19}$$

C 为起始条件,令 $C = 0$,把 V_1 代入式(5.19),对三角函数积化和差后,可以求得

$$V_o = -\frac{2R_0 \overline{V}_A}{\pi R_1} \sum_{n=0}^{\infty} \frac{1}{2n+1} \left\{ \frac{\cos\left\{\left[\omega - (2n+1)\omega_R\right]t + \varphi - \theta_{2n+1}^-\right\}}{\sqrt{1 + \left\{\left[\omega - (2n+1)\omega_R\right]R_0 C_0\right\}^2}} - \right.$$

$$\frac{\cos\left\{\left[\omega + (2n+1)\omega_R\right]t + \varphi - \theta_{2n+1}^+\right\}}{\sqrt{1 + \left\{\left[\omega + (2n+1)\omega_R\right]R_0 C_0\right\}^2}} -$$

$$\exp\left(-\frac{t}{R_0 C_0}\right) \left\{ \frac{\cos(\varphi - \theta_{2n+1}^-)}{\sqrt{1 + \left\{\left[\omega - (2n+1)\omega_R\right]R_0 C_0\right\}^2}} - \right.$$

$$\left. \left. \frac{\cos(\varphi - \theta_{2n+1}^+)}{\sqrt{1 + \left\{\left[\omega + (2n+1)\omega_R\right]R_0 C_0\right\}^2}} \right\} \right\} \tag{5.20}$$

式中

$$\theta_{2n+1}^- = \arctan\left[\omega - (2n+1)\omega_R\right]R_0 C_0 \tag{5.21}$$

$$\theta_{2n+1}^+ = \arctan[\omega + (2n+1)\omega_R]R_0C_0 \qquad (5.22)$$

下一节从式(5.20)出发，讨论相关器的性能及物理意义。

5.3.2 相关器的传输函数及性能

1. 基波

当 $\omega = \omega_R$ 时，输入信号频率等于参考信号频率，记输出电压为 V_{01}^0。当 $\omega_R C_0 R_0 \gg 1$ 时，由式(5.20)可得

$$V_{01}^0 = -\frac{2R_0\overline{V}_{A1}^0}{\pi R_1}(1 - e^{-\frac{t}{R_0C_0}})\cos\varphi_1^0 \qquad (5.23)$$

式中，$\overline{V}_{A1}^0$、φ_1^0、V_{01}^0 分别表示输入信号频率为参考信号的基波频率时的振幅、相位、输出电压。

由式(5.23)可得：

1）时间常数 $T_e = R_0C_0$，为低通滤波器的时间常数，由电容 C_0 和电阻 R_0 决定。

2）当 $t \gg T_e$ 时，得到稳态解

$$V_{01}^0 = -\frac{2R_0\overline{V}_{A1}^0}{\pi R_1}\cos\varphi_1^0 \qquad (5.24)$$

输出为直流电压，大小正比于输入信号的振幅 $\overline{V}_{A1}^0$，并和信号与参考信号之间的相位差 φ_1^0 的余弦成正比。$-\dfrac{R_0}{R_1}$ 为低通滤波器的直流放大倍数，负号表示由反相输入端输入。

3）$\varphi_1^0 = 0$ 时，$V_{01}^0 = -\dfrac{2R_0V_{A1}^0}{\pi R_1}$，输出电压负向最大；$\varphi_1^0 = \dfrac{\pi}{2}$ 时，$V_{01}^0 = 0$，输出电压为零；$\varphi_1^0 = \pi$ 时，$V_{01}^0 = \dfrac{2R_0V_{A1}^0}{\pi R_1}$，输出电压与 $\varphi_1^0 = 0$ 时反向；$\varphi_1^0 = \dfrac{3\pi}{2}$ 时，$V_{01}^0 = 0$，输出电压为零。

由式(5.23)可以决定锁定放大器输入信号的幅值及相对于参考信号的相位与输出电压之间的关系。这个公式是锁定放大器用来进行微弱信号测量的基本

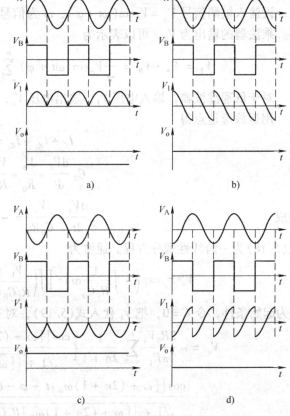

图5.6 相关器输入波形为基波时，相位 φ_1^0
为0°、90°、180°、270°的波形图

a）$\varphi_1^0 = 0$，$V_{01}^0 = -\dfrac{2R_0V_{A1}^0}{\pi R_1}$ b）$\varphi_1^0 = \dfrac{\pi}{2}$，$V_{01}^0 = 0$

c）$\varphi_1^0 = \pi$，$V_{01}^0 = \dfrac{2R_0V_{A1}^0}{\pi R_1}$ d）$\varphi_1^0 = \dfrac{3\pi}{2}$，$V_{01}^0 = 0$

公式。为了便于理解，图5.6为输入信号为基波时，相位 $\varphi_1^0 = 0$ 分别为0°、90°、180°、

270°时相关器各点的波形图。

2. 偶次谐波

当输入信号为参考信号的偶次谐波时，即 $\omega = 2(n+1)\omega_R$，并且时间常数 $T_e = R_0 C_0$ 取足够大，使 $\omega_R C_0 R_0 \gg 1$，由式(5.20)可得

$$V_{02(n+1)}^0 = 0 \tag{5.25}$$

式(5.25)表明，当参考信号是占空比为 1∶1 的对称方波时，相关器抑制参考信号频率的偶次谐波。

为了方便理解，图 5.7 为输入信号为二次谐波时的各点波形图。

3. 奇次谐波

当输入信号为参考信号的奇次谐波时，即 $\omega = (2n+1)\omega_R$，同样，当 T_e 较大时，有 $\omega_R C_0 R_0 \gg 1$，略去小项，由式(5.20)可得

$$V_{02n+1}^0 = -\frac{2R_0 \overline{V}_{A2n+1}^0}{\pi R_1 (2n+1)}(1 - e^{-\frac{t}{R_0 C_0}})\cos\varphi_{2n+1}^0 \tag{5.26}$$

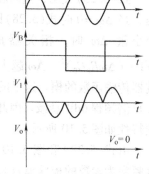

图 5.7　相关器输入波形为二次谐波时的波形图

式中，$\overline{V}_{A2n+1}^0$、φ_{2n+1}^0、V_{02n+1}^0 分别是输入信号频率为参考信号频率的奇次倍时的信号振幅、相位和输出电压。由式(5.26)得到：

1)时间常数 $T_e = R_0 C_0$，为低通滤波器的时间常数，由电容 C_0 和电阻 R_0 决定。

2)当 $t \gg T_e$ 时，

$$V_{02n+1}^0 = -\frac{2R_0 \overline{V}_{A2n+1}^0}{\pi R_1 (2n+1)}\cos\varphi_{2n+1}^0 \tag{5.27}$$

3)信号频率为参考信号频率的奇次谐波时，相关器的输出直流电压幅值为基波频率的 $\frac{1}{2n+1}$，图 5.8 为相关器输入为三次谐波时的各点波形图。相关器奇次谐波输出和直流电压的频率响应如图 5.9 所示。

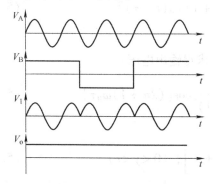

图 5.8　相关器输入为三次谐波时的波形图

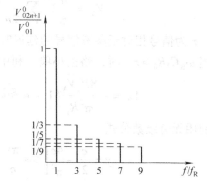

图 5.9　相关器奇次谐波输出电压的频率响应

4. 偏离奇次谐波一个小量 $\Delta\omega$

当输入频率偏离奇次谐波一个小量 $\Delta\omega$ 时，即 $\omega = (2n+1)\omega_R + \Delta\omega$，$n = 0, 1, 2, \cdots$。

当 $\omega_R C_0 R_0 \gg 1$, $t \gg T_e$ 时, 由式 (5.20) 可得

$$V_{02n+1}^0 = -\frac{2R_0 \overline{V}_{A2n+1}}{\pi R_1 (2n+1)} \cdot \frac{\cos(\Delta\omega t + \varphi_{2n+1} + \theta_{2n+1}^-)}{\sqrt{1 + (\Delta\omega R_0 C_0)^2}} \tag{5.28}$$

式中, $\overline{V}_{A2n+1}$、φ_{2n+1}、θ_{2n+1}^-、V_{02n+1} 分别为输入信号频率在 $(2n+1)\omega_R$ 附近信号幅值、相位、输出相位和输出电压。

式 (5.28) 表明, 这时相关器的输出电压不再是直流电压, 而是以 $\Delta\omega$ 为角频率的交流电压, 当 $\Delta\omega = 0$ 时式 (5.28) 即变为式 (5.27)。这两式相比可知, 当输入频率偏离奇次谐波一个小量 $\Delta\omega$ 时, 相关器的输出电压的幅值为同一奇次谐波频率响应电压的 $1/\sqrt{1 + (\Delta\omega R_0 C_0)^2}$, $\Delta\omega$ 越大, 输出电压幅值越小。这一因子是每倍频程 6dB 衰减的低通滤波器传输函数的模。这里的 $\Delta\omega$ 可以为正也可以为负。表明在 $(2n+1)\omega_R$ 这一频率两边都是按每倍频程 6dB 衰减。因此, 相关器在各奇次谐波附近相当于带通滤波器, 传输函数的幅频特性如图 5.10 所示。

由式 (5.28) 和图 5.10 表明, 相关器是以参考信号频率为参数的梳状滤波器, 滤波器的通带在各奇次谐波处。由于相关器的传输函数和对称方波的频谱一样, 所以也可以说是以对称方波为参考信号的相关器是同频对称方波的匹配滤波器。它只能被对称方波中具有的各奇次谐波通过, 而抑制其他频率的干扰和噪声。

$T_e = R_0 C_0$ 越大, 在各奇次谐波处的通带越窄, 就越接近于理想匹配滤波器。

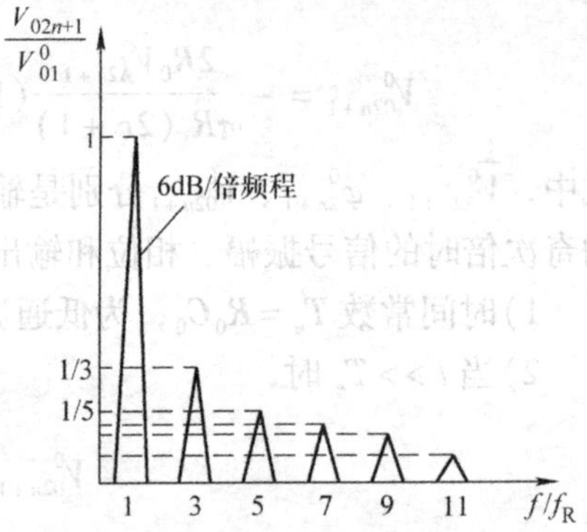

图 5.10 相关器传输函数的幅频特性

5. 同频方波

上述只讨论了输入信号为正弦波的情况, 当输入信号为与参考信号同频的方波时, 数学表达式为

$$V_A = \frac{4}{\pi} \overline{V}_A \sum_{n=0}^{\infty} \frac{1}{2n+1} \sin[(2n+1)\omega_R(t-\tau)] \tag{5.29}$$

式中, τ 为信号相对于参考信号的延迟时间。

当 $\omega_R C_0 R_0 \gg 1$ 时, 略去小项, 利用式 (5.20), 求得输出电压

$$V_0 = -\frac{8R_0 \overline{V}_A}{\pi^2 R_1}(1 - e^{-\frac{t}{R_0 C_0}}) \sum_{n=0}^{\infty} \frac{1}{(2n+1)^2} \cos[(2n+1)\omega_R\tau] \tag{5.30}$$

利用无穷级数公式

$$y = \frac{c}{2} - \frac{4c}{\pi^2}\left[\cos\frac{\pi y}{c} + \frac{1}{3^2}\cos\frac{3\pi y}{c} + \cdots\right], \quad (0 < y < c) \tag{5.31}$$

令 $y = \frac{c\omega_R\tau}{\pi}$, 则有

$$\frac{4}{\pi^2}\sum_{n=0}^{\infty} \frac{1}{(2n+1)^2}\cos[(2n+1)\omega_R\tau] = \frac{1}{2} - \frac{\omega_R\tau}{\pi} \tag{5.32}$$

把式 (5.32) 代入式 (5.30), 可得

$$V_0 = -\frac{R_0 \overline{V}_A}{R_1}\left(1 - e^{-\frac{t}{R_0 C_0}}\right)\left(1 - \frac{2\omega_R \tau}{\pi}\right) \tag{5.33}$$

当 $t \gg T_e$ 时，并令 $\varphi = \omega_R \tau$，式(5.33)可以写成

$$V_0 = -\frac{R_0 \overline{V}_A}{R_1}\left(1 - \frac{2\varphi}{\pi}\right) \tag{5.34}$$

根据式(5.31)无穷级数成立的条件，式(5.34)对应在 $0 < \dfrac{\varphi}{\pi} < 1$ 时成立。在坐标上进行平移，延迟时间 τ 作变换，令 $\tau = \tau^* + \dfrac{T_R}{4}$，则

$$\varphi = \omega_R \tau = \omega_R\left(\tau^* + \frac{T_R}{4}\right) = \varphi^* + \frac{\omega_R T_R}{4} = \varphi^* + \frac{\pi}{2}$$

其中 T_R 为参考信号的周期，延迟时间移动了 $T_R/4$，即相移了 $90°$，令 $\varphi^* = \omega_R \tau^*$，则式(5.34)可以写成

$$V_0 = \frac{R_0 \overline{V}_A}{R_1} \cdot \frac{2\varphi^*}{\pi} \tag{5.35}$$

此式在 $-\pi/2 < \varphi^* < \pi/2$ 时成立。

由式(5.35)得到两点结论：

1)输入信号为对称方波时，相关器的输出直流电压为信号的幅度乘以低通滤波器的直流放大倍数，并和两方波的相位差呈线性关系。

2)当输入信号 $\overline{V}_A$ 恒定时，相关器成为相敏检波器，由于这一原因，国内外大部分的锁定放大器资料中都把相关器称为相敏检波器。式(5.35)可用曲线表示，如图 5.11 所示。

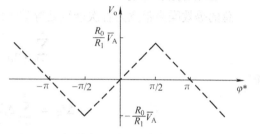

图 5.11　相关器输入为方波时，输出电压与相位差成线性关系曲线

5.3.3　相关器的等效噪声带宽

由上述讨论可知，用相关器的传输函数讨论和计算相关器的性能可以得到需要的结果。用上述讨论的那些公式，可以很方便地计算相关器对不相干信号的抑制能力。但对于白噪声的抑制能力，采用等效噪声带宽更方便，处理更简单。

根据式(5.28)求出 $(2n+1)$ 次谐波附近，相对于基波响应的归一化传输函数 K_{2n+1} 为

$$K_{2n+1} = \frac{1}{2n+1} \cdot \frac{1}{\sqrt{1 + (\Delta\omega R_0 C_0)^2}} \tag{5.36}$$

根据等效噪声带宽的定义，等效噪声带宽 $\Delta f_{N(2n+1)}$ 为

$$\Delta f_{N(2n+1)} = \int_0^\infty K_{2n+1}^2 \, \mathrm{d}\Delta f \tag{5.37}$$

式中，$\Delta f_{N(2n+1)}$ 的下标 $(2n+1)$，表示在 $(2n+1)$ 次谐波处的等效噪声带宽；Δf 为相对于 $(2n+1)f_R$ 的频差；K_{2n+1} 为 $(2n+1)$ 次谐波的传输函数。把式(5.36)代入式(5.37)，由于输入噪声的频率有些比 $(2n+1)f_R$ 高，有些比 $(2n+1)f_R$ 低，并都将在输出端产生噪声贡献。所以积分限应从 $-\infty$ 直积到 $+\infty$。

$$\Delta f_{N(2n+1)} = \int_0^\infty \left[\frac{1}{2n+1} \cdot \frac{1}{\sqrt{1+(\Delta\omega R_0 C_0)^2}} \right]^2 d\Delta f \tag{5.38}$$

利用公式 $\int_{-\infty}^\infty \dfrac{dx}{\left(\sqrt{1+x^2}\right)^2} = \pi$，令 $x = 2\pi R_0 C_0 \Delta f$，求式(5.38)的积分，得

$$\Delta f_{N(2n+1)} = \frac{1}{(2n+1)^2} \cdot \frac{1}{2R_0 C_0} \tag{5.39}$$

1. 基波处等效噪声带宽

在式(5.39)中 $n=0$，为基波处的等效噪声带宽。有

$$\Delta f_{N1} = \frac{1}{2R_0 C_0} = \frac{1}{2T_e} \tag{5.40}$$

式(5.39)和式(5.40)表明，基波处的等效噪声带宽和低通滤波器的时间常数有关。但是，请注意它并不等于低通滤波器的等效噪声带宽 $1/(4R_0 C_0)$，而是低通滤波器的等效噪声带宽的一倍，这是显然的。因为在基波频率处，大于或小于该频率的噪声都能进入相关器的低通滤波器。

2. 总等效噪声带宽

总的等效噪声带宽为各次谐波处等效噪声带宽之和，用级数公式

$$\sum_{n=0}^\infty \frac{1}{(2n+1)^2} = \frac{\pi^2}{8}$$

得

$$\Delta f_N = \sum_{n=0}^\infty \Delta f_{N(2n+1)} = \frac{\pi^2}{8}\Delta f_{N1} \tag{5.41}$$

总的等效噪声带宽为基波等效噪声带宽的 1.23 倍。

5.4　典型相关器电路

典型相关器框图如图 5.12 所示[40]，电路原理框图如图 5.13 所示。典型相关器由加法器、交流放大器、开关式乘法器(PSD)、低通滤波器、直流放大器、参考通道方波形成与驱动电路组成，各部分分别简述如下。

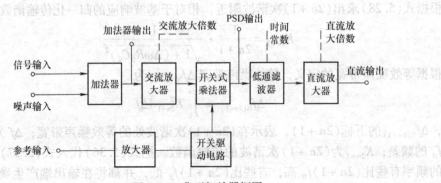

图 5.12　典型相关器框图

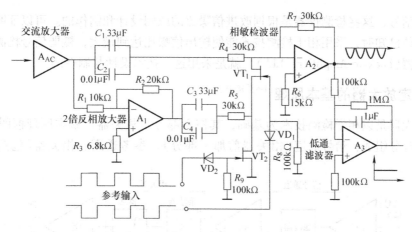

图 5.13　典型相关器电路原理框图

加法器：由运放组成反相加法器，有两个输入端，一个是信号输入端，另一是噪声或干扰信号输入，把信号与噪声混合起来，便于研究观察相关器的抑制噪声或干扰的能力。加法器的输出通过面板电缆插头引出，观察相加后的波形。

交流放大器：由另一运算放大器接成同相放大，放大倍数为 1、10、100。

开关式乘法器：由两个运算放大器和一对开关组成开关式乘法器（或称相敏检波器 PSD）。由面板电缆插头输出，供示波器观察波形。

低通滤波器：由运算放大器构成 RC 滤波器，时间常数由 RC 决定，面板控制时间常数为 0.1s、1s、10s。

直流放大器：低通输出的直流电压，由运放组成的直流放大器进行放大，放大倍数为 1、10、100，分别由面板旋钮控制。零偏调节：在直流放大器输入端有一调零电路，调零电位器在面板的右上方，便于调零。参考输入与方波驱动电路：参考方波由面板电缆插座输入，经两运放变成相位相反的一对方波，控制开关式乘法器的开关，完成乘法器的功能。

相关器电路原理框图如图 5.13 所示，部分辅助电路由于篇幅所限没有画出。工作原理如下：交流放大器输出的正弦信号分成两路，一路经 C_1、C_2 隔直后输给 A_2 的负相端；另一路输给 A_1 放大两倍，通过 C_3、C_4 隔直后，被由参考信号控制的场效应晶体管并串联开关同步接通或断开，与上一路信号在 A_2 中相减，从而完成了相乘的功能或称相敏检波（PSD）。参考输入信号是占空比为 1:1 的方波，分别去控制场效应晶体管 VT_1、VT_2。VT_1 和 VT_2 组成串并联开关，使 A_1 的输出信号在参考信号半个周期内导通输给 A_2，半个周期内断开。A_2 输出的相敏检波后的信号通过电缆输出，供示波器观察波形。同时，PSD 输出信号经 A_3 组成的低通滤波器滤去各次谐波，保留直流低频成分。低通滤波器的等效噪声带宽，由面板"时间常数"旋钮控制，根据测量的要求可选为 0.1s、1s、10s。

5.5　锁定放大器

实际测量一个被测信号时，无用的噪声和干扰总是伴随着出现，影响了被测量的精确性和灵敏度。特别当噪声功率超过待测信号功率时，就需要用微弱信号检测仪器和设备来恢复或检测原始信号，这些检测仪器是根据改进信噪比的原则设计和制作的。可以证明，当信号的频率和相位已知时，采用相干检测技术能使输出信噪比达到最大，微弱信号检测的著名仪器锁定放大器(Lock-in Amplifier，LIA)，就是采用这一技术设计与制造的。

5.5.1 锁定放大器的基本原理[1-6][38-41]

锁定放大器是以相干检测技术为基础，其核心部分是相关器，基本原理框图如图 5.14 所示。由三部分组成：信号通道(相关器前那一部分)、参考通道、相关器(包括直流放大器)。

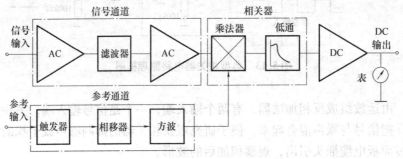

图 5.14 锁定放大器基本原理框图

1. 信号通道

信号通道是相关器前的那一部分，包括低噪声前置放大器，各种功能的有源滤波器，主放大器等。作用是把微弱信号放大到足以推动相关器工作的电平，并兼有抑制和滤掉部分干扰和噪声的功能，从而扩大仪器的动态范围。

信号通道应是低噪声、高增益的。前置放大器是锁定放大器的第一级，由于被测信号很弱，是微伏或纳伏量级，甚至更小，为此前置放大器必须具备低噪声高增益的特点。由于半导体器件低噪声特性的不断改善和低噪声电路的研究，目前国内外已生产出输入端短路噪声电压为 $nV/\sqrt{Hz}$ 量级的前置放大器。工作频率在 1kHz 左右时可达到小于 $1nV/\sqrt{Hz}$。

测量时，对不同的测量对象需要采用不同的传感器，如光电倍增管、光电池等，它们的阻抗各不相同。对前置放大器而言也有不同的最佳源电阻。为了得到最佳噪声特性，必须使前置放大器处在最佳信号源内阻上工作。为此须设计和制作不同最佳信号源内阻的前置放大器、采用输入变压器或其他噪声匹配网络，以便与不同传感器进行噪声匹配，从而达到最佳噪声性能。此外，前置放大器必须具有足够的放大倍数(100～1000 倍)、较强的共模抑制能力及较大的动态范围等特性。

信号通道中，相关器前的有源滤波器可根据干扰和噪声的不同类型分别选用带通、高通、低通和带阻(陷波)滤波器或几种滤波器同时使用，其作用是提高相关器前信号的信噪比，增大仪器的动态范围。有源滤波器通常也具有放大能力。如果滤波前的放大倍数还不够，为了提高灵敏度，在相关器前还需插入主交流放大器。

2. 参考通道

互相关接收除了被测信号外，需要有另一个信号(参考信号)送到乘法器中与被测信号相乘。因此，参考通道是锁定放大器区别于一般仪器的不可缺少的一个组成部分，其作用是产生与被测信号同步的参考信号输给相关器。

相移电路是参考通道的主要部件,它的功能是改变参考通道输出方波的相位。要求在 360° 内可调,大部分的锁定放大器的相移部分由一个 0°～100° 连续可调的相移器,以及相移量能跳变 90°、180°、270° 的固定相移器组成,从而达到 360° 范围内都能调的任何相移量。对于相移器的相移精度以及相移-频率响应都有一定的要求。

方波形成电路的作用是把相移器过来的波形变成同步的占空比严格为 1:1 的方波(为了抑制偶次谐波,必须使占空比严格为 1:1)。

驱动级把方波变成一对相位相反的方波,用以驱动相关器中的电子开关,根据开关对驱动电压的要求,驱动级输出一定幅度的方波电压给相关器。

3. 相关器

相关器是锁定(相)放大器的核心部件。相关器就是实现求参考信号和被测信号两者互相关函数的电子电路。通常在锁定放大器中不采用模拟乘法器,也不采用积分时间为无穷长的积分器,因为模拟乘法器要保证动态范围大、线性好将是困难的。由于被测信号是正弦波或方波,乘法器就可以采用动态范围大、线性好、电路简单的开关乘法器。

5.5.2　锁定放大器的主要性能

锁定放大器是微弱信号检测的著名仪器,能在很强的噪声或干扰背景中测量已知频率的正弦或方波信号,它具有以下特点:

1)锁定放大器相当于以参考信号频率 f_R 为中心频率的带通放大器,等效信号带宽由锁定放大器中的相关器的时间常数 T_e 决定,其公式表示为

$$\Delta f_s = \frac{1}{\pi T_e} \tag{5.42}$$

式中,Δf_s 为等效带通放大器的信号带宽;$T_e = R_0 C_0$,R_0、C_0 为相关器的低通滤波器的滤波电阻和电容。

2)锁定放大器的等效噪声带宽 Δf_N,由相关器的时间常数决定,公式表示为

$$\Delta f_N = \frac{1}{2T_e} = \frac{1}{2R_0 C_0} \tag{5.43}$$

3)由于锁定放大器等效噪声带宽 Δf_N 可以选择得很窄,锁定放大器能极大地改善信噪比。设 S_i/N_i 为锁定放大器的输入电压信噪比,S_o/N_o 为锁定放大器的输出电压信噪比,由于白噪声电压与噪声带宽的二次方根成正比,因此有

$$\frac{S_o/N_o}{S_i/N_i} = \sqrt{\frac{\Delta f_{Ni}}{\Delta f_{No}}} \tag{5.44}$$

式中,Δf_{Ni} 和 Δf_{No} 分别为锁定放大器的输入等效噪声带宽和输出等效噪声带宽。由于 Δf_{Ni} 远大于 Δf_{No},锁定放大器能极大地改善信噪比。

为了对锁定放大器的抑制干扰和抑制噪声能力有一个定量的了解,根据实际仪器假设几个数据,求出锁定放大器的信号带宽和噪声带宽。目前国内外的产品,由面板可控制的时间常数为从 ms 到 ks。例如,取 300s,即 $T_e = R_0 C_0 = 300s$,代入式(5.42)和式(5.43)中,求得

$$\Delta f_s = 1.06 \times 10^{-3} Hz \tag{5.45}$$

$$\Delta f_N = 1.67 \times 10^{-3} Hz \tag{5.46}$$

这些 Δf_{s} 和 Δf_{N} 的数值表明，锁定放大器具有十分窄的信号带宽和噪声带宽。如果工作频率 f_{s} 为 100kHz，这时，相当的带通放大器的 Q 值为

$$Q = \frac{f_{\mathrm{s}}}{\Delta f_{\mathrm{s}}} = 9.4 \times 10^7 \qquad (5.47)$$

这样高 Q 值的带通滤波器，是常规带通滤波器所不能达到的。同时，对于锁定放大器，不必担心这样高的 Q 值会由于元器件的环境温度、工作频率、工作环境的变化带来不稳定。因为相关器只是相当于带通滤波器，而不是一个真正的带通滤波器。如果真的有一个 $Q = 10^8$ 的带通放大器，很可能由于元器件、信号源频率等稳定性问题，而使实际系统无法工作。这里的锁定放大器，是采用相关接收的原理，相当于一个"跟踪"滤波器。关键是"跟踪"两字。由于信号和参考信号严格同步，所以就不存在频率的稳定性问题。等效 Q 值是由低通滤波器的时间常数决定的。由于对元器件的稳定性要求不高，常规带通放大器的缺点这里不存在。

抑制噪声能力怎样？这是人们关心的问题。由于白噪声电压与噪声带宽的二次方根成正比，设仪器输入级等效噪声带宽 $\Delta f_{\mathrm{Ni}} = 200\mathrm{kHz}$，相关器的输出等效噪声带宽由上述假设的数据为 $\Delta f_{\mathrm{N}} = 1.67 \times 10^{-3}\mathrm{Hz}$，代入式(5.44)中，有

$$\frac{S_{\mathrm{o}}/N_{\mathrm{o}}}{S_{\mathrm{i}}/N_{\mathrm{i}}} = \sqrt{\frac{\Delta f_{\mathrm{Ni}}}{\Delta f_{\mathrm{No}}}} = 1.09 \times 10^4 \qquad (5.48)$$

式(5.48)表明，相关器使电压信噪比提高了一万多倍，功率信噪比提高了 80dB 以上。这些数据充分表明，采用相关器技术设计的锁定放大器具有很强的抑制噪声能力。

4)当被测信号频率 f_{s} 和参考信号频率 f_{R} 相等时，设锁定放大器的输入信号为正弦信号 $V_{\mathrm{i}} = \overline{V}_{\mathrm{i}}\cos(\omega t + \varphi)$，锁定放大器输出的直流电压 V_{o} 由下式决定：

$$V_{\mathrm{o}} = K\overline{V}_{\mathrm{i}}\cos\varphi \qquad (5.49)$$

式中，K 为锁定放大器总放大倍数(交流放大倍数和直流放大倍数之积)；$\overline{V}_{\mathrm{i}}$ 为输入信号的幅值；φ 为信号与参考信号之间的相位差。

式(5.49)表明，锁定放大器的输出为直流电压，并正比于输入信号的幅值 $\overline{V}_{\mathrm{i}}$ 和与参考信号之间的相位差 φ 的余弦乘积。改变参考信号和待测信号之间的相位差，可以求得输入信号的振幅和相位。

5)锁定放大器通常是用方波驱动的开关式乘法器来实现参考信号和被测信号相乘的。因此，除了在参考信号基波处有输出响应外，在各奇次谐波处也有输出响应。公式为

$$V_{02n+1} = K\frac{\overline{V}_{\mathrm{i}2n+1}}{2n+1}\cos\varphi_{2n+1} \qquad (5.50)$$

式中，V_{02n+1}、$\overline{V}_{\mathrm{i}2n+1}$、$\varphi_{2n+1}$ 分别为 $2n+1$ 次谐波信号的锁定放大器的输出响应、$2n+1$ 谐波信号的输入信号幅值及信号与参考信号之间的相位差。

对于锁定放大器的名称作一说明。锁定放大器(Lock-in Amplifier)的"锁定"两字是把仪器响应的信号频率锁在参考信号频率 f_{R} 上，参考信号可以是仪器内部产生或由外部输入信号触发。但是有一点必须指出，锁定放大器和一般的带通放大器不同，输出信号并不是输入信号的简单放大，而是把交流信号变成了直流信号，实际上并不符合常规放大器的定义。锁定放大器叫"锁定检测仪"或"同步检测仪"可能更确切一些，或叫锁定分析器更好。

5.5.3　锁定放大器的主要技术指标[40]

衡量锁定放大器性能的主要技术指标，在国内外产品的技术说明书中，所列项目不全相同。国内也尚未统一规定，这一节只介绍使用得较多的主要技术指标。这里简单地介绍这些技术指标的定义、意义及国内外水平，有些重要指标以后再详细介绍。

1. 满刻度灵敏度

满刻度灵敏度是衡量仪器测量电压范围的指标。和一般的测量仪器一样，表示被测信号使仪器输出达到满刻度的电平，相当于一般仪器的量程。

对于微弱信号测试仪器的锁定放大器，更重要的是最高满刻度灵敏度，这是衡量这类仪器优劣的主要指标之一。对于测量仪器，总要求输出端具有足够大的输出信噪比。因此，本指标不只是表示仪器的增益，而更主要的是综合了仪器的整机噪声、抑制噪声和干扰能力等给出的指标。国内外到目前为止，尚没有明确规定在保证输出信噪比为多少时的输入电平为最高灵敏度。这是由于锁定放大器的输出信噪比还决定于仪器的使用状态。例如，时间常数越长，则输出信噪比越大。如果按照输出信噪比来定义，将会出现时间常数越长满刻度灵敏度越高的结论，也不太合适。满刻度灵敏度又似乎是增益决定的指标。增益越大，满刻度灵敏度越高。当然，也不完全是这样，不考虑输出信噪比，只追求高增益是毫无意义的。

虽然到目前尚未有一个明确的定义，但是，国内外的这类仪器的产品所列的最高满刻度灵敏度，是考虑了仪器的增益和输出信噪比两个因素。通常都是设计为使仪器的输入端短路、中等时间常数（1s 或 3s）与整机噪声电压（rms）小于十分之一的最高满刻度电平时最大。这样，根据目前低噪声前置放大器的噪声水平，一般将最高满刻度灵敏度定为 100nV，使用噪声更低的前置放大器定为 10nV。在进行低阻抗信号源测量时，使用低噪声前置变压器，满刻度灵敏度可以提到 1nV，甚至更高。

通常锁定放大器的满刻度灵敏度为 1 ~ 100nV。

2. 工作频率范围

工作频率范围指仪器增益平坦度在 3dB 内的频率范围。锁定放大器根据应用的需要，设计成不同工作频率范围的仪器。专用的锁定放大器，由于只需工作在某一特定的频率上，称为单频锁定放大器，增益平坦度带宽较窄。通用锁定放大器的工作频率范围较宽，通常为 1Hz ~ 100kHz。少数产品频率范围更宽，下限展宽到 0.2Hz，上限展宽到 1MHz。绝大部分产品的工作频率范围在 200kHz 以下，也有个别产品的工作频率为 100kHz ~ 50MHz。数字锁定放大器下限频率扩展到 1mHz 以下。

3. 本机输入短路噪声

本机输入短路噪声指仪器输入端短路，在输出端测得的单位带宽噪声电压，折合到输入端的等效值。这些噪声的影响，只有在仪器工作在最高灵敏度或较高灵敏度时才表现出来。这一噪声是仪器元器件产生的固有噪声，是工作频率的函数。仪器输出的总噪声与等效噪声带宽有关。因此，常用单位带宽表示。

本机输入短路噪声的大小是决定仪器优劣的另一重要指标。它直接决定了仪器可达到的最高灵敏度。若仪器的时间常数一定（等效噪声带宽一定），输出信噪比要求一定，则输入短路噪声就决定了仪器能测量的最小电平。

由于本机输入短路噪声通常是由低噪声前置放大器的噪声电压决定。因此，在大部分的仪器说明书中，不把它作为整机的指标，而由前置放大器噪声电压给出。这一指标的水平就是目前低噪声前置放大器的水平。在 1kHz 时，一般可以达到 nV/$\sqrt{Hz}$的量级。较好的前置放大器可以达到小于 1nV/$\sqrt{Hz}$。

若在前置放大器前用输入变压器对低阻抗信号源进行匹配，由于是升压变压器，同时变压器又是低噪声器件。这样本机短路噪声可减到几十 pV/$\sqrt{Hz}$的量级。

除噪声电压之外，前置放大器的噪声电流也很重要，特别当信号源内阻较大时，必须要考虑噪声电流。

4. 整机增益

整机增益指仪器输入到输出的总增益。

锁定放大器放大倍数的组成，在相关器前为交流放大器，相关后为直流放大器。总放大倍数为交流放大倍数乘以直流放大倍数，有时同时给出交流放大倍数和直流放大倍数。锁定放大器的总增益最大在 140 ~ 180dB。如果使用输入变压器，整机增益可达 200dB 以上。

5. 时间常数及等效噪声带宽

时间常数是指相关器中积分器(低通滤波器)的时间常数，低通滤波器的截止频率由时间常数决定。因此，也决定了仪器的等效噪声带宽。两者的关系由低通滤波器的阶数决定。

对于每倍频程衰减 6dB 的一阶低通滤波器，两者有下列关系：

$$\Delta f_N = \frac{1}{2T}$$

时间常数和等效噪声带宽是对应的。根据惯例，锁定放大器并不给出等效噪声带宽，而是给出时间常数。时间常数由仪器面板旋钮控制，通常为 1ms ~ 300s。相当于等效噪声带宽为 1.67×10^{-3} ~ 500Hz。若需更长的时间常数，可外接电容来扩大。数字锁定放大器的时间常数可以做到十分长，可达到 1ks 以上。

6. 抑制白噪声能力

抑制白噪声能力是锁定放大器的主要指标。定义为：输出信噪比相对于输入信噪比提高了多少分贝。这与输入等效噪声带宽、输出等效噪声带宽有关。对于白噪声，抑制白噪声能力等于输入等效噪声带宽和输出等效噪声带宽之比的分贝数；对于不同的输入、输出等效噪声带宽，将得到不同的数值。为了说明仪器的最高指标，常把输出等效噪声带宽定为时间常数最长时的带宽。

对于输入等效噪声带宽有三种不同的定义：一种用前置放大器的等效噪声带宽；第二种用白噪声源的等效噪声带宽；第三种人为地设定输入白噪声带宽(例如，定 1kHz)。当然，对于三种不同的定义，将得到完全不同的数值。这样，就必须在给出这一指标时同时给出条件。例如，抑制白噪声能力为 53dB(输入白噪声带宽为 1kHz，时间常数为 100s)，这样就不会产生误解。

这一指标是微弱信号检测仪器所特有的，是区别于常规测试仪器的一个重要指标。因为，一般的常规仪表不具有抑制白噪声能力。

7. 不相干干扰的抑制能力

和抑制白噪声能力一样，不相干干扰的抑制能力是锁定放大器区别常规测量仪器的另一重要指标。定义是：输出信号干扰比与输入信号干扰比之比的分贝数。和仪器的工作状态、干扰频率有关，也和仪器设计有关。当不相干干扰频率远离工作频率时，锁定放大器具有很强的不相干干扰的抑制能力。可以认为是无穷大，影响测量的是以下要介绍的不相干信号最大过载电平。但是，当干扰信号频率接近于被测信号时，这一指标是重要的。例如，工作频率为1000Hz，干扰频率为1016Hz。如果输入干扰电压比信号电压大10倍，测量时，锁定放大器的时间常数用10s档，测出的输出干扰电压(rms)为信号电压的百分之一，表明在这个条件下，抑制不相干信号能力为60dB。到目前为止，国内外的产品都没有给出这一重要指标。主要是这一指标与工作状态、干扰频率等多种因素有关，不易直接给出。最好按曲线形式给出为佳。

8. 白噪声最大过载电平

白噪声最大过载电平是衡量仪器适应能力的一项指标。它是指当白噪声电平(rms)比信号大多少倍时，仪器不过载还能工作；超过这一电平后，仪器出现过载和非线性，测量带来误差。白噪声的过载电平也是与仪器工作状态有关，表示仪器这项指标的最高指标为白噪声最大过载电平，是锁定放大器适应能力优劣的主要指标。

9. 不相干干扰最大过载电平

本指标表示锁定放大器输入信号中，与信号混在一起的不相干干扰信号大到什么程度仪器将出现过载，测量出现非线性。这一过载电平与干扰信号频率对于信号频率之差，以及与相关器前使用的滤波器形式有关。对这一指标国内外尚未有一个统一的规定，为了全面反映仪器这一性能指标，最好用曲线表示。为了简单起见，有时也采用干扰信号频率远离工作频率10倍频程来定义。表示仪器这项指标的最高指标称为不相干干扰最大过载电平，也是锁定放大器适应能力优劣的主要指标。

10. 直流漂移

锁定放大器的相关器之后为直流放大器，乘法器和直流放大器将产生直流漂移。直流漂移电压的大小，决定了锁定放大器的最小可检测电平，是锁定放大器的重要指标之一。

直流漂移通常用两种方法来度量。一种用温漂，定义是：温度变化1℃，输出直流电压漂移相对于满刻度电平变化百万分之几(10^{-6}/℃)。国内外的产品一般在$(10 \sim 1000) \times 10^{-6}$/℃之间。另一种用时漂，定义是：在恒温条件下，24h输出直流漂移相对于输出满刻度的百万分之几(10^{-6}/24h)。

把时漂和温漂分别进行度量比较科学，但是，在没有恒温的实验室工作，用户更希望了解仪器在室温时的自然漂移，即工作环境下的时漂和温漂的总和。从原则上来讲，已知温漂和时漂就能求出这种漂移。另一方面，测量自然漂移比较方便。因而，出现了第三种定义：在室温条件下，预热一小时，测得每小时的输出漂移为满刻度电平的百万分之几(10^{-6}/h)。这种定义虽不够科学，但是很实用，测试方便，常被采用。实测这一指标的数量级也为$(10 \sim 1000) \times 10^{-6}$/h。

11. 总动态范围

总动态范围定义为：在确定灵敏度的条件下，不相干信号的过载电平和最小可检测电平之比。即由不相干信号的过载电平和直流漂移决定，是衡量仪器适应性的极限指标，也是衡量仪器优劣的重要指标。国内外的锁定放大器，动态范围在100~140dB之间。

12. 零偏调节范围

零偏调节范围是衡量锁定放大器调节输出直流电平的能力。虽类似于直流放大器的调零，但功能和作用不完全相同。

零偏调节范围是把某一输出直流电平拉回到零的能力，并由面板旋钮定量指示拉回的具体数值。它的主要作用有两个：一是当信号大到使输出或表头过载时，而又不便改变仪器的灵敏度，这时可以用零偏旋钮把输出的某一电平调到零后再进行测量。只要把测量的表头指示值加上零偏值即为被测值。二是测量一个大的信号，在此信号上要分辨出小的变化，并希望有较高的精度。由于存在一个大信号响应的大直流电平，所以不可能用加大仪器灵敏度的方法来提高微小变化的分辨能力。但是有了零偏调节功能后，就可以利用这一功能把直流电平拉回到零，再加大直流灵敏度，从而提高对微小变化的测量精度。测量结果由零偏旋钮和表头共同给出，这相当于用抵消法测量小的变化。国内外的仪器的零偏调节范围通常为1000% FS，即能调节 10 个满刻度范围。

锁定放大器还有一些指标，有些较易理解，有些和其他类的仪器相同，不用多作介绍。

5.5.4 锁定放大器的动态范围

锁定放大器的动态范围是锁定放大器的重要指标。本节详细介绍这一指标。

任何一个信号处理系统都包括三个临界电平，用此三个电平来确定系统的适应性，即满刻度信号输入电平(FS)、最小可检测信号电平(MDS)、过载电平(OVL)。

三个电平的定义如下：

满刻度信号输入电平(FS)：提供系统最大输出指示的满刻度相干输入信号电平。即仪器放大倍数最大时，使输出达到满刻度的输入电平。

最小可检测信号电平(MDS)：输入一个无噪声信号电平使输出端能分辨出来的最小输入信号，对于锁定放大器主要由输出漂移决定。

过载电平(OVL)：一个输入信号大得足够使系统引起非线性失真的量。

对于锁定放大器也不例外，同样由这三个电平确定仪器的主要性能指标：输入总动态范围、动态贮备、输出动态范围，如图 5.15 所示。

图 5.15　锁定放大器的动态范围与动态贮备

输入总动态范围是评价锁定放大器从噪声中检测信号能力的极限指标。定义为：在确定灵敏度条件下，允许的不相干输入信号峰值过载电平与最小可检测的相干输入信号峰值电平之比。这里必须附带指出，为什么用峰值电平表示，因为过载首先出现在峰值处，而不同波形的干扰信号和噪声，它们的波峰系数不同。所以用方均根值、有效值来度量过载电平不如用峰值科学。

动态贮备表示不相干信号峰值电压比满刻度输出的相干信号峰值电压大多少倍锁定放大

器将出现过载。定义为：允许输入最大不相干信号峰值电平与输出满刻度所需的相干输入信号峰值电平之比。

输出动态范围表示仪器能测量的最小相干信号峰值电平为满刻度读数相干信号峰值电平的多少分之一。定义为：在确定灵敏度条件下，给出满刻度输出的相干输入信号峰值电平之比。

根据上述定义有

$$输入总动态范围（对数）= 动态贮备（对数）+ 输出动态范围（对数）$$

为了说明三个临界信号电平怎样决定锁定放大器的动态范围特性，下面以两种类型的锁定放大器为例进行讨论。两类放大器的框图如图 5.16 中的 a、b 所示。这两类锁定放大器的区别在于第一类锁定放大器在相关器前是采用宽带放大器，即所谓相关器前为平坦的频率特性。而第二类锁定放大器在相关器前有滤波器，即所谓相关器前有通频带限制的类型。

很显然，对于这两类锁定放大器它们的满刻度输入信号电平（FS）、最小可检测信号电平（MDS）是一样的。对于过载电平将不完全一样，因为锁定放大器的各部分都可能会出现过载，因此将会有不同的过载电平。除了仪器输出端的过载电平两类仪器一样外，还有两种过载电平需要讨论，对于这两类锁定放大器是不一样的。一个是使相关器过载的电平，称为相关器过载电平；另一个是对于第二类锁定放大器中还有第二个高的过载电平，就是在相关器前滤波器过载时的输入过载电平，称为相关器前过载电平。由这些参数决定锁定放大器的输出动态范围、相关器的动态贮备、输入总动态范围等，如图 5.17 所示。

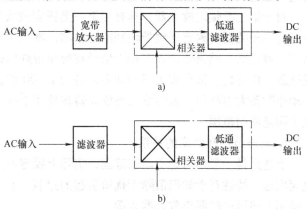

图 5.16　两类锁定放大器的框图
a) 相关器前为宽带放大器，频率为平坦特性　b) 相关器前有滤波器，频带受到限制

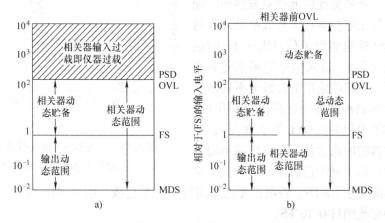

图 5.17　两类锁定放大器的相对动态范围特性
a) 相关器前为宽带放大器　b) 相关器前有滤波器（通带受到限制）

在图 5.17 中输入信号都表示成满刻度电平(FS)的相对值。设最小可检测电平 MDS 比 FS 低两个数量级,相关器的过载电平 OVL 比 FS 高两个数量级。根据定义和图中给出的两例具体数据表明,这两类锁定放大器的输出动态范围为 100:1,相关器的动态贮备为 100:1,相关器的总动态范围为上述动态范围和动态贮备的对数代数和,即为 10000:1。

这些概念表明,锁定放大器的最小可检测电平可以由输出动态范围求得,如当输出动态范围为 100:1 时,表明最小可检测电平为 10^{-2}FS。相关器的动态贮备决定了不相干信号的过载电平,相关器动态贮备为 100:1 表明不相干信号超过 100FS 时相关器过载。总动态范围为 10000:1 给出了这一仪器的适用范围。

通过上述讨论,第一类锁定放大器的使用极限就很清楚了:由于相关器前是平坦频率特性的宽带放大器,所以相关器的动态范围就是整个仪器的总动态范围,这表明输入噪声和干扰绝对不能大于相关器的 OVL 电平,不然将会出现过载。

对于第二类锁定放大器,具有和第一类锁定放大器相同的 MDS、FS 和相关器 OVL。不同的是在相关器前附有通频带限制的滤波器。本例中滤波器的过载电平比相关器的过载电平高两个数量级,结果使输入不相干信号在通频带外的输入电平比满刻度电平大 10000 倍才出现过载。换言之,锁定放大器的动态贮备大了 100 倍,这样第二类放大器就比第一类放大器的动态贮备大 100 倍。表明第二类放大器在处理干扰能力方面比第一类放大器强 100 倍,增大了测量使用范围。

1. 动态范围和频率的关系

上述只是一般地讨论了动态范围,实际上锁定放大器的动态范围是随频率变化的。正确地应用这一特性对于如何消除干扰所引起的过载,扩大动态范围是有意义的,为方便起见,还是用上述讨论的两类放大器为例。

设 f_R 为参考信号频率,f 为输入信号频率。图 5.18 为第一类锁定放大器的动态范围特性和 f/f_R 之间的关系曲线。

由于任何锁定放大器的相关器都是由乘法器及其后的低通滤波器组成,如前所述,锁定放入器相当于带通滤波器。通带的中心频率为参考信号频率,通带宽度由低通滤波器的时间常数决定。这样正好在参考信号频率处最大的输入信号为 FS(这里假设了信号大于 FS 时锁定放大器输出过载)。输入信号的频率随着离开参考信号频率,将使输出的过载电平逐渐增大起来,最后达到相关器的过载(PSDOVL)的大小。这个例子中相关器 OVL 等于 100FS,用加长低通滤波器的时间常数,只可以减小通频带,但不能增加相关器的过载电平。因此,输

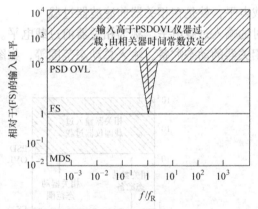

图 5.18 相关器前为宽带放大器的动态
范围和 f/f_R 的关系曲线

入信号绝对不能大于 100FS。否则,无论如何将会产生过载。由于 MDS 为 10^{-2}FS。这样锁定放大器的动态范围只有 10^4FS。

对于第二类锁定放大器,在相关器前有一滤波器,它可以是带通、高通、低通或带阻(陷波)滤波器等。各种滤波器虽然用处不同,但都能起到扩展总动态范围的作用,带通滤

波器使用最普遍,首先讨论带通滤波器的情况。图 5.19 为相关器前有带通滤波器的第二类锁定放大器的动态范围特性。

用同样的方法讨论第二类锁定放大器的过载特性和输入电平。在参考信号频率 f_R 处最大输入信号为 FS。当频率高于或低于 f_R 时,过载电平增大,最后达到相关器的 OVL。这部分的通频带由低通滤波器的时间常数决定,通常要比相关器前的带通放大器的带宽窄很多,因此通频带成图 5.19 中所示的倒肩形,在这个肩形范围内过载电平为相关器 OVL。当输入信号频率进一步离开参考信号频率,且当频率达到带通放大器的响应曲线时,过载电平又进一步增大,直到相关器前过载电平为止。因此说:第二类锁定放大器在带通放大器的通频带外宽广的范围内输入电平比第一类锁定放大器

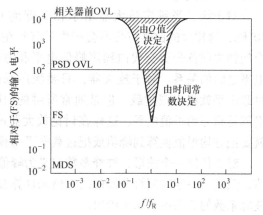

图 5.19 相关器前为带通放大器的动态范围
和 f/f_R 的关系曲线

的 OVL 大 100 倍才过载。带通放大器的通频带由 Q 值决定。讨论表明,第二类放大器的动态范围比第一类放大器大 100 倍。当输入干扰信号大于相关器 OVL 时,只能用第二类放大器,而第一类放大器一定出现过载。

有时干扰信号是某一固定频率,对于这种情况可以在相关器前插入一陷波器,把该干扰信号滤掉,能起到很好的效果。对于工频(50Hz)干扰的抑制通常采用这种方法。当然,若能在相关器前加一个频率和 Q 值都可调的陷波器就更理想了,可以根据干扰频率选择陷波频率。在第一类锁定放大器中插入一陷波器后动态范围特性如图 5.20 所示。在陷波器中心频率处过载电平最大,这点的过载电平由陷波器的陷波特性决定,在图中假设了陷波器的衰减比为 100 倍。

上述只是讨论了单独加上带通和带阻

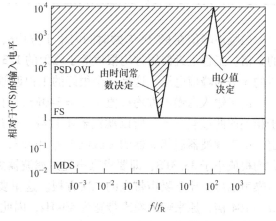

图 5.20 相关器前插入陷波器的动态范围
特性 f/f_R 的关系

滤波器的情况。当然还可以加上低通、高通滤波器或同时使用两种以上的滤波器,用上述相同方法进行讨论,过载电平到底能提高多少要由具体电路的性能决定,这里不一一说明。

2. 白噪声过载

白噪声干扰是宽带干扰,单位带宽内功率相等且和频率无关。下面仍用前面假设的两类放大器为例进行讨论,通过两者对比能更好地理解白噪声过载。我们还是假设第一类放大器的过载电平为 100FS;第二类放大器当干扰频率在带通放大器通频带外的过载电平为 10^4FS,设输入信号中伴有的白噪声的噪声带宽为 40kHz,方均根值(rms)为 340FS,参考信号频率为 1kHz。

第一类放大器由于白噪声峰值电平远远大于相关器过载电平，放大器过载，不能使用，如图 5.21 所示。

对于第二类锁定放大器由于相关器前 OVL 为 10^4FS，这样大的白噪声会不会产生过载？在回答这个问题之前首先要交代白噪声峰值电平和方均根值电平之间的关系。对于放大器，只要噪声峰值超过过载电平就将出现过载。但是通常所讲的白噪声电平都是指方均根值电平，这样在讨论放大器过载时，就要把方均根值换算到峰值或把过载电平换算到方均根值进行计算。

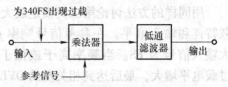

图 5.21　第一类锁定放大器在高电平
白噪声输入时出现过载

对于任何一个波形，波峰系数定义为峰值和有效值之比。白噪声没有一个确定的固有峰值，只能用一定时间百分率内的峰值来计算波峰系数。白噪声超过某一峰值的时间百分率与波峰系数的关系由表 5.1 给出。

表 5.1　白噪声的波峰系数表

超过某一峰值的时间(%)	波峰系数(峰值/方均根值)	超过某一峰值的时间(%)	波峰系数(峰值/方均根值)
10.0	1.645	0.01	3.890
1.0	2.576	0.001	4.417
0.3	3.000	0.0001	4.892
0.1	3.291		

白噪声峰值在 99.99% 的时间内小于方均根值的 4 倍，在 99.7% 的时间内小于方均根值的 3 倍。工程上近似用方均根值等于峰值的 1/3 来计算就足够了，或倒过来取白噪声方均根值的 3 倍为峰值电压。这是一个很好的工程近似，下面就采用这一近似来讨论。

由于输入白噪声方均根值 $V_{\text{Nrms}} = 340$FS，对应白噪声峰值 $V_{\text{NP}} = 3 \times 340$FS $= 1020$FS，小于相关前的过载电平，所以滤波器不过载。通过滤波器之后的噪声电平由滤波器的带宽决定。由于滤波器后相关器的过载电平为 100FS，要使噪声不过载，就要求相关器的输入端的方均根值小于 33.3FS，即要求噪声经过滤波器之后由 340FS 减小到小于 33.3FS，大家熟知白噪声电压正比于噪声带宽的二次方根。这里要求噪声电压减小 10.2 倍，则要求噪声带宽减小 104 倍，原来输入噪声带宽为 40kHz，因此要求滤波器的噪声带宽为 384Hz，带通放大器的等效噪声带宽公式为

$$\Delta f_N = \frac{\pi}{2} \cdot \frac{f_0}{Q}$$

把 $\Delta f_N = 384$Hz，$f_0 = 1$kHz 代入，求得 $Q = 4.1$。计算表明，当 $f_0 = 1$kHz 时，只要带通放大器的 $Q = 4.1$，将不会过载，如图 5.22 所示。

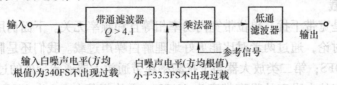

图 5.22　第二类锁定放大器在高电平白噪声输入时不出现过载

　　当然还可以采用同样的方法讨论，当相关器中的低通滤波器的时间常数应大于多少秒时输出端不会出现过载。

3. 动态协调

　　已经明白了总动态范围分成两部分：一部分为动态贮备，表示放大器通带外的干扰信号大到什么程度放大器将过载；另一部分是最小可检测电平，表示能被发现的最小相干信号。这两部分都用 FS 来度量。由于锁定放大器各部分的过载电压值一定，而总的放大倍数为相关器前的交流放大增益和相关器及其后的直流放大增益之积。当总增益不变的情况下，增加交流增益，虽然总动态范围不变，但由于交流增益的增加而减小了动态贮备，直流增益的减小从而减小了直流漂移，或者说减小了最小可检测电平，扩大了输出动态范围。反之可以增加动态贮备，增加漂移。

　　为了说明在使用锁定放大器时怎样正确地使用交、直流增益的分配（即动态协调），使测量得到最佳效果。下面用例子进行说明，如果有三个放大器总动态范围一样，如图 5.23 所示，都具有总动态范围 10^4。但是总动态范围划分成动态贮备和输出动态范围的划分不一样。第一个输出动态范围是三个数量级，只有一个数量级的动态贮备；第二个输出动态范围为二个数量级，动态贮备也为二个数量级；第三个只有一个数量级的输出动态范围，而有三个数量级的动态贮备。

　　第一个放大器只有一个数量级的动态贮备，容易产生过载，在大噪声的情况下不能使用。对于输入噪声较小，即所谓比

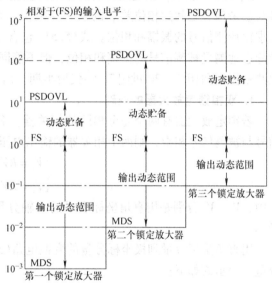

图 5.23　动态范围的三种划分

较"干净"的信号，要求小的输出漂移，将是合适的。第三个放大器由于动态贮备大，漂移大，适合用于大的干扰和噪声的情况，动态贮备比第一个放大器大了 100 倍。第二个放大器由于动态贮备和漂移都处于适中，因此，应用范围在前两者之间。

　　上述的例子告诉我们，在使用一个锁定放大器时要使测量得到理想的结果。必须要根据实际情况使动态协调范围调到最佳，这样可以得到最好的测量效果。对于设计和制造，锁定放大器也必须考虑使总动态范围大，动态协调可调，能满足各种测量的需要。

　　锁定放大器的动态范围要多大才好？在结束这一节之前我们来讨论这个问题。作为一个理想的锁定放大器，要求具有无穷小的 MDS 电平和无穷大的 OVL，动态范围为无穷大才好。然而，理想的锁定放大器在实际生活中是不可能制造出来的。其实也没有必要设计这样完美无缺的理想放大器，只要设计出能满足各种测量要求的锁定放大器就很好了，能满足下列条件的锁定放大器就够用了。

　　1）非常低的 MDS，大概在 10^{-4}FS 数量级以下。

　　2）十分高的过载电平，加带通放大器使动态贮备达到 10^5。

　　3）十分宽广的总动态范围，可达 10^8 以上。

4) 在任何给定的条件下，都可以控制动态协调，使测量最佳化。

如果锁定放大器具有上述这些特点，可以认为是一个"完美"的锁定放大器，至少从动态范围上讲是足够适应各种测量要求的。国内外一些先进产品已达到上述这些指标。

5.5.5 双相锁定放大器

已知频率正弦信号的信息包含在振幅和相位中。用锁定放大器测量正弦信号，它的输出直流电压由下式决定

$$V_o = \overline{V_i} K \cos\varphi \tag{5.51}$$

式中，K 为锁定放大器的总放大倍数；φ 为信号与参考信号之间的相位差。

式(5.51)表明，锁定放大器的输出为直流电压，并正比于输入信号的幅值 $\overline{V_i}$ 和输入信号与参考信号之间的相位差 φ 的余弦的乘积。改变参考信号与待测信号之间的相位差，可以求得待测信号的振幅和相位。式(5.51)包含了被测正弦信号的全部信息，通过相位控制能静态地测量被测信号的振幅和相位，但不能同时进行振幅和相位的动态测量。为了能动态地测量振幅和相位，20 世纪 70 年代后半期，出现了双相锁定放大器(或称锁定分析器)。

1. 双相锁定放大器的原理

若锁定放大器有两个完全相同的相关器，分别由两个相互成正交(相位差 $\pi/2$)的参考信号与被测信号相乘，则两个相关器的输出电压分别用 V_x、V_y 来表示。

$$\begin{cases} V_x = K V_s \cos\varphi \\ V_y = K V_s \sin\varphi \end{cases} \tag{5.52}$$

式中，V_x、V_y 分别是用直角坐标表示的 x 轴分量(或称同相分量)与 y 轴分量(或称正交分量)。

用直角坐标分量到极坐标分量的变换电路(或称矢量/相位变换电路)，可以得到极坐标分量，表示式如下：

$$\begin{cases} V_R = \sqrt{V_x^2 + V_y^2} \\ \varphi = \arctan \dfrac{V_y}{V_x} \end{cases} \tag{5.53}$$

式中，V_R、φ 分别为被测信号的振幅和相位。

双相锁定放大器的原理框图如图 5.24 所示。

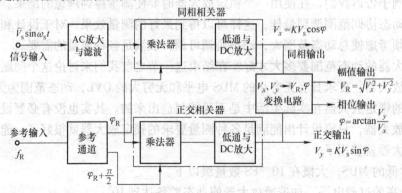

图 5.24　双相锁定放大器的原理框图

这种仪器能同时显示被测信号用直角坐标表示的 V_x、V_y 分量，或用极坐标表示的振幅和相位，能直观动态地测量幅值和相位，改变 φ 并不引起 V_R 的变化，V_R 的输出不是相敏的。因此，双相锁定放大器具有多种功能。能作下列仪器使用：1) 锁定放大器；2) 矢量电压表；3) 频谱分析仪；4) 动态特性测试仪；5) 噪声测试仪。

2. 双相相关器参数失配的误差分析[41]

由图 5.24 可知，要实现双相锁定放大器的功能，需要有两个相关器，这两个相关器的参数技术指标完全相同，并且输入的参考信号相位相差 90°。下面分析两个相关器参数的差别引起的误差。

1) 设两相关器参数和放大倍数相同，两参考信号相差不是 90°，而是有误差，为 $\pi/2 + \Delta\varphi$，$\Delta\varphi$ 为小项，式(5.52) 中，令 $KV_s = V_R$，则

$$\begin{cases} V_x = V_R\cos\varphi \\ V_y = V_R\sin(\varphi + \Delta\varphi) \end{cases} \tag{5.54}$$

式(5.53) 的 V_R 用 V_R' 表示，有

$$V_R' = \sqrt{V_x^2 + V_y^2} = V_R\sqrt{\cos^2\varphi + \sin^2(\varphi + \Delta\varphi)}$$

当 $\Delta\varphi$ 很小时，对幅值的影响近似为

$$V_R' = V_R\sqrt{1 + 2\Delta\varphi\sin\varphi\cos\varphi}$$

在 $\varphi = \pm 45°$ 时，误差最大，为

$$V_R' = V_R\left(1 \pm \frac{\Delta\varphi}{2}\right) \tag{5.55}$$

在 $\Delta\varphi$ 为不同值时，幅度误差见表 5.2。

表 5.2　$\Delta\varphi$ 为不同值时的幅度误差

$\Delta\varphi$	1°	0.7°	0.5°	0.2°	0.1°
V_R'/V_R	$1 \pm 0.88\%$	$1 \pm 0.61\%$	$1 \pm 0.44\%$	$1 \pm 0.18\%$	$1 \pm 0.09\%$

由表 5.2 可知，相位差 $\Delta\varphi = 1°$ 时，引起幅值 $\pm 1.0\%$ 的误差。相位差 $\Delta\varphi = 0.1°$ 时，引起幅值 $\pm 0.1\%$ 的误差。

对相位的影响为

$$\varphi' = \arctan\frac{\sin(\varphi \pm \Delta\varphi)}{\cos\varphi} \approx \arctan\left(\frac{\sin\varphi}{\cos\varphi} \pm \Delta\varphi\right) \approx \varphi \pm \Delta\varphi \tag{5.56}$$

相位误差为 $\pm\Delta\varphi$。

2) 设两参考信号相位差为 90°，两个通道的放大倍数有误差，则式(5.52) 为

$$\begin{cases} V_x = V_R\cos\varphi \\ V_y = V_R(1 \pm \Delta A)\sin\varphi \end{cases} \tag{5.57}$$

对极坐标的幅度的影响为

$$V_R' = \sqrt{V_x^2 + V_y^2} \approx V_R\sqrt{1 \pm 2\Delta A\sin^2\varphi} \tag{5.58}$$

$\varphi = 90°$ 时，误差最大，有

$$V_R' = V_R\sqrt{1 \pm 2\Delta A} \approx V_R(1 \pm \Delta A) \tag{5.59}$$

表明幅度的误差即为两相关器放大倍数的误差。

对相位的影响

$$\varphi' = \arctan[\,(1 \pm \Delta A)\tan\varphi\,] \tag{5.60}$$

当 $\varphi = \pm 45°$ 时，相位误差最大，为 $\varphi' = \varphi \pm \Delta A/2$，这里，$\Delta A$ 为弧度，例如，$\Delta A = 0.01$，则 $\Delta A/2 = 0.29°$。

3）双相相关器的零偏电压产生的误差。当输入信号为零时，双相锁定放大器的输出应该为零，但是由于电路的失调电压、电流、直流放大器的温漂等，使输出电压不为零，可能产生一个小的电压。对于同相相关器用 ΔV_x 表示，对于正交相关器用 ΔV_y 表示。此小的零偏也会对测量带来误差。产生的测量误差，分析如下。

由于 ΔV_x、ΔV_y 存在，有

$$\begin{cases} V_x' = V_R\cos\varphi + \Delta V_x = V_x + \Delta V_x \\ V_y' = V_R\sin\varphi + \Delta V_y = V_y + \Delta V_y \end{cases} \tag{5.61}$$

式（5.61）表明，ΔV_x、ΔV_y 的存在，使 $V_x' \neq V_x$，$V_y' \neq V_y$，产生误差。并由此引起 V_R、φ 的误差。

幅值公式

$$\begin{aligned} V_R' &= V_R\sqrt{(\cos\varphi + \Delta V_x/V_R)^2 + (\sin\varphi + \Delta V_y/V_R)^2} \\ &\approx V_R[1 + (\Delta V_x/V_R)\cos\varphi + (\Delta V_y/V_R)\sin\varphi] \end{aligned} \tag{5.62}$$

式（5.62）表明：

① $\varphi = 0°$ 时，由 ΔV_x 引起的误差最大，$V_R' = V_R(1 + \Delta V_x/V_R)$。

② $\varphi = 90°$ 时，由 ΔV_y 引起的误差最大，$V_R' = V_R(1 + \Delta V_y/V_R)$。

③ 若 $\Delta V_x/V_R = \Delta V_y/V_R$，$\varphi = 90°$ 时，误差最大。

相位公式

$$\tan\varphi' = \frac{V_y'}{V_x'} = \frac{\sin\varphi + \Delta V_y/V_R}{\cos\varphi + \Delta V_x/V_R} \tag{5.63}$$

当 $\varphi = 0°$ 时，

$$\varphi' = \arctan[\,(1 - \Delta V_x/V_R)*(\Delta V_y/V_R)\,] \approx \arctan(\Delta V_y/V_R)$$

$\Delta V_y/V_R$ 为小项，则 $\varphi' = \Delta V_y/V_R$。

当 $\Delta V_y/V_R = 0.01$ 时，$\varphi' = 0.57°$；$\Delta V_y/V_R = 0.002$ 时，$\varphi' = 0.1°$。

表明在 $\varphi = 0°$ 附近，1% 的零偏，引起相位 0.57° 的误差。要误差小于 0.1°，则必须使零偏小于 0.2%。

同理在 $\varphi = 90°$ 时，$\Delta V_x/V_R$ 引起的误差与 $\Delta V_y/V_R$ 在 $\varphi = 0°$ 时的相同，不再重复。

对于相位 φ 在其他度数的一般情况，读者可以自行讨论。

上述计算表明：双相锁定放大器要保证性能指标，必须要求两个相关器参数保证一致，两放大倍数必须小于 1%，两参考信号的相位差必须保证为 90°，误差应小于 1° 或更小。零偏需调得很小，这些对于提高双相锁定放大器的指标均很重要。

5.5.6 数字锁定放大器

前面介绍的锁定放大器的相敏检波器（或同步解调器）是用模拟器件实现的，称为模拟锁定放大器（ALIA）。由于模拟器件的温漂和噪声影响，限制了锁定放大器的输出信噪比的

提高，也限制了动态范围；ALIA 不是闭环系统，没有反馈调节，信号失真程度较大；当设计一旦完成，其功能也就完全被确定，系统升级能力差，性能不可能大幅度提高，成本也高，本质上限制了发展。但是，ALIA 在一些特殊场合有不可替代的特性，例如对相位敏感的信号检测和高频信号检测。

如果锁定放大器的相敏检波器(或同步解调器)是用数字信号处理的方式实现的，就称为数字锁定放大器(DLIA)，其原理如图 5.25 所示[42]。DLIA 抗干扰能力强，信噪比高，又因为输出级没有直流放大器漂移的影响，动态范围大。

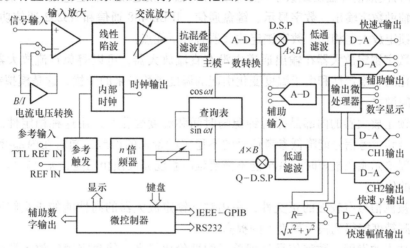

图 5.25　数字锁定放大器的典型结构

DLIA 的一般结构包括以下一些部分，即信号输入通道、参考输入通道、数字相敏检波器、正交数字相敏检波器、数字低通滤波器、输出通道、辅助输入通道、输出微处理器、辅助输出通道和微控制器部分。

信号的输入通道与前面介绍的模拟锁定放大器相同，只不过是交流放大必须保证转换为数字信号时有足够大的幅值。抗混叠滤波器是模拟信号数字化之前所要考虑的，其作用是滤除不需要的频率信号，并将要数字化的信号在不失真的前提下将其频率上限限制在采样频率的一半以下，避免 ADC 的信号出现虚假信号，即主 ADC 的采样频率必须满足采样定律。被转换后的数字信号被送入数字信号处理器(DSP)中，依据一定的算法完成相敏检波器的功能，再通过数字低通滤波器后获取差频后的直流信号。

参考通道以信号输入通道相同的采样速率提供数字相敏检波器所需要的相位信息，参考输入通道同样有内部和外部参考信号两种。在外部参考信号模式下，输入的模拟参考信号或逻辑电平，被一个 DSP 单元采用数字锁相环算法测量其频率，并产生所需要的相位信号。在内部参考信号模式下，只需要给参考 DSP 单元输入所需要的参考信号频率值，就可以在所选定的频率上产生数字相敏检波处理单元所需要的相位信号，这种方式不需要外部参考信号和模拟锁定放大器所需要的相位锁相环，因此不需要时间锁相就可直接输出相位信号，降低了相位噪声。参考通道中的 n 倍频器不仅可以在与输入信号相同的频率上进行锁相，而且还可以在输入信号的 n 倍谐频上进行锁相检测，这在俄歇光谱学等领域中是非常有用的，但是 n 倍频后最大频率是受最大参考频率限制的。参考信号处理单元也可实现数字参考相移，其精度可达到毫度。

同相相位和正交相位信号在数字处理单元中一般通过查询的方式实现，可以使同相相位信号和正交相位信号同时提供给两个数字解调器，使输出的两个分量能同步输出。输出通道中的数字低通滤波器，可以减小模拟滤波器的截止频率不稳定所造成的误差。输出 DAC 将数字信号转换为模拟信号输出，输出处理单元可以通过和的二次方根算法和除法算法计算出被测信号的幅值和相位。输出微处理器可以对辅助 ADC 的数字信号进行必要的运算，再通过 DAC 转换为模拟信号输出或数字显示。另外，数字锁定放大器还包括一个微处理器，该微处理器有辅助数字输出、数字显示、键盘通信、IEEE-488 通信和 RS232 通信功能。

与模拟锁定放大器相比，数字锁定放大器有以下优点：

1）由于数字锁定放大器在输出通道中没有直流放大器，可以避免直流放大器的工作特性随时间变化的不稳定性和由于温度变化引起的温度漂移带来的干扰，这是模拟锁定放大器不可解决的问题之一。

2）数字锁定放大器的内部晶振时钟源随时间和温度变化小，用这种稳定性高的时钟源来做调制信号和参考信号能降低参考信号的不稳定所带来的误差，同时在内部参考模式中，数字信号处理单元能在最短时间甚至能不需要延时就能完成锁相功能，尤其在频率扫描测量中有其明显的优点。

3）如果被测信号有较强的正交性，采用数字锁定放大器的高性能的正交解调技术，使微弱信号检测精度能得到很大程度上的提高。

4）随着技术的发展，数字信号处理单元的性价比提高，使数字锁定放大器的性价比也得到相应的提高，数字锁相技术将会更深入地影响未来的测量技术。

锁定放大器的进一步发展是随着数字信号处理硬件技术和软件算法的发展，使 DLIA 对超低频的信号检测能力超过 ALIA，并能设计出 DLIA 所独有的新功能。即使在不变的硬件平台上，也能通过软件算法的升级而使整个系统的性能得到提高。这种数字化硬件平台容易模块化，可以嵌入到其他系统中，使 DLIA 的应用更加广泛。DLIA 与计算机的结合可以成为虚拟仪器，也可被软件化为软件锁相放大器。

思考题与习题

1. 判断下列信号是能量信号还是功率信号。

(1) $x_1(t) = A\sin(\omega_0 t + \theta)$

(2) $x_2(t) = ce^{j\omega_0 t}$

(3) $x_3(t) = e^{-t}$

2. 对于某相关检测系统，接收信号为 $x(t) = s(t) + n(t)$，其中 $s(t)$ 是一个平稳随机过程的正弦波：$s(t) = A\sin(2\pi f_0 t + \theta)$，其初相位是随机的，$\theta$ 在 $(0 \sim 2\pi)$ 上服从均匀分布，即：$p(\theta) = \dfrac{1}{2\pi}$，$0 \leqslant \theta \leqslant 2\pi$；$n(t)$ 是一个宽带白噪声，其自功率谱为 $G(0 \leqslant f \leqslant B)$ 或为 $0(f \geqslant B)$。

(1) 求信号 $x(t)$ 的均值与方差；

(2) 求自相关函数 $R_x(\tau)$；

(3) 绘出相关波形；

(4) 设计相关接收机。

3. 为什么减小带宽可以提高信噪比？

4. 为什么说锁定放大器相当于高 Q 值带通滤波器？

5. 为什么频谱迁移后再放大，可以提高信噪比？

6. 锁定放大器的满刻度输出为 1V，这时的输入信号电平为 $1\mu V$。当输入端附加噪声的峰值达到 0.45mV 时出现过载。将锁定放大器的输入端对地短接，用记录仪记录的输出端长时间漂移电压为 2.5mV。试求该锁定放大器的输出动态范围、输入总动态范围和动态贮备。

7. 锁定放大器的参考频率为 10kHz，信号通道无滤波器时 OVL = 100FS。设宽带高斯分布噪声的带宽为 100kHz，有效值为 170FS。在信号通道中加入 BPF，以使该噪声不至于引起锁定放大器过载，试求 BPF 的等效噪声带宽 B_n。

第 6 章　取样积分器与数字多点平均器

在实际工程应用中，信号通常是一个很复杂的宽带函数。其中人们感兴趣的信号不一定全是正弦波或方波，有时不仅需要获得信号的振幅，还希望获得信号的波形。例如，在很多科学研究中，经常会遇到对淹没在噪声中的周期短脉冲波形的检测，如生物医学中遇到的血流、脑电或心电信号测量、发光物质受激后发出的荧光波形测量、核磁共振信号测量等。这些信号的共同特点是信号微弱，具有周期重复的短脉冲波形（最短可到 ps 量级）。取样积分方法就是针对检测这类复杂宽带周期信号的波形检测而设计的。这种方法能够把深埋在噪声中重复的微弱信号波形得以恢复并显示记录，已经成为微弱信号检测的重要手段之一。

对于淹没在噪声中的周期脉冲信号的测量，主要是对波形的恢复。必须在信号出现的时间内对信号进行等间隔采样，采样时间间隔应符合采样定理的要求。然后对这些信号进行多次采样，并加以平均，以抑制混于信号中的噪声，恢复脉冲信号各时刻的数值，从而得到完整的波形恢复。根据这种采样及积累平均制成的仪器，称为取样积分器。

早在 20 世纪 50 年代初，这种微弱信号检测方法已经提出，最早的取样积分器是在1962 年出现，并命名为 Boxcar。为了恢复淹没噪声中的快速变化的微弱信号，通常的做法是把每个信号周期分成若干个时间间隔，间隔大小取决于恢复信号所需要的精度，然后对这些时间间隔进行取样，并将各周期中处于相同位置（对于信号周期起点具有相同的延时）的取样进行积分或平均。目前，模拟式取样积分器由于可以工作在很高的频率，依然在许多领域有所应用。而以计算机为核心的数字式取样积分器则逐渐成为主流，在物理、化学、核磁共振、生物医学等领域获得了广泛的应用。

6.1　取样过程、取样定理与取样积分

信号平均过程是对信号波形上每个部位（足够小的时间间隔内的信号）幅值作多次测量并加以平均的过程，因而在对信号进行平均处理以前，需按一定的方法抽取信号的瞬时值，该过程称为取样。取样又称抽样或采样，是一种信息提取和处理过程。取样的目的在于通过取样获得"样品"，从而了解和确定取样对象的情况。随时间进行多次取样，其样品就反映参数随时间变化的过程。在单位时间内取的"样品"越多，反映的情况也就越真实。

取样的方法大体可分为两类：实时取样和变换取样。前者是在被取样信号的一次有效持续时间内，取出无失真地复现原信号所必需的全部样品。实时取样过程中，取样脉冲的作用、样品的形成和信号的恢复是与被取样信号在同一时间刻度上进行的。变换取样也称为等效时间取样，在周期信号或在重复信号中的每个信号周期或每隔整数个信号周期取出一个样品，由这些样品重新组成一个信号，新组成的复现信号的形状与原信号形状相似，但在时间刻度上比原信号增长了若干倍。若每次取样点均比前一次取样点延迟时间 Δt，也即每次取样点都距离被取样信号的起点有一个步进延迟时间，则这种变换取样称为步进式变换取样，简称步进取样。多次取样所得样品的平均处理也可分为两类，一类是利用模拟电路（如积分

器、电容等)来实现，另一类是采用数字平均。

6.1.1　取样的物理过程[3]

样品的取样过程可以用图 6.1 所示的取样门来实现。当取样脉冲 $p(t)$ 到来时，取样门的输入和输出同时导通。当取样脉冲消失时，取样门关闭。图中 τ 为取样脉冲作用时间。当取样脉冲序列的 τ 很短时，即理想冲激函数，取出的样品是线性的，这种情况称为理想取样。当取样脉冲序列的 τ 很长时，通过取样门输出的是一个宽度为 τ 的信号成分，这种取样称为有限脉宽取样。

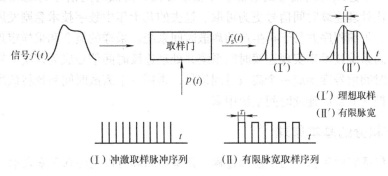

图 6.1　取样过程示意图

在实际取样电路中，可以用二极管来实现取样门功能。图 6.2 所示的是一种简单的取样门电路。VD 为二极管，C_1、C_2 为电容，R_1 和 R_2 分别为内阻，E 为偏压。其电路的工作过程如下：在通常情况下，偏压 E 通过电阻 R_2 使二极管 VD 反向偏置，信号不能通过二极管。当在 VD 正端加上正极性的尖端脉冲，且脉冲幅度超过偏压 E 时，VD 导通，信号能够进行取样。由于取样脉冲有一定宽度 τ，因此二极管导通的时间就是取样脉冲的宽度。

由上述分析可知，所谓的"取样"就是利用脉冲序列 $p(t)$，从连续信号 $f(t)$ 中"抽取"一系列的离散样值，通常用 $f_s(t)$ 表示。在一般情况下，取样输出是取样脉冲序列 $p(t)$ 与连续信号 $f(t)$ 的乘积，即

图 6.2　简单取样门电路

$$f_s(t) = f(t)p(t) \tag{6.1}$$

那么 $f_s(t)$ 中是否包含了原信号 $f(t)$ 的所有信息，怎样才能做到无失真地传输和复现信号，关于这个问题，将在下面讨论。

6.1.2　取样定理

取样定理的研究最早出现在通信技术中，如时分制通信等。取样定理主要是通过时域与频域之间的变换来研究信号。随着取样技术的应用，取样定理的研究也得到不断的发展和完善。取样定理揭示了取样过程中能完整地表征原信号的样品并复现原信号所必须遵循的规律，香农提出的基本取样定理是近代取样定理的基础。

时域取样定理：一个频带受限的信号 $f(t)$，如果其频谱只占据 $-\omega_m \sim +\omega_m$ 的范围，则

信号 $f(t)$ 可以用等间隔的取样值来唯一地表示。但取样间隔必须小于 $1/(2f_m)$（其中 $\omega_m = 2\pi f_m$），或者说，最低取样频率为 $2f_m$。

取样定理的物理意义可作如下解释：一个频带受限信号波形不可能在极短的时间内产生突变，这是由于它的变化速度受最高频率分量 ω_m 的限制。为了保留最高频率分量的全部信息，在最高频率的一周内至少取样两次，因此必须满足采样频率 ω_s 大于 $2\omega_m$。

采样定理的重要性在于它在连续时间信号和离散时间信号之间所起的桥梁作用。在一定条件之下，一个连续时间信号可以由它的样本完全恢复出来，这一点就提供了用一个离散时间信号来表示一个连续时间信号的想法。在很多方面，离散时间信号的处理要更加灵活方便，因此往往比处理连续时间信号更为可取。过去的几十年中数字技术急剧发展，产生了大量价廉、轻便、可编程序并易于再生产的离散时间系统。采样的概念和采样定理的出现使人们利用离散时间系统技术来实现连续时间系统并处理连续时间信号成为现实。通常利用采样先把一个连续时间信号变换成一个离散时间信号，再用一个离散时间系统将该离散时间信号处理以后，再把它变换回连续时间系统中来。

6.1.3　取样积分的基本原理[1-6]

取样积分包括取样和积分两个连续过程，其基本原理可以用图 6.3 来表示。取样积分的对象通常是淹没在噪声中的周期或类似周期信号。如图所示，可测信号 $f(t)$ 包含两个分量：一个是周期为 T 的被测信号 $s(t)$，另一个为干扰噪声 $n(t)$。$r(t)$ 是与被测信号 $s(t)$ 同频的参考信号，也可以是被测信号本身。触发电路根据参考信号的波形情况（例如幅度或者上升速率等）形成触发脉冲信号，触发脉冲信号进行延时后，生成一个宽度为 T_g 的取样脉冲，控制取样门，完成对信号 $f(t)$ 的取样，最后经过积分作用完成整个信号的取样积分过程。

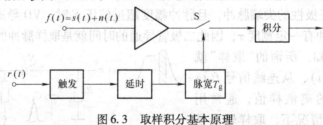

图 6.3　取样积分基本原理

取样积分器能实现上述的过程，它能够把深埋在噪声中重复的微弱信号波形得以恢复并显示。它的工作方式可分为单点式和多点式两大类。

单点式取样积分器也就是 Boxcar 积分器，它的工作方式是对信号每周期内（或者每重复出现一次）只取样并积分一次，经过多次取样积分得到该点的信号幅值，它采取了变换采样的工作原理。其又可分为定点式和扫描式，一般在同一仪器中都具有这两种工作方式。定点式可以检测信号某一特定时刻的幅度，起着和锁定放大器类似的功能。扫描式则可用于恢复和记录信号的波形。单点式电路相对简单一些，但是对被测信号的利用率低，需要经过很多信号周期才能得到测量结果。

多点式取样积分器则是在信号的每个周期内，仪器对信号进行多点取样和平均，经过多次取样和平均从而获得整个被测信号的波形。它采用实时取样的工作原理。多点式取样积分器电路相对单点式复杂一些，对被测信号的利用率高，经过不太多的信号周期就可以得到测量结果。

6.2　Boxcar 积分器

6.2.1　工作原理[43-44]

图 6.4 是 Boxcar 积分器原理框图，它由信号通道、参考通道和门积分器三个主要部分组成。信号通道中采用了宽带低噪声放大器，用于放大被测信号。参考通道提供宽度为 T_g（也叫门宽）并与信号同步的步进取样脉冲。取样门在该脉冲期间被打开，信号被引入积分器。通过取样门的信号在积分器进行积分和平均。

Boxcar 积分器有两种工作方式：扫描方式和定点方式。当用扫描方式工作时，图 6.4 中的开关 S 置于"2"的位置，仪器检测信号波形，波形复现过程如图 6.5 所示。图 6.5a 为输入信号波形；图 6.5b 为参考信号经触

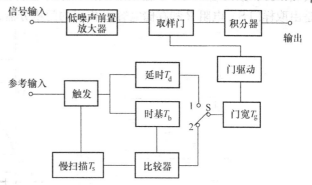

图 6.4　Boxcar 积分器原理框图

发电路后的同步触发脉冲，用此脉冲去同时触发时基电路和慢扫描电路；图 6.5c 和 d 分别为慢扫描和时基波形，时基的宽度 T_b 应小于或等于触发信号周期；图 6.5e 为电压比较器输出波形，时基电压和慢扫描电压经电压比较器进行比较得到步进取样脉冲，如图 6.5f 所示。如此形成的门取样脉冲相对于触发脉冲原点的延时是逐个增加的，增量为 Δt。它在输入波形上的取样位置，从左向右逐渐移动。经过足够长的时间，取样脉冲移过整个波形，从而得到形状与输入波形相似而时间上大大放慢了的复制输出信号，如图 6.5g 所示。

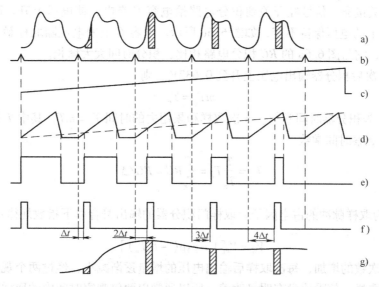

图 6.5　Boxcar 积分器波形复现过程示意图

当图 6.4 中的开关 S 置于"1"时，Boxcar 积分器按定点方式工作，取样位置由初始延迟 T_d 进行控制和固定。这时，所测量的是离原点为固定延迟的重复信号某部位的平均值，而不是整个波形。

6.2.2 信噪比的改善[43]

Boxcar 积分器无论是定点取样方式还是步进取样方式，都有一个平均方式问题。前面的讨论是以线性累加为基础进行分析的，而实际测量中往往喜欢采用指数平均方式，因为它不会随取样次数的增加而导致输出过载。从原理上讲，指数平均的 Boxcar 积分器其核心部分是由取样门 S、电阻 R 和存储电容 C 构成的门积分器，如图 6.6 所示。

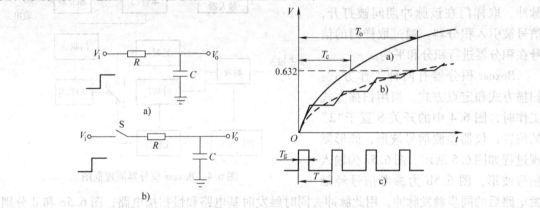

图 6.6 门积分器的工作方式

a) $V_o = V_i[1 - \exp(-t/T_c)]$ b) $V_o = V_i[1 - \exp(-t/T_o)]$ c) 阶跃响应

门积分器有两个功能：一是在取样时间内对被测信号波形的某点作积累平均，也就是积分；二是在取样门断开期间将其样品值保持到下一次取样。当加入一个阶跃电压 V_i 时，在门宽期间，开关接通，信号经开关到积分电路给电容 C 充电，使电压上升。而在开关 S 断开时，电容 C 上的电压保持不变，如图 6.6c 所示。电容 C 上的电压随取样触发周期以指数规律逐步上升，它与图 6.6a 的 RC 积分电路相比，积分时间大大增长。

设取样 m 次后积分器输出电压上升到 $0.632V_i$，则

$$mT_g = T_c \tag{6.2}$$

式中，$T_c = RC$ 为积分器时间常数。m 次取样积累用去的时间 $T_o = mT$，其中 T 是取样脉冲周期，T_o 定义为观察时间常数

$$T_o = \frac{T}{T_g}T_c = \frac{T}{T_g}RC = RC/\Delta \tag{6.3}$$

式中，$\Delta = \dfrac{T_g}{T}$ 为取样脉冲的占空因子。取样门积分器的输出符合以下指数规律：

$$V_o = V_i[1 - \exp(-t/T_o)] \tag{6.4}$$

随着取样次数的增加，每次取样后输出电压的增量逐渐减小，经过两个观察时间常数的时间后，继续取样，信噪比没有明显改善。所以通常以两倍观察时间内的取样次数来计算信噪比改善。背景噪声为白噪声时，最大可达到的信噪比改善为

$$\text{SNIR} = \sqrt{2m} \tag{6.5}$$

利用式(6.2)可直接由 Boxcar 积分器的参数求出信噪比改善为

$$\text{SNIR} = \sqrt{2\frac{T_\text{c}}{T_\text{g}}} = \sqrt{2\frac{T_\text{o}}{T}} \tag{6.6}$$

由此可见，T_o 越大，信噪比改善越佳，但下面我们将看到，它还需要其他参数的配合，因为它们是一个相互制约的整体表现。

6.2.3　频率响应

根据参考文献[1]对取样门电路的频域分析，可知指数式取样积分器总的幅度响应为

$$|H(\omega)| = \sum_{n=-\infty}^{\infty} \frac{\sin(n\pi\Delta)}{n\pi\Delta} \cdot \frac{1}{\sqrt{1 + \left[(\omega - n\omega_\text{s})RC/\Delta\right]^2}} \tag{6.7}$$

式中，ω_s 是取样角频率。

当 $\Delta = T_\text{g}/T = 0.2$ 时，取样门电路的幅频响应 $|H(f)|$ 如图 6.7 所示。可以看出，$|H(f)|$ 是一个幅度服从取样函数规律的离散频域窗。

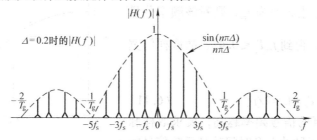

图 6.7　门宽为 T_g 的门积分器的幅频响应

由式(6.7)和图 6.7 可以得出以下几点结论：

1)在取样频率 f_s 的各次谐波处的带宽随积分时间常数 RC 的增加而减少，随占空比 $\Delta = T_\text{g}/T$ 的减小而减少。也就是说，其带宽取决于 $\Delta/(2\pi RC)$。

2)在 f_s 的各次谐波处的通带幅度服从取样函数 $\sin(n\pi\Delta)/(n\pi\Delta)$。

6.2.4　参数选择[1-6][43-44]

合理地选择取样积分器参数可保证最佳的测试结果，以下将讨论相关的主要参数选择问题。

1. 取样门宽 T_g

取样积分器中的门宽 T_g 不能选得太宽，否则会造成信号中高频分量的损失，使得恢复的信号失真。下面以正弦信号为例，说明取样脉冲宽度 T_g 的选取原则。

对图 6.8 所示的正弦信号 $u(t) = U_\text{m}\sin\omega t$ 以取样脉冲宽度 T_g 进行取样，设取样脉冲的中心时刻为 t_0，则信号取样后的输出电压为

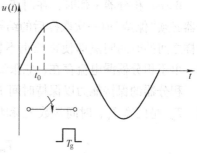

图 6.8　正弦波定点取样

$$u(t) = U_m \sin\omega t, \quad t_0 - T_g/2 \leqslant t \leqslant t_0 + T_g/2$$

经 RC 积分后输出为

$$u_o(t_0) = \int_{t_0-\frac{T_g}{2}}^{t_0+\frac{T_g}{2}} U_m \sin(\omega t)\mathrm{d}t = \frac{2U_m}{\omega}\sin\left(\frac{\omega T_g}{2}\right)\sin(\omega t_0) \tag{6.8}$$

当频率很低时，$\omega T_g \to 0$，$\sin(\omega T_g/2) \to \omega T_g/2$，式（6.8）可以近似为

$$u_o(t_0) \approx \frac{2U_m}{\omega} \cdot \frac{\omega T_g}{2}\sin\omega t_0 \tag{6.9}$$

当频率较高时，$\sin\dfrac{\omega T_g}{2} < \dfrac{\omega T_g}{2}$，故输出电压下降，从而引起信号中高频分量的损失，损失程度可用比值 A 表示

$$A = \frac{u_o\mid_\omega}{u_o\mid_{\omega\to 0}} = \frac{\sin\omega T_g/2}{\omega T_g/2} \tag{6.10}$$

式（6.10）说明，取样积分对被测信号高频分量的衰减系数 A 与 fT_g 相关，根据式（6.10）可画出 A 与 fT_g 的关系，如图 6.9 所示。

设信号的高端截止频率为 f_m，则对该频率分量 $\dfrac{\sin(2\pi f_m T_g/2)}{2\pi f_m T_g/2} \geqslant \dfrac{1}{\sqrt{2}}$，得到 $f_m T_g \leqslant 0.42$，故取样门宽脉冲为

$$T_g \leqslant 0.42/f_m \tag{6.11}$$

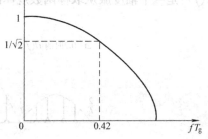

图 6.9 取样积分衰减系数 A 与 fT_g 的关系

可见，希望恢复的信号频率越高，要求取样脉冲宽度 T_g 越窄。由于脉冲上升时间就是反映信号的高频分量，因此可理解为门宽越窄，对脉冲前沿的分辨率越高。由脉冲计数或宽带放大器知识可知，脉冲上升时间 t_r 与频带宽度的关系式为

$$f_m t_r = 0.35 \tag{6.12}$$

由式（6.11）、式（6.12）两式可知上升时间与门宽的关系为

$$t_r \approx 0.8T_g \tag{6.13}$$

所以信号波形的上升沿或下降沿越陡，T_g 应该越窄。但是 T_g 也不能选得太窄，T_g 越窄，测量时间越长。式（6.11）和式（6.13）可以用作取样脉冲宽度的选择原则，但是在实际应用中还要根据实际情况进行综合考虑、权衡。

Boxcar 积分器工作时，在门宽 T_g 时间内，它对被测信号采样，而在两次取样之间，积分器必须"保持"前一次取样后的结果（见图 6.6c）。如果积分器有良好的保持特性，则两次取样之间的时间间隔即使很长也不影响测量的精度；反之，仪器的性能会降低。实际电路中，由于积分器漏电流存在，它限制了 Boxcar 积分器不失真工作的最小取样脉冲占空因子。

积分器的保持能力以保持时间 T_{max} 衡量，它定义为误差不超过满刻度 1% 的最大触发周期。T_{max} 是门宽 T_g、时间常数 T_c 和积分电容 C 的函数，其典型形式为

$$T_{max} = AC\left[1 - \exp\left(-\frac{T_g}{T_c}\right)\right] \tag{6.14}$$

式中，A 为一常数。

由式(6.14)可估算出仪器所允许的最小取样脉冲占空因子。

2. 时基锯齿波宽度 T_b

时基锯齿波的起始点和斜率都可以根据需要进行调节,时基宽度 T_b 是由被测信号的宽度来决定的。通常 T_b 略大于被测信号的宽度(即感兴趣的信号段部分),而小于被测信号的周期。

3. 积分器时间常数 T_c

取样积分器采用 RC 积分电路作为平均信号存储之用。由于在一个取样周期中,只有在门宽时间内才进行积分,为了保证时间分辨率,使时间分辨率达到 T_g 的水平,RC 积分器的时间常数 T_c 与动作时间(即充电达到 $0.99V_i$ 以上电压所花的时间)$n_s T_g$(n_s 为每点积累次数)相比必须很短。也就是说,为了保证每一点取样平均值都达到 $0.99V_i$ 以上的电压值,通常取 T_c 满足

$$T_c = RC \leqslant \frac{n_s T_g}{5} \tag{6.15}$$

式(6.15)是测试中选用参数的依据之一。

从信噪改善比来考虑时间常数的选择。从电容的充电曲线可知,从起始到两个时间常数范围内充电时,每次都有较高的电压上升阶梯,而到三、四个时间常数范围时,每充一次电,电压只有微小的上升。这说明在两个时间常数之后,信号的平均效果不明显。因此,从平均效果考虑,计算信噪改善比时,以两个时间常数内所取样的次数为宜。由式(6.6)可得

$$T_c = \frac{(\text{SNIR})^2 T_g}{2} \tag{6.16}$$

若要使信噪比提高,则时间常数 T_c 要长,取样脉宽 T_g 要短。但是这样一来,由下文式(6.21)可知,扫描时间 T_s 必然变长。因此,在实际使用中要折中考虑信噪改善比与最小扫描时间之间的关系。

4. 慢扫描时间 T_s

慢扫描时间 T_s 决定了被测信号的再现程度。在触发周期 T 相同的情况下,T_s 越长,信噪改善比越高,再现信号也就越真实。T_s 就是实际测量时间,信号周期 T 也就是触发脉冲的周期。在慢扫描时间 T_s 内,若总共取样 n_t 次,则有

$$n_t = T_s/T \tag{6.17}$$

在 n_t 次取样中,取样门脉冲从初始延时时刻的位置开始,向与时基 T_b 的相等方向逐渐改变延时时间。若取样一次后门移动时间间隔为 Δt,则有

$$\Delta t = T_b/n_t = \frac{T_b T}{T_s} \tag{6.18}$$

如果信号上每一点只测一次,则门宽 T_g 必须等于 Δt,也就是等于 T_b/n_t。这时取样脉冲将是一个紧挨着一个的,相当于取样门一直是导通的。实际上,在取样积分器中,门宽 T_g 并不等于 Δt,较 Δt 还是"宽"的,故每一点取样次数

$$n_s = T_g/\Delta t = T_g \frac{T_s}{T_b T} \tag{6.19}$$

也就是说,此时取样脉冲互相"重叠"。每个取样脉冲移动时间为 Δt,当移动 n_s 次后正

好是一个门宽T_g的间隔，相当于每个取样点重复取样n_s次。图6.10给出了扫描速度、时基与取样次数的关系。

当一个阶跃电压加到RC积分电路后，需要$5RC$时间才能达到$0.9933V_i$。引入取样门后，积分电容在信号波形上的每一点的充电时间近似为n_sT_g，为了达到$0.9933V_i$的电压，则必须满足

$$n_s \cdot T_g \geqslant 5RC \qquad (6.20)$$

整理后有

$$T_s \geqslant 5\frac{T_b T T_c}{T_g^2} \qquad (6.21)$$

可见，慢扫描时间越长，信号再现的正确度就越高；但T_s太长，那么电容的漏电和放大器的漂移就越易引起测量误差，所以需要权衡两方面的因素。

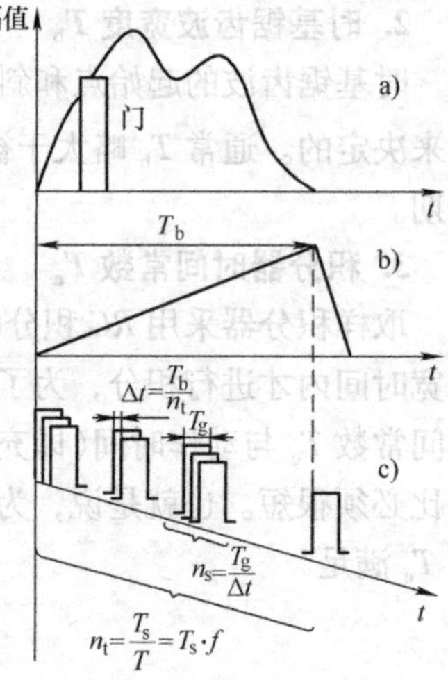

图 6.10 中图示:幅值、门、T_b、$\Delta t = \dfrac{T_b}{n_t}$、$T_g$、$n_s = \dfrac{T_g}{\Delta t}$、$n_t = \dfrac{T_s}{T} = T_s \cdot f$

图6.10 扫描速度、时基与取样次数的关系
a) 信号波形 b) 时基 c) 门

例如，测量一个$2ms$的信号，其重复频率为$100Hz$，即$T = 10ms$，希望$SNIR = 10$。

选择$T_b = 3ms$以覆盖被测信号，$T_g = 100\mu s$，由于$SNIR = \sqrt{n_s} = 10$，故$n_s = 100$，代入式(6.20)求得$T_c = 2ms$。由式(6.21)求得

$$T_s = 5\frac{T_b T T_c}{T_g^2} = 5 \times \frac{3ms \times 10ms \times 2ms}{(0.1ms)^2} = 30s$$

说明要记录$100Hz$重复频率，感兴趣的波形间隔为$2ms$，而$SNIR = 10$时，利用Boxcar扫描模式的记录时间需要$30s$。若此信号的重复频率降低至$1Hz$，则需时$50min$。

尽管可以采用低漂移运算放大器构成积分器，以及采用高质量低泄漏的电容C，但其保持时间由式(6.14)可知毕竟有限，所以无限制地延长扫描时间T_s是不可能的。何况有些测量中的时间要求与信号本身的稳定程度也限制了T_s的增加，由于T_s与$(T_g)^2$成反比，所以T_g的增加将迅速降低T_s。

5. Boxcar积分器的参数关系

由图6.4的Boxcar积分器框图中可以看到，作为弱信号检测仪器，它可以独立设定以下参数：T_c、T_g、T_b和T_s，它们都在面板上可以单独设定，但是它们对波形恢复的影响却不是独立无关的。式(6.21)、式(6.20)、式(6.6)和式(6.13)描述了彼此的关系。

6.3 几种典型的取样积分器

取样积分器是微弱信号检测中的重要仪器之一。由于它能从强噪声中复现和记录有用重复信号波形，因而在科技领域中得到了广泛应用。单通道单门取样积分器的工作原理已经在前几节作了讨论，此处不再重述。

6.3.1 具有基线取样补偿的取样积分器

一般采用取样积分的方法改善被测信号的信噪比是以时间为代价的。当被测量周期较长

时，必须进行长时间的测量才能达到要求。而在长时间测量中，由于电容漏电、元器件温度漂移、放大器的零点和增益的变化等，被测信号的零点基线发生了变化，称之为基线漂移。尤其在某些光谱的研究和测量系统中，常常遇到背景噪声强以及激励源起伏两个难题，它们直接关系着测量系统的精度。前面介绍的单通道单门取样积分器，无法解决这些问题。这时就需要具有基线取样补偿的取样积分器。

具有基线补偿的取样积分器结构图如图 6.11 所示。它包括两个相同的取样积分器，由时基电路控制实现在不同时刻对信号和基线的交替选通，两个积分器分别对信号和基线的取样值进行积分，两者相减则能达到基线消除的作用。

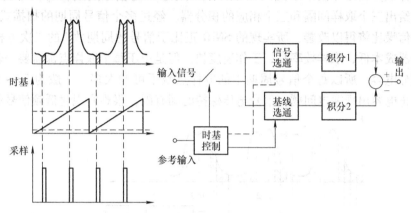

图 6.11　具有基线补偿的取样积分器结构图

6.3.2　双通道取样积分器

在门积分器具有基线补偿功能的基础上，采用双通道取样积分平均，如图 6.12 所示。系统分别对信号和基线以及激励源和基线进行交替取样积分，从而对信号和激励源的起伏给予补偿。

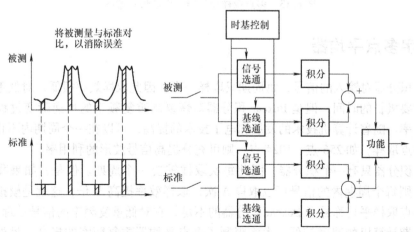

图 6.12　双通道取样积分器

A 通道分别对信号和基线取样平均，从而消除信号通道的基线影响，其输出为 A 通道的纯信号。B 通道分别对激励源和激励通道的基线取样，其输出为 B 通道的纯信号。总的输出可以通过函数运算电路进行相关运算。通过函数运算电路的运算，双通道取样积分系统可分别获得 A、B、$A-B$、A/B、$A \times B$、$\lg(A/B)$ 等输出功能，给测试带来了很大的方便。

6.3.3　多点取样积分器系统

多点取样积分器是在每个被测信号周期内取样多点，虽然其电路相对复杂，但是对被测信号的利用率高，经过不太多的信号周期就可以得到测量结果，克服了因测量周期变长导致的测量误差难题。

多点取样积分器工作波形示意图如图 6.13 所示。T 为信号周期，T_g 为取样脉冲门宽，每个周期只给出三个取样间隔和三个相应的积分器。经过多个信号周期的扫描式取样积分，输出波形的信噪比将得以改善，所实现的 SNIR 正比于信号的周期数 i 的二次方根。这种多点取样积分器成本低，取样效率高，工作速度快。但是由于每个取样点都需要一套单独的电子开关和积分电容，所以每个信号周期中的取样点数不可能太多，一般为 50~100 点。此外，为了防止电容出现漏电问题，信号电压保持时间有限，很难实现对低频信号的恢复。

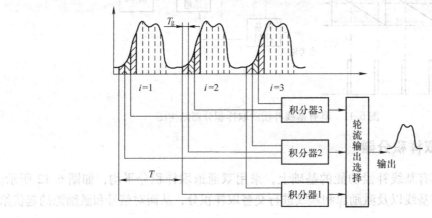

图 6.13　多点取样积分器工作波形示意图

6.4　数字多点平均器

Boxcar 积分器对输入的信号，每周期只取样一次，因此取样效率很低，对低重复频率的信号恢复需要极长的时间。但是 Boxcar 积分器对恢复高重复频率的快速瞬变过程有着十分理想的分辨率。随着计算机技术的发展和电子技术的提高，可以在一个周期内不止取样一个点，而是多点取样，如 256 点、1024 点，则可充分提高信号波形的利用率。

Boxcar 积分器只有一个积分器，因此每次取样需要一个周期。但是，如果我们设置 N 个积分器，则每个周期内的信号可以取样 N 次，取样效率提高 N 倍，这就是模拟多点平均的思想。多点取样平均弥补了 Boxcar 积分器的不足，它对低重复频率的信号处理尤为方便。但是由于早期计算机的速度较低，大大限制了多点平均器重复频率的提高，另外当时 A-D 转换电路的速度也使所恢复波形的分辨率受到限制。

近几年来，计算机技术突飞猛进，其运算能力和速度都得到了极大的提高，使得采用数字处理技术实现多点平均成为可能。如果用计算机的存储器代替 N 个积分器，由于存储器无限保持时间的优越性，使数字多点平均得到发展并广泛应用。

1. 典型结构

图 6.14 是数字多点平均器的典型简化框图[44]。待测信号(模拟量)首先进入取样保持与模-数转换器(ADC)使其量化，即把待测信号转换成二进制的数字量(待测信号在一个周期内的取样数可根据需要来决定，典型值为 $2^{10} = 1024$)，然后寄存在存储器内。第二次待测信号到来时，又用同样的方法将它转换成数字量，通过加法器与存储器中的前一次信号对应相加，并把相加的结果再次寄存在存储器内。如此反复进行，就能完成多次相加(叠加)，直到叠加次数满足要求时为止。叠加结束后，其结果可以直接从存储器输出。如果希望得到模拟量的输出，可以通过数-模转换器(DAC)来获得。系统各部分的协调节奏可由控制器来控制。

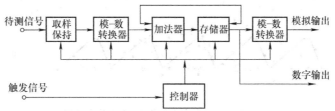

图 6.14　数字多点平均器的典型结构框图

2. 工作原理

数字多点平均器是一种实时取样系统，它在信号的一个周期内要取样多点，并经模-数转换和一定的运算后——对应地存储在存储器相应的存储单元内。它等效于大量 Boxcar 积分器在不同延迟情况下并联使用，因此在获得同样信噪比的情况下，数字多点平均器恢复波形所需的时间仅等于 Boxcar 积分器测量波形上某一部位的幅值所需的时间，缩短了测量时间。并且，数字多点平均器采用实时取样，因而还具有瞬态记录功能。

图 6.15 示出了数字多点平均器的几个典型波形。图 6.15a 为淹没在噪声中的待测信号，信号周期为 T；图 6.15b 是与被测信号同步的触发信号；图 6.15c 是取样脉冲，图中 $i = 1$，2，…，8，即表示每次扫描有 8 个取样点，取样时间间隔 T_s 为信号周期 T 除以取样数(忽略每次触发到第一个取样之间的固定延时)。每次取样的样点在图 6.15d 中以圆点标出。图 6.15d 为归一化平均后的输出波形。$m = 2$，两次扫描各相应点的瞬时值相加并除以 2，依次类推。6 次扫描后，已得到较清晰的信号波形。实际所得的结果如图 6.15d 中的圆点所示，实线是为帮助观察而附加的。

3. 平均方式

数字多点平均通常具有三种平均方式：线性累加、归一化平均和指数平均。

(1) 线性累加

线性平均对噪声具有最好的平均效果。当采用线性累加方式时，对第 i 个存储单元，m 次扫描后累加平均值为

$$A_m(i) = \sum_{k=1}^{m} f(t_k + iT_s) = \sum_{k=1}^{m} I_{ki} \qquad (6.22)$$

式中，I_{ki} 是第 k 次扫描第 i 个样点的瞬时值。线性累加平均的输出信号随扫描次数增加而增加，对白噪声，信噪比改善为 $\sqrt{m}$。

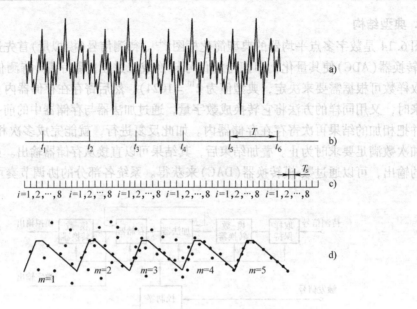

图 6.15 数字多点平均器的信号平均过程

（2）归一化平均

归一化平均克服了线性累加随扫描次数增多会出现输出过载或存储器溢出的缺点，它的计算公式为

$$A_m(i) = \frac{1}{m}\sum_{k=1}^{m} I_{ki} = A_{m-1}(i) + \frac{I_{mi} - A_{m-1}(i)}{m} \tag{6.23}$$

式中，$A_m(i)$ 为 m 次扫描后的平均值；$A_{m-1}(i)$ 为 $m-1$ 次扫描后的平均值。

实际的平均器中用下述近似式代替式（6.23），便于在电路中实现

$$A_m(i) = A_{m-1}(i) + \frac{I_{mi} - A_{m-1}(i)}{2^J} \tag{6.24}$$

式中，J 是一个自动选择的正整数，使得 2^J 最接近于 m。

归一化平均总的信噪比改善可近似按 $\mathrm{SNIR} \approx \sqrt{m}$ 考虑，比线性平均略低一点，但它能提供一个稳定的恒幅显示。

（3）指数平均

指数平均方式适合于在测量期间被测信号不十分稳定的情况下使用。它的性能类似于模拟积分器，信号随每次扫描按指数规律增长，逐渐逼近于平稳的真实波形。把式（6.23）中的 m 用较大的固定正数 α 代替，可得

$$A_m(i) = A_{m-1}(i) + \frac{I_{mi} - A_{m-1}(i)}{\alpha} \tag{6.25}$$

令 $\beta = (\alpha-1)/\alpha$，若 $\alpha \geqslant 1$，则有 $0 < \beta < 1$ 且接近于 1，则式（6.25）可改写为

$$A_m(i) = \beta A_{m-1}(i) + (1-\beta)I_{mi} \tag{6.26}$$

这就是指数加权数字式平均的算法，它也是每次取样数据到来时，根据新数据对上次的平均结果进行修正，得到本次的平均结果。参数 β 决定了递推更新过程中新数据和原平均结果各起多大作用，算法的特性对 β 的依赖性很大。

将式(6.26)展开得

$$A_m(i) = (1-\beta)\sum_{k=1}^{m}\beta^{m-k}I_{ki} \tag{6.27}$$

由式(6.27)可见，平均过程是把每个取样数据乘以一个指数函数，再进行累加，所以这是一种指数加权平均，数据的序号 m 越大，权越重。因此，在平均结果中，新数据比老数据的作用要大，最新的数据($k=m$)权重为 1。

为了计算的方便，常取 $\alpha=2^N$，N 的选取取决于对 SNIR 与扫描时间的折中考虑。当 N 选定后，扫描数为 2^N，这时信号平均后的输出达到 63%。实际上，要求输出充分收敛，则应考虑设定扫描数为 5×2^N。根据式(6.5)，指数平均信噪比改善为

$$\text{SNIR} = \sqrt{2^{N+1}} \tag{6.28}$$

4. 时域平均的频域描述

(1) 幅频响应

对输入信号 $x(t)$ 的一次取样，相当于

$$y(t) = x(t)*\delta(t) = \int_{-\infty}^{\infty}x(t')\delta(t-t')\mathrm{d}t' \tag{6.29}$$

对信号的 N 次取样累加，相当于

$$y(t) = x(t)*\delta(t) + x(t-T)*\delta(t) + \cdots + x(t-(N-1)T)*\delta(t)$$

$$= \int_{-\infty}^{\infty}x(t')\{\delta(t-t') + \delta(t-t'-T) + \cdots + \delta[t-t'-(N-1)T]\}\mathrm{d}t' \tag{6.30}$$

$$\left(\text{由于}\int_{-\infty}^{\infty}x(t'-T)\delta(t-t')\mathrm{d}t' = \int_{-\infty}^{\infty}x(t')\delta(t-t'-T)\mathrm{d}t'\right)$$

根据冲激响应的定义

$$y(t) = x(t)*h(t) = \int_{-\infty}^{\infty}x(t')h(t-t')\mathrm{d}t' \tag{6.31}$$

得平均器的冲激响应为

$$h(t) = \delta(t) + \delta(t-T) + \cdots + \delta[t-(N-1)T] \tag{6.32}$$

平均器的频率响应为

$$H(\mathrm{j}\omega) = \int_{-\infty}^{\infty}\left[\sum_{k=0}^{N-1}\delta(t-kT)\right]\mathrm{e}^{-\mathrm{j}\omega t}\mathrm{d}t = \sum_{k=0}^{N-1}\mathrm{e}^{-\mathrm{j}\omega kT} = \frac{1-\mathrm{e}^{-\mathrm{j}\omega NT}}{1-\mathrm{e}^{-\mathrm{j}\omega T}} \tag{6.33}$$

幅频响应特性为

$$|H(\mathrm{j}\omega)| = \left|\frac{1-\mathrm{e}^{-\mathrm{j}N\omega T}}{1-\mathrm{e}^{-\mathrm{j}\omega T}}\right| = \left|\frac{\sin\left(\dfrac{\omega NT}{2}\right)}{\sin\left(\dfrac{\omega T}{2}\right)}\right| \tag{6.34}$$

N 次平均后

$$|H(\mathrm{j}\omega)| = \frac{1}{N}\left|\frac{\sin\left(\dfrac{\omega NT}{2}\right)}{\sin\left(\dfrac{\omega T}{2}\right)}\right| \tag{6.35}$$

图 6.16 分别给出了 N 为 5 和 10 时的平均器的幅频响应。

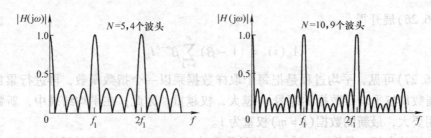

图 6.16　平均器的幅频响应

从图 6.16 中可以看出：

1）平均器相当于一个梳状滤波器，被测周期信号 $x(t)$ 的谐波分量 $nf_1(f_1 = 1/T)$ 可以无失真地通过。

2）观察噪声具有很宽的功率谱，除了 nf_1 附近的功率谱分量可通过外，绝大多数噪声谱分量均被梳状滤波器抑制掉。

3）N 越大，梳状滤波器越理想，信噪比提高就越大。

（2）梳状滤波器带宽

1）梳状滤波器每个梳齿的带宽（ $-3\mathrm{dB}$ 带宽）。由式（6.35），可得梳状滤波器每个梳齿的带宽（ $-3\mathrm{dB}$ 带宽）为

$$\frac{1}{N}\left|\frac{\sin\left(\dfrac{\omega NT}{2}\right)}{\sin\left(\dfrac{\omega T}{2}\right)}\right| = \frac{1}{\sqrt{2}} \tag{6.36}$$

可求出

$$\Delta f = \frac{0.886}{NT} \tag{6.37}$$

例：设信号周期 $T = 10\mathrm{ms}$，即频率 $f = 100\mathrm{Hz}$，$N = 10^6$，$NT = 10^4\mathrm{s}$，相当 $\Delta f = 8.86 \times 10^{-5}\mathrm{Hz}$。

图 6.17 表示一个 200Hz 的方波与 200.1Hz 正弦波相合的波形。当平均器的 $N = 2^{14}$，$T = 20\mathrm{ms}$ 时，由式（6.37）计算得 $\Delta f = 0.0027\mathrm{Hz}$，因此波形恢复如图 6.17b 所示，200.1Hz 正弦波被消除。

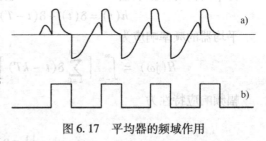

图 6.17　平均器的频域作用

由上所述可见，时域平均与频域的窄带化技术并没有本质上的差异。如果假设 Boxcar 积分器的输入是周期为 T 的正弦波，门宽 $T_{\mathrm{g}} = T/2$。那么，此时的 Boxcar 积分器就相当于 LIA 的工作。

2）等效噪声带宽。由等效噪声带宽的定义：$B_{\mathrm{n}} = \dfrac{1}{H_0^2}\displaystyle\int_0^\infty [H^2(f)]\,\mathrm{d}f$，由于 $H(\omega)$ 是以取样脉冲基波及各次谐波频率为中心的梳状滤波器，每周期内的滤波特性是相同的，因此先求 $(0 \sim 1/T)$ 或 $(0 \sim f_1)$ 内的 B_{n1}：

$$B_{n1} = \frac{1}{H^2(0)} \int_0^{\frac{1}{T}} H^2(\omega)\,\mathrm{d}f = \frac{1}{\pi T N^2} \int_0^\pi \left(\frac{\sin nx}{\sin x}\right)^2 \mathrm{d}x = \frac{1}{NT} \tag{6.38}$$

设信号的最高次谐波频率为 f_m，f_m 内包含的谐波数为 f_m/f_1，则 $(0 \sim f_m)$ 的频带内的等效输出噪声带宽为

$$B_n = \frac{f_m}{f_1} B_{n1} = \frac{f_m}{N}$$

（3）信噪改善比

$$\mathrm{SNIR} = \sqrt{\frac{f_m}{B_n}} = \sqrt{N} \tag{6.39}$$

结论：随着累加次数 N 的增加，等效噪声带宽减小，同时信噪改善比以 $\sqrt{N}$ 方式增加。

5. 数字多点平均器的特点

数字多点平均器在每次触发后产生一系列取样脉冲，对被测波形进行顺序取样扫描，经模-数转换并进行运算后，存储到相应的存储器中，一直到下一个触发周期获得新的数据。因此，与模拟积分器比较，数字存储具有良好的保持性能，避免了积分器漏电效应对仪器的影响。

高分辨率的数字化技术需要快速而准确的取样、精确的定时以及高速模-数转换等技术。目前一般的数字多点平均器的时间分辨率还不是很高，因而它所能恢复的信号最高谐波分量低于 Boxcar 积分器。

表 6.1 列出了 Boxcar 积分器和数字多点平均器几个主要特点的比较。

表 6.1　Boxcar 积分器与数字多点平均器的特点比较

	Boxcar 积分器	数字多点平均器
取样方式	步进变换取样	实时取样
平均器	模拟积分电路	存储器
平均方式	指数；线性	线性；归一；指数
分辨率	好	差
保持时间	差	好

思考题与习题

1. 取样积分与锁定放大有何区别？

2. 取样为什么要积分？积分的作用是什么？

3. 多点取样积分与数字式平均的区别是什么？

4. 噪声中恢复信号用相关法和用数字式平均法相比较，有何相同之处，又有何区别？

5. 被测信号周期 $T = 10\mathrm{ms}$，测量范围 $T_b = 2\mathrm{ms}$，要求信噪改善比 $\mathrm{SNIR} = 10$，选 $T_b = 3\mathrm{ms}$ 以覆盖测量区，$T_g = 100\mu\mathrm{s}$，试求指数式取样积分器的参数 T_c 和 T_s。

第7章 匹配滤波器

信号在传递过程中不可避免地要受到自然和人为的各种干扰，信号检测的目的是用一种最优处理的方法，从受扰观察中获得所传递的信息。这种最优处理的方法，有以下主要的特点：

1）最优处理的标准可能是不同的，例如最优的标准可能是要求获得最大的信噪比，或者是要求有最小的判决损失等。

2）信号处理的方式与结果，与干扰的形式有关，也与信号的形式密切相关。

信号检测的目的就是设计一种最优的处理器，最好地从受扰观测数据获取目标的有关信息。实践表明：雷达接收机输出的信噪比越大，则在观察示波器上越容易发现信号。

从噪声背景下检测波形已知信号的主要工具是匹配滤波器（Matched Filter，MF），它可视为一种优化设计的滤波器。其优化准则是使滤波器输出的信噪比达到最大值，而对输出信号波形是否与真实信号波形完全相同则无要求。即着眼点不是保持原信号不失真，而是提高输出信噪比。

实际上，前面介绍的相关检测和取样积分这两种方法，由时间域转到频率域来理解和处理，就是一个匹配滤波器。这三种方法都可以归结为一个积分方程

$$\int_0^T f(t)\varphi(t)\,dt$$

来表示，其中 $f(t) = s(t) + n(t)$，是接收设备输入端信号 $s(t)$ 和噪声 $n(t)$ 的和。接收设备本身的噪声，可以折合到输入端，一起算到 $n(t)$ 中去。$\varphi(t)$ 是决定于接收设备采用何种方法的加权函数。对于不同的方法，加权函数不一样。

这些方法能提高信噪比的基本原理都一样。它们的基础都是建立在信号出现的前一时刻和后一时刻之间，或信号与另一信号之间的依附性，或称相关性；而信号与噪声间是不相关的，同时噪声出现在时间轴上前后的相关性很弱，也是这些接收方法在充分利用了信号和噪声本身不同特性的基础上提出的。这样才有可能从噪声背景中检测信号，才能把信号和噪声区别开来。

7.1 白噪声背景下的匹配滤波器[18-21][45-47]

如图7.1所示，设滤波器的输入信号是 $y(t) = s(t) + n(t)$，$s(t)$ 的频谱为 $S(j\omega)$，$n(t)$ 是输入白噪声，其双边功率谱密度为 $G_n(\omega) = N_0/2$，N_0 为噪声的单边功率谱密度；输出信号是 $y_o(t) = s_o(t) + n_o(t)$，其中 $s_o(t)$ 为 $s(t)$ 的响应，是有用信号分量，$n_o(t)$ 是输出中的噪声分量；$H(j\omega)$ 是传递函数，亦即我们要设计的滤波器的频率响应函数。

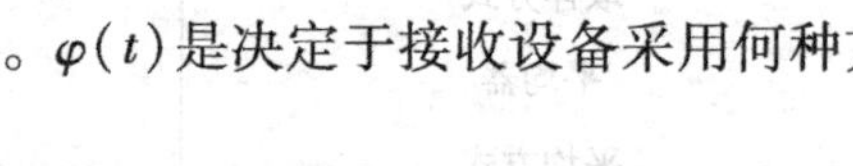

在某时刻 t_0 使输出信号 $s_o(t_0)$ 的瞬时功率与输出噪声 $n_o(t)$ 的平均功率之比（称为输出信噪比）最大的线性滤波器被称为信号 $s(t)$ 的匹配滤波器，因此又

$$y(t)=s(t)+n(t) \longrightarrow \boxed{H(j\omega)} \longrightarrow y_o(t)=s_o(t)+n_o(t)$$

图7.1 信号与噪声通过滤波器

称匹配滤波器为最大输出信噪比的最佳线性滤波器。

匹配滤波器的传输特性与单位冲激响应，实际上就是求 $t = t_0$ 最佳抽样时刻的输出信噪比最大的 $H(j\omega)$ 或 $h(t)$。

1. 匹配滤波器的频域特性

令 $s_o(t)$ 的频谱为 $S_o(j\omega)$，根据线性电路理论有

$$S_o(j\omega) = S(j\omega)H(j\omega) \tag{7.1}$$

由此得

$$s_o(t) = \frac{1}{2\pi}\int_{-\infty}^{\infty} S_o(j\omega)e^{j\omega t}d\omega = \frac{1}{2\pi}\int_{-\infty}^{\infty} S(j\omega)H(j\omega)e^{j\omega t}d\omega \tag{7.2}$$

在 t_0 时刻输出信号的瞬时功率为 $|s_o(t_0)|^2$，输出噪声的统计平均功率为 $E[n_o^2(t_0)]$；输出信噪比为

$$\text{SNR}_o = \frac{|s_o(t_0)|^2}{E[n_o^2(t_0)]} \tag{7.3}$$

根据随机噪声通过线性系统后输出随机噪声的功率谱密度计算式(2.70)，$n_o(t)$ 的功率谱密度为

$$P_{n_o}(\omega) = \frac{N_0}{2}|H(j\omega)|^2 \tag{7.4}$$

$n_o(t)$ 的平均功率为

$$E[n_o^2(t)] = \frac{1}{2\pi}\int_{-\infty}^{\infty} P_{n_o}(\omega)d\omega = \frac{1}{2\pi}\int_{-\infty}^{\infty} \frac{N_0}{2}|H(j\omega)|^2 d\omega \tag{7.5}$$

从而

$$\text{SNR}_o = \frac{\left|\dfrac{1}{2\pi}\displaystyle\int_{-\infty}^{\infty} H(j\omega)S(j\omega)e^{j\omega t_0}d\omega\right|^2}{\dfrac{1}{2\pi}\displaystyle\int_{-\infty}^{\infty} \dfrac{N_0}{2}|H(j\omega)|^2 d\omega} \tag{7.6}$$

SNR_o 与 $H(j\omega)$ 有关。在 $t = t_0$ 时刻，使 SNR_o 最大的 $H(j\omega)$，即为匹配滤波器的传输特性函数。下面利用施瓦茨(Schwartz)不等式求使 SNR_o 最大的 $H(j\omega)$。

施瓦茨(Schwartz)不等式表述如下：对于任意复函数 $X(j\omega)$、$Y(j\omega)$，存在不等式如下：

$$\left|\frac{1}{2\pi}\int_{-\infty}^{\infty} X(j\omega)Y(j\omega)d\omega\right|^2 \leqslant \left[\frac{1}{2\pi}\int_{-\infty}^{\infty}|X(j\omega)|^2 d\omega\right] \cdot \left[\frac{1}{2\pi}\int_{-\infty}^{\infty}|Y(j\omega)|^2 d\omega\right] \tag{7.7}$$

且当 $X(j\omega) = KY^*(j\omega)$ 时，式(7.7)变为等式，其中 K 为常数。

将式(7.7)用于式(7.6)的分子中，且令

$$X(j\omega) = H(j\omega), \quad Y(j\omega) = S(j\omega)e^{j\omega t_0} \tag{7.8}$$

则得到

$$\text{SNR}_o \leqslant \frac{\dfrac{1}{4\pi^2}\displaystyle\int_{-\infty}^{\infty}|H(j\omega)|^2 d\omega \cdot \int_{-\infty}^{\infty}|S(j\omega)|^2 d\omega}{\dfrac{N_0}{4\pi}\displaystyle\int_{-\infty}^{\infty}|H(j\omega)|^2 d\omega} = \frac{\dfrac{1}{2\pi}\displaystyle\int_{-\infty}^{\infty}|S(j\omega)|^2 d\omega}{\dfrac{N_0}{2}} \tag{7.9}$$

根据帕塞瓦定理，有

$$E = \frac{1}{2\pi} \int_{-\infty}^{\infty} |S(j\omega)|^2 d\omega = \int_{-\infty}^{\infty} s^2(t)dt \qquad (7.10)$$

其中 E 为信号 $s(t)$ 的能量。将式(7.10)代入式(7.9)有

$$SNR_o \leqslant \frac{2E}{N_0} \qquad (7.11)$$

式(7.11)说明,线性滤波器在 $t = t_0$ 抽样时刻所能给出的输出信噪比为

$$SNR_{omax} = \frac{2E}{N_0} \bigg|_{t=t_0} \qquad (7.12)$$

由式(7.12),匹配滤波器的输出信噪比与输入信号波形无关,只与信号的能量有关,因此也可以说,匹配滤波器的检测能力与输入信号波形无关,只与能量有关;或者说,在同样的白噪声干扰条件下,只要信号能量相同,并实现匹配滤波,则任何信号形式都能给出相同的检测能力。

式(7.12)成立的条件是 $X(\omega) = KY^*(\omega)$,此时有

$$H(j\omega) = KS^*(j\omega)e^{-j\omega t_0} \qquad (7.13)$$

这就是最佳匹配滤波器的传输特性函数。由式(7.13)可知,使输出信噪比最大的线性滤波器的传输特性函数与信号 $s(t)$ 频谱的复共轭相一致。这看起来又很简单,那么如何从物理直观上理解匹配滤波器呢?

一方面,从幅频特性来看,匹配滤波器和输入信号的幅频特性完全一样。这也就是说,在信号越强的频率点,滤波器的放大倍数也越大;在信号越弱的频率点,滤波器的放大倍数也越小。这就是信号处理中的"马太效应"。也就是说,匹配滤波器是让信号尽可能通过,而不管噪声的特性。因为匹配滤波器的一个前提是白噪声,也即是噪声的功率谱是平坦的,在各个频率点都一样。因此,这种情况下,让信号尽可能通过,实际上也隐含着尽量减少噪声的通过。

另一方面,从相频特性上看,匹配滤波器的相频特性和输入信号正好完全相反。这样,通过匹配滤波器后,信号的相位为零,正好能实现信号时域上的相干叠加。而噪声的相位是随机的,只能实现非相干叠加。这样在时域上保证了输出信噪比的最大。

综上所述,在信号与系统的幅频特性与相频特性中,幅频特性更多地表征了频率特性,而相频特性更多地表征了时间特性。匹配滤波器无论是从时域还是从频域,都充分保证了信号尽可能大地通过,噪声尽可能小地通过,因此能获得最大信噪比的输出。

实际上,匹配滤波器由其命名即可知道其鲜明的特点,那就是这个滤波器是匹配输入信号的。一旦输入信号发生了变化,原来的匹配滤波器就再也不能称为匹配滤波器了。由此,我们很容易联想到相关这个概念,相关的物理意义就是比较两个信号的相似程度。如果两个信号完全一样,不就是匹配了吗?事实上,匹配滤波器的另外一个名字就是相关接收,两者表征的意义是完全一样的。只是匹配滤波器着重在频域的表述,而相关接收则着重在时域的表述。

2. 匹配滤波器的时域特性

根据滤波器的单位冲激响应与传输特性互为傅里叶变换的关系,可求出匹配滤波器的单位冲激响应

$$h(t) = \frac{1}{2\pi} \int_{-\infty}^{\infty} H(j\omega)e^{j\omega t}d\omega = Ks(t_0 - t) \qquad (7.14)$$

式(7.14)表明，匹配滤波器的单位冲激响应 $h(t)$ 是输入信号 $s(t)$ 的镜像函数，t_0 为抽样时刻，根据匹配滤波器的原理，该时刻输出的信噪比最大。

为使匹配滤波器物理可实现，要求当 $t < 0$ 时有 $h(t) = 0$。要满足这个条件，就必须有

$$s(t_0 - t) = 0, \quad t < 0, \quad 即 \, s(t_0) = 0, \quad t > t_0 \tag{7.15}$$

这说明，若 $s(t)$ 在 T_0 时刻消失，则只有当 $t_0 \geq T_0$ 时，匹配滤波器才可实现。一般总希望 t_0 尽量小，所以通常选 $t_0 = T_0$，此时有

$$h(t) = Ks(T_0 - t) \tag{7.16}$$

如图7.2所示，从时域上看，匹配滤波器是将传递函数 $h(t)$ 作用(卷积)于观测信号，选择 T_0 时刻使输出信噪比达到最大(见图7.2a)；对有用信号来说，与 $h(t)$ 卷积的结果在 T_0 时刻取极大值(见图7.2b)。

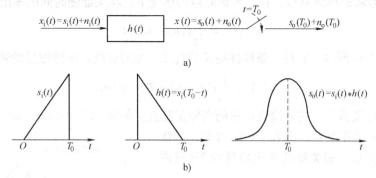

图7.2　匹配滤波作用过程示意图

应当指出，匹配滤波器的主要目的是检测信号，而非提取信号波形，$s_o(t)$ 与 $s(t)$ 的波形大不相同，故匹配滤波器只能检出信号而不估计波形。

在白噪声情况下，匹配滤波器传递函数 $H(\omega)$ 和冲激响应函数 $h(t)$ 的表达式中，非零常数 K 表示滤波器的相对放大量。因为关心的是滤波器的频率特性形状，而不是它的相对大小，所以在讨论中通常取 $K = 1$。这样就有

$$H(j\omega) = S^*(j\omega) e^{-j\omega T_0} \tag{7.17}$$

$$h(t) = s(T_0 - t) \tag{7.18}$$

3. 匹配滤波器与相关器的关系

若信号为 $s(t)$，$0 \leq t \leq T_0$，相关器的输入信号 $x(t)$ 为

$$x(t) = s(t) + n(t)$$

若噪声为零均值白噪声，本地信号为 $s(t)$，$0 \leq t \leq T_0$，相关器将 $x(t)$ 与 $s(t)$ 相乘后进行积分运算，则相关器的输出信号为

$$y_{cor}(t) = \int_0^t x(u)s(u)\,du$$

当 $t \geq T_0$ 时

$$y_{cor}(t \geq T_0) = \int_0^{T_0} x(u)s(u)\,du \tag{7.19}$$

在零均值白噪声情况下，与信号 $s(t)$ ($0 \leq t \leq T_0$) 相匹配的滤波器的冲激响应 $h(t) = s(T_0 - t)$，这里取 $K = 1$，并认为信号 $s(t)$ 是实信号。于是，匹配滤波器的输出信号为

$$y_{MF}(t) = \int_0^t x(t-\tau)h(\tau)d\tau = \int_0^t x(t-\tau)s(T_0-\tau)d\tau \qquad (7.20)$$

当 $t = T_0$ 时

$$y_{MF}(t = T_0) = \int_0^{T_0} x(T_0-\tau)s(T_0-\tau)d\tau = \int_0^{T_0} x(u)s(u)du \qquad (7.21)$$

显然，在 $t = T_0$ 时刻，在零均值白噪声条件下，匹配滤波器的输出与相关器的输出是相等的。因此，相关器和匹配滤波器在 $t = T_0$ 时刻是等价的，可用匹配滤波器替代相关器，如图 7.3 所示。但当 $t \neq T_0$ 时刻，相关器和匹配滤波器的输出一般不相等。

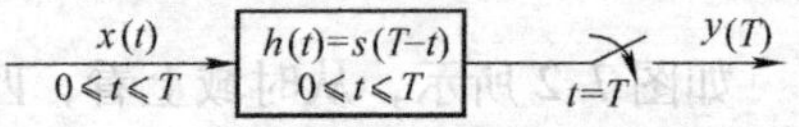

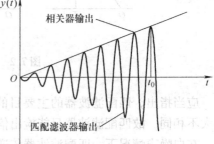

图 7.3 用匹配滤波器实现相关器

例如，对于已知的正弦信号 $s(t)$，为了使互相关最强，本地信号将选择为 $s(t)$，在不考虑噪声的情况下，相关器随时间的输出信号为

$$y_{cor}(t) = \int_0^t s(u)s(u)du$$

在 $0 \leq t \leq T_0$ 范围内，它是一条线性增长的直线；而相应的匹配滤波器的输出信号为

$$y_{MF}(t) = \int_0^t s(t-\tau)s(T_0-\tau)d\tau$$

在 $0 \leq t \leq T_0$ 范围内，它是线性增长的调幅正弦波。如果 $\omega_0 T_0 = 2m\pi$，其中 ω_0 是正弦信号的角频率，m 是正整数，则在 $t = T_0$ 时刻，匹配滤波器的输出信号与相关器的输出信号相等（见图 7.4）。

相关接收机和匹配滤波器各有特点，采用哪个合适要根据具体情况而定。一般来说，相关接收机需要一个本地相关信号 $s(t)$，而且要求它和接收信号 $x(t)$ 中的有用信号严格同步，这一点是难以实现的。匹配滤波器不需要本地相干信号，因此结构比较简单，但其冲激响应与有用信号的匹配往往难以精确做到。

图 7.4 输入为正弦波时相关器和匹配滤波器的输出

例 7.1 设输入信号 $s(t)$ 如下，试求该信号的匹配滤波器传输函数和输出信号波形（取 $T_0 = T$）。

$$s(t) = \begin{cases} 1, & 0 \leq t \leq T/2 \\ 0, & 其他 \end{cases}$$

解: (1) 匹配滤波器的单位冲激响应为

$$h(t) = s(T_0-t) = s(T-t)$$

$h(t)$ 的波形如图 7.5b 所示，其傅里叶变换为

$$H(j\omega) = \int_{-\infty}^{\infty} h(t)e^{-j\omega t}dt = \int_{T/2}^{T} e^{-j\omega t}dt = \frac{1}{j\omega}(e^{j\omega\frac{T}{2}}-1)e^{-j\omega T}$$

也可以先求解输入信号的频谱

$$S(j\omega) = \int_{-\infty}^{\infty} s(t)e^{-j\omega t}dt = \int_0^{T/2} e^{-j\omega t}dt = \frac{1}{j\omega}(1-e^{-j\omega\frac{T}{2}})$$

然后再利用式(7.17)求解 $H(j\omega)$

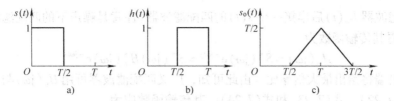

图 7.5　例 7.1 图示

$$H(j\omega) = S^*(j\omega)e^{-j\omega T} = \frac{1}{j\omega}(e^{j\omega\frac{T}{2}} - 1)e^{-j\omega T}$$

(2) 由式(7.20)可得

$$s_o(t) = \int_0^t s(t-\tau)h(\tau)\mathrm{d}\tau = \int_0^t s(t-\tau)s(T-\tau)\mathrm{d}\tau$$

$$= \begin{cases} -\dfrac{T}{2} + t, & \dfrac{T}{2} \leqslant t < T \\ \dfrac{3}{2}T - t, & T < t \leqslant \dfrac{3}{2}T \\ 0, & 其他 \end{cases}$$

波形如图 7.5c 所示。可以看出，$s_o(t)$ 为三角脉冲，在 $t = T$ 时刻到达峰值，与输入信号 $s(t)$ 大不相同。

7.2　色噪声背景下确知信号的匹配滤波器[18-21][45-47]

前一节假定观测噪声是零均值白噪声，现在讨论非白噪声(即色噪声)的情况。色噪声背景下确知信号的匹配滤波器一般称为广义匹配滤波器。

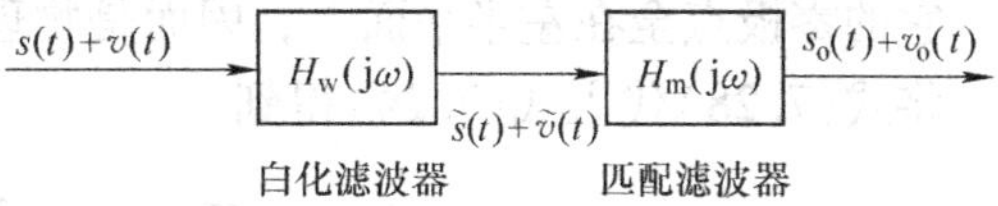

下面采用预白化的方法求解广义匹配滤波器。所谓预白化方法，是将含有色噪声的输入信号先通过一个白化滤波器，使色噪声变为白噪声，然后再串接一个白噪声背景下的匹配滤波器，从而得到广义匹配滤波器。我们将线性滤波器 $H(\omega)$ 分解成两个级联的滤波器 $H_w(\omega)$ 和 $H_m(\omega)$ 并示于图 7.6 中。

图 7.6　广义匹配滤波器

对于白化滤波器 $h_w(t)$，要使其输出变为白噪声，则需满足

$$|H_w(j\omega)|^2 N(\omega) = c$$

式中，c 为任意常数，一般取为 1；$H_w(j\omega)$ 为 $h_w(t)$ 的傅里叶变换；$N(\omega)$ 为色噪声 $n(t)$ 的功率谱密度。

由上式可得

$$|H_w(j\omega)|^2 = \frac{1}{N(\omega)} \tag{7.22}$$

另一方面，信号 $s(t)$ 也通过了白化滤波器 $h_w(t)$，其输出变为

$$\tilde{s}(t) = s(t) * h_w(t)$$

写成频域表达式为

$$\tilde{S}(j\omega) = S(j\omega)H_w(j\omega) \tag{7.23}$$

在白化滤波器 $h_w(t)$ 后串接一个 $\tilde{s}(t)$ 的匹配滤波器(注意是噪声下的匹配滤波器)$h_m(t)$,由式(7.17)得其传输函数为

$$H_m(j\omega) = \tilde{S}^*(j\omega)e^{-j\omega t_0} = S^*(j\omega)H_w^*(j\omega)e^{-j\omega t_0} \tag{7.24}$$

它的输出端将给出最大信噪比。由此可知,广义匹配滤波器可用 $H_w(j\omega)$ 与 $H_m(j\omega)$ 级联得到,由式(7.22)、式(7.23)和式(7.24),其传输函数应为

$$H(\omega) = H_w(j\omega)H_m(j\omega) = \frac{S^*(j\omega)e^{-j\omega t_0}}{N(\omega)} \tag{7.25}$$

剩下的问题是如何确定白化滤波器 $H_w(j\omega)$,这是系统设计的关键。如果 $N(\omega)$ 可用有理函数表示,则有

$$N(\omega) = a^2 \frac{(\omega^2 + c_1^2)(\omega^2 + c_2^2)\cdots(\omega^2 + c_m^2)}{(\omega^2 + b_1^2)(\omega^2 + b_2^2)\cdots(\omega^2 + b_n^2)}$$

$$= \left[a \frac{(j\omega + c_1)(j\omega + c_2)\cdots(j\omega + c_m)}{(j\omega + b_1)(j\omega + b_2)\cdots(j\omega + b_n)} \right] \left[a \frac{(-j\omega + c_1)(-j\omega + c_2)\cdots(-j\omega + c_m)}{(-j\omega + b_1)(-j\omega + b_2)\cdots(-j\omega + b_n)} \right] \tag{7.26}$$

根据功率谱密度的性质及特点,可将 $N(\omega)$ 分解为

$$N(\omega) = N^+(\omega)N^-(\omega) \tag{7.27}$$

式中,$N^+(\omega)$ 表示零极点均在复平面 $P(P = \sigma + j\omega)$ 左半平面的部分,对应于正时间函数;$N^-(\omega)$ 表示零极点均在复平面 $P(P = \sigma + j\omega)$ 右半平面的部分,对应于负时间函数。$N^+(\omega)$ 和 $N^-(\omega)$ 是共轭的。

考虑到物理可实现性,可以导出白化滤波器 $H_w(j\omega)$ 的表达式为

$$H_w(j\omega) = \frac{1}{N^+(\omega)} \tag{7.28}$$

它的零极点全在左半平面上,因而是物理可实现的。

将式(7.28)代入式(7.24)得到

$$H_m(j\omega) = \frac{S^*(j\omega)}{N^-(j\omega)}e^{-j\omega t_0} \tag{7.29}$$

它所对应的冲激响应 $h_m(t)$ 在负时间域不全为零,是物理不可实现系统。为了得到物理可实现的匹配滤波器,应当取 $h_m(t)$ 在正时间域的那部分作为系统的冲激响应函数,即取 $H_m(j\omega)$ 中零极点分布在左半平面的部分 $H_m^+(j\omega)$,故

$$H(\omega) = H_w(j\omega)H_m^+(j\omega) = \frac{1}{N^+(\omega)}\left[\frac{S^*(j\omega)e^{-j\omega t_0}}{N^-(\omega)}\right]^+ \tag{7.30}$$

例 7.2 已知输入色噪声的功率谱密度为 $N(\omega) = \dfrac{2(\omega^2 + 1)}{\omega^2 + 4}$,求白化滤波器的传递函数 $H_w(j\omega)$。

解: 首先把 $N(\omega)$ 写成因子乘式

$$N(\omega) = N^+(j\omega)N^-(j\omega) = \left[\frac{\sqrt{2}(j\omega + 1)}{j\omega + 2}\right]\left[\frac{\sqrt{2}(j\omega - 1)}{j\omega - 2}\right]$$

则白化滤波器的传递函数 $H_w(j\omega)$ 为

$$H_w(j\omega) = \frac{1}{N^+(\omega)} = \frac{j\omega + 2}{\sqrt{2}(j\omega + 1)}$$

例 7.3 设输入信号 $s(t) = 1 - \cos(\omega_0 t)$，$0 \leq t \leq T$，$\omega_0 T = 2\pi$，输入噪声的功率谱 $N(\omega)$ $= \dfrac{\omega_1^2}{\omega^2 + \omega_1^2}$，试求广义匹配滤波器的 $H(\omega)$ 和 $h(t)$。

解： 首先分解 $N(\omega)$ 为

$$N(\omega) = \frac{\omega_1^2}{\omega^2 + \omega_1^2} = \frac{\omega_1}{j\omega + \omega_1} \cdot \frac{\omega_1}{-j\omega + \omega_1} = N^+(\omega) N^-(\omega)$$

则

$$H_w(j\omega) = \frac{1}{N^+(\omega)} = \frac{j\omega + \omega_1}{\omega_1}$$

信号 $s(t)$ 的频谱为

$$S(\omega) = 2\pi\delta(\omega) - \pi[\delta(\omega + \omega_0) + \delta(\omega - \omega_0)]$$

经过白化滤波器后，输出信号频谱为

$$\bar{S}(\omega) = S(\omega) H_w(\omega) = \frac{j\omega + \omega_1}{\omega_1}\{2\pi\delta(\omega) - \pi[\delta(\omega + \omega_0) + \delta(\omega - \omega_0)]\}$$

故对 $\bar{S}(\omega)$ 进行匹配滤波的 $H_m(\omega)$ 为

$$H_m(\omega) = \bar{S}^*(\omega) e^{-j\omega T} = \frac{-j\omega + \omega_1}{\omega_1}\{2\pi\delta(\omega) - \pi[\delta(\omega + \omega_0) + \delta(\omega - \omega_0)]\} e^{-j\omega T}$$

明显地，$H_m(\omega)$ 为一物理可实现的滤波器。因此，总的物理可实现匹配滤波器的传递函数为

$$\begin{aligned}
H(\omega) &= H_w(j\omega) H_m(j\omega) \\
&= \frac{j\omega + \omega_1}{\omega_1} \frac{-j\omega + \omega_1}{\omega_1}\{2\pi\delta(\omega) - \pi[\delta(\omega + \omega_0) + \delta(\omega - \omega_0)]\} e^{-j\omega T} \\
&= \frac{\omega^2 + \omega_1^2}{\omega_1^2}\{2\pi\delta(\omega) - \pi[\delta(\omega + \omega_0) + \delta(\omega - \omega_0)]\} e^{-j\omega T}
\end{aligned}$$

其冲激响应函数为

$$h(t) = \frac{1}{2\pi}\int_{-\infty}^{\infty} H(\omega) e^{j\omega t}\,d\omega = 1 - \frac{\omega_0^2 + \omega_1^2}{\omega_1^2}\cos(\omega_0 t), \quad 0 \leq t \leq \frac{2\pi}{\omega_0}$$

7.3 信号波形未知时构造匹配滤波器的方法[51]

如前所述，匹配滤波器是从噪声背景下检测已知确定信号的主要工具。但实际情形往往是事前未知信号的准确波形，因此不能直接构造匹配滤波器。当未知波形的确定信号具有周期性重复特点时，则可用相干平均的方法提取其波形，然后构造匹配滤波器。

7.3.1 用相干平均方法提取未知确定性信号波形

1. 相干平均原理

设观测信号 $x_i(t)$ 由确定性重复信号 $s_i(t)$ 和噪声 $n_i(t)$ 叠加而成

$$x_i(t) = s_i(t) + n_i(t) \tag{7.31}$$

式中，下标 i 表示第 i 次观测记录。若作 N 次测量，且每次记录数据皆对准某一时间起点开始记录，将数据在该时间起点对齐条件下作累加平均可得平均信号 $\bar{x}(t)$，即

$$\bar{x}(t) = \frac{1}{N} \sum_{i=1}^{N} x_i(t) \tag{7.32}$$

因累加平均是在初始时刻对齐条件下进行的，相当于信号起始相位相同，故称为相干平均。

若 $s_i(t)$ 是各次相同的确定性过程 $s(t)$ 的周期性重复，而噪声 $n_i(t)$ 是非平稳过程，均值 $E[n_i(t)] = 0$，且各次记录 $n_i(t)$ 相互独立，即 $E[n_i(t)n_j(t)] = 0$，$E[n_i^2(t)] = \sigma_n^2(t)$，则 $\bar{x}(t)$ 将是 $s(t)$ 的无偏估计，即

$$E[\bar{x}(t)] = \frac{1}{N} \Big[\sum_{i=1}^{N} s_i(t) \Big] + \frac{1}{N} \sum_{i=1}^{N} E[n_i(t)] = s(t) \tag{7.33}$$

其估计方差

$$
\begin{aligned}
\mathrm{Var}\{\bar{x}(t)\} &= E\big[\{\bar{x}(t) - E[\bar{x}(t)]\}^2 \big] \\
&= E\Big[\Big\{ s(t) + \frac{1}{N} \sum_{i=1}^{N} n_i(t) - E\Big[s(t) + \frac{1}{N} \sum_{i=1}^{N} n_i(t) \Big] \Big\}^2 \Big] \\
&= E\Big[\Big\{ \Big[s(t) + \frac{1}{N} \sum_{i=1}^{N} n_i(t) \Big] - s(t) \Big\}^2 \Big] \\
&= \frac{1}{N^2} \sum_{i=1}^{N} \sum_{j=1}^{N} E[n_i(t)n_j(t)] \\
&= \frac{1}{N} \sigma_n^2(t) \tag{7.34}
\end{aligned}
$$

当 $N \to \infty$ 时，$\mathrm{Var}\{\bar{x}(t)\} \to 0$，即 $\bar{x}(t)$ 也是 $s(t)$ 的一致估计。

2. 相干平均特性

从信噪比上看，单次观测信号 $x_i(t)$ 中信噪比为

$$\mathrm{SNR}_{x_i} = |s_i(t)|^2 / E[n_i^2(t)] = |s(t)|^2 / \sigma_n^2 \tag{7.35}$$

经 N 次相干平均后信噪比为

$$\mathrm{SNR}_{\bar{x}} = |s(t)|^2 \Big/ E\Big[\Big(\frac{1}{N} \sum_{i=1}^{N} n_i(t) \Big)^2 \Big] = N |s(t)|^2 / \sigma_n^2 \tag{7.36}$$

可见 N 次相干平均后，功率信噪比提高了 N 倍，即幅度信噪比提高了 $\sqrt{N}$ 倍，相干平均改善了信噪比。从频域上看，相干平均后噪声功率谱 $S_{\bar{n}}(\omega)$ 与相干平均前噪声功率谱 $S_n(\omega)$ 之间有如下关系：

$$S_{\bar{n}}(\omega) = |H(\omega)|^2 S_n(\omega) \tag{7.37}$$

式中，$H(\omega)$ 为相干平均运算操作所产生的滤波效果（幅频特性）。

设相邻两次观测时间（i 和 k）的间隔为 T，由式(7.34)知

$$
\begin{aligned}
\mathrm{Var}\{\bar{x}(t)\} &= \frac{1}{N^2} \sum_{i=1}^{N} \sum_{k=1}^{N} E[n_i(t)n_k(t)] \\
&= \frac{1}{N^2} \sum_{i=1}^{N} \sum_{k=1}^{N} R_n[(k-i)T] \tag{7.38}
\end{aligned}
$$

据维纳-辛钦定理有

$$\begin{aligned}
\mathrm{Var}\{\bar{x}(t)\} &= \frac{1}{N^2}\sum_{i=1}^{N}\sum_{k=1}^{N}\frac{1}{2\pi}\int_{-\infty}^{\infty}S_\mathrm{n}(\omega)\mathrm{e}^{\mathrm{j}(k-i)\omega T}\mathrm{d}\omega \\
&= \frac{1}{2\pi}\int_{-\infty}^{\infty}S_\mathrm{n}(\omega)\Big[\frac{1}{N^2}\sum_{i=1}^{N}\sum_{k=1}^{N}\mathrm{e}^{\mathrm{j}(k-i)\omega T}\Big]\mathrm{d}\omega \\
&= \frac{1}{2\pi}\int_{-\infty}^{\infty}S_\mathrm{n}(\omega)\Big|\frac{1}{N}\sum_{i=1}^{N}\mathrm{e}^{\mathrm{j}(i\omega T)}\Big|^2\mathrm{d}\omega \\
&= \frac{1}{2\pi}\int_{-\infty}^{\infty}S_\mathrm{n}(\omega)\left(\frac{\sin\dfrac{N\omega T}{2}}{N\sin\dfrac{\omega T}{2}}\right)^2\mathrm{d}\omega
\end{aligned} \tag{7.39}$$

式(7.39)左边实为相干平均后噪声功率谱 $S_{\bar{\mathrm{n}}}(\omega)$。对照式(7.37)，可知

$$|H(\omega)| = \left|\frac{\sin\dfrac{N\omega T}{2}}{N\sin\dfrac{\omega T}{2}}\right| \tag{7.40}$$

此式与第 6 章 6.4 节数字多点平均器传递函数的幅频特性表达式(6.35)完全相同。由图 6.16 可知，$H(\omega)$ 相当于梳状滤波器，其峰值在 $f = k/T$ 处，谷值在 $f = \left(k+\dfrac{1}{2}\right)\!\Big/T$ 处，梳齿宽度 $\Delta f = 1/NT$。N 越大，齿越窄。因此，相干平均是从噪声背景中提取确定性重复(或周期)信号的有效办法。先将含未知波形的确定性重复信号 $s(t)$ 和加性噪声 $n_i(t)$ 的观测信号 $x_i(t)$ 进行相干平均；当累加次数足够多之后，便以平均波形 $\bar{x}(t)$ 作为确定信号 $s(t)$ 的典型波形，再以此波形设计匹配滤波器作后面处理。

7.3.2　有用信号有一定随机性时的匹配滤波处理

当淹没于噪声中的有用信号有一定随机性而不能完全稳定重现时，则应随检测过程不断更新匹配滤波参数，以更好地逼近真实信号。设 $h_M(k) = s_M(N-k)$ 为第 M 次匹配滤波模板；$s_{M+1}(k)$ 为第 $M+1$ 次检测到的信号波形，则第 $M+1$ 次检测后使用匹配滤波器模板 $h_{M+1}(k)$ 可按下式修正

$$h_{M+1}(k) = \beta h_M(k) + (1-\beta)s_{M+1}(k) \tag{7.41}$$

式中，β 为小于 1 的正常数。

例如，在上述相干平均处理过程中，先利用 M 次平均后的信号设计匹配滤波器的模板；当作 $M+1$ 次平均后，新的平均信号即可作为模板的修正因子去修改匹配滤波器模板，以得到更佳的匹配滤波效果。

思考题与习题

1. 证明匹配滤波器对波形相同而幅值不同的时延信号具有适应性。
2. 证明匹配滤波器对频移信号不具备适应性。
3. 已知信号 $s(t)$ 是幅度为 V、宽度为 τ 的矩形脉冲

$$s(t) = \begin{cases} V, & 0 \leqslant t \leqslant \tau \\ 0, & 其他 \end{cases}$$

若观测信号 $y(t)$ 为信号 $s(t)$ 与白噪声 $n(t)$ 的叠加，白噪声谱密度为 $N_0/2$。

试求：（1）匹配滤波器的幅频特性；（2）信号 $s(t)$ 经匹配滤波后输出信号 $s_o(t)$ 的幅频特性；（3）画出 $s_o(t)$ 的时域波形；（4）求经匹配滤波后的信噪比。

4. 试求指数信号在非白噪声背景下的广义匹配滤波器。设信号为

$$s(t) = \begin{cases} e^{-t/2} - e^{-t}, & t \geqslant 0 \\ 0, & t < 0 \end{cases}$$

噪声的功率谱密度为

$$N(\omega) = \frac{1}{1+\omega^2}$$

5. 已知白噪声背景下的确知信号

$$s(t) = \begin{cases} V, & 0 \leqslant t \leqslant T \\ 0, & \text{其他} \end{cases}$$

（1）求匹配滤波器的输出信噪比；

（2）若不用匹配滤波器，而用一个简化的线性滤波器

$$h(t) = \begin{cases} e^{-\alpha t}, & 0 \leqslant t \leqslant T \\ 0, & \text{其他} \end{cases}$$

求输出信噪比，以及使输出峰值信噪比最大所对应的 α 值，并与（1）的匹配滤波器的性能作比较。

（3）若采用如下滤波器

$$h(t) = \begin{cases} e^{-\alpha t}, & t \geqslant 0 \\ 0, & t < 0 \end{cases}$$

求输出信噪比，并证明此时的信噪比总是小于等于(2)中的信噪比。

第8章　光子计数技术

现代光测量技术已步入极微弱发光分析时代。在诸如生物微弱发光分析、化学发光分析、发光免疫分析等领域中，辐射光强度极其微弱，要求对所辐射的光子数进行计数检测。对于一个具有一定光强的光源，若用光电倍增管接收它的光强，如果光源的输出功率极其微弱，相当于每秒钟光源在光电倍增管接收方向发射数百个光子的程度，那么光电倍增管输出就呈现一系列分立的尖脉冲，脉冲的平均速率与光强成正比，在一定的时间内对光脉冲计数，便可检测到光子流的强度，这种测量光强的方法称为光子计数。光子计数技术在高分辨率的光谱测量、非破坏性物质分析、高速现象检测、精密分析、大气测污、生物发光、放射探测、高能物理、天文测光、光时域反射、量子密钥分发系统等领域有着广泛的应用。由于单光子探测器在高技术领域的重要地位，它已经成为各发达国家光电子学界重点研究的课题之一。

单光子探测是一种极微弱光探测法，它所探测的光的光电流强度比光电检测器本身在室温下的热噪声水平（10^{-14}W）还要低，用通常的直流检测方法不能把这种淹没在噪声中的信号提取出来。单光子计数方法利用弱光照射下光子探测器输出电信号自然离散的特点，采用脉冲甄别技术和数字计数技术把极其弱的信号识别并提取出来。这种技术和模拟检测技术相比有如下优点：

1）测量结果受光电探测器的漂移、系统增益变化以及其他不稳定因素的影响较小。

2）消除了探测器的大部分热噪声的影响，大大提高了测量结果的信噪比。

3）有比较宽的线性动态区。

4）可输出数字信号，适合与计算机接口连接进行数字数据处理。

8.1　光子计数原理概述[3-5][37]

8.1.1　光子流量和光流强度

光是由光子组成的光子流，光子是一种没有静止质量，但有能量（动量）的粒子。一个频率为 ν 或波长为 λ 的光子，其能量为

$$E_p = h\nu = hc/\lambda \tag{8.1}$$

式中，普朗克常量 $h = 6.6 \times 10^{-34}$J·s；光速 $c = 3.0 \times 10^8$m/s。

以波长 $\lambda = 6.3 \times 10^{-7}$m 的氦-氖激光器为例，一个光子的能量为

$$E_p = \frac{6.6 \times 10^{-34} \times 3 \times 10^8}{6.3 \times 10^{-7}}\text{J} = 3.1 \times 10^{-19}\text{J} \tag{8.2}$$

一束单色光的功率等于光子流量乘以光子能量，即

$$P = RE_p \tag{8.3}$$

光子的流量 R（每秒光子个数）为单位时间内通过某一截面的光子数，如果设法测出入

射光子的流量 R，就可以计算出响应的入射光功率 P。

有了一个光子能量的概念，就对微弱光的量级有了明显的认识。例如，对于氦-氖激光器而言，1mW 的光功率并不是弱光范畴，因为光功率 $P = 1\text{mW}$，则

$$R = P/E_\text{p} = 3.2 \times 10^{15} \text{光子/s} \tag{8.4}$$

所以 1mW 的氦-氖激光，每秒有 10^{15} 量级的光子，从光子计数的角度看，如此大量的光子数是很强的光子。

对于光子流量值为 1 的氦-氖激光，其功率是 $3.1 \times 10^{-19}\text{W}$。当 $R = 10000$ 个光子/s 时，则光功率为 $3.1 \times 10^{-15}\text{W}$。当光功率为 10^{-16}W 时，这种氦-氖激光的近单色光的光子流量为

$$R = \frac{10^{-16}}{3.16 \times 10^{-19}} \text{光子/s} = 3.2 \times 10^{2} \text{光子/s} \tag{8.5}$$

当光流强度小于 10^{-16}W 时通常称为弱光，此时可见光的光子流量可降到 1ms 内不到一个光子。单光子计数就是对单个光子进行检测，进而得出弱光的光流强度。

8.1.2 光子发射的泊松分布

光子计数器的计数随机起伏，另一个主要原因是由被测光源发射的光子本身具有随机性引起的。即使没有光电倍增管的噪声脉冲，对微弱光进行计数测量时，会发现光子计数结果也会起伏变化。

来自光源发射光子的随机起伏，通常认为服从泊松分布。设在 t 时间内平均发射光子数为 Rt，其中 R 为光子平均速率（光子数/s），则在 t 时间内有 n 个光子到达光电倍增管光阴极的概率为

$$P(n, \ t) = \frac{(Rt)^{n} \text{e}^{-Rt}}{n!} \tag{8.6}$$

式（8.6）说明，在 t 时间内发射的光子数是起伏的，根据泊松分布，其标准偏差为

$$\sigma = \sqrt{Rt} \tag{8.7}$$

由于光子发射的不均匀性，造成了光子计数器读数的不准确，其输出信噪比为

$$\text{SNR}_\text{o} = \frac{Rt}{\sqrt{Rt}} = \sqrt{Rt} \tag{8.8}$$

式（8.8）说明，在 R 保持不变时，测试的时间间隔 t 越小，则输出的信噪比越低。例如，$Rt = 6$ 时，$\text{SNR}_\text{o} = \sqrt{6}$；而 $Rt = 1$ 时，则 SNR_o 将降低到 1。又如，若光子速率 $R = 100$ 光子/s，则计数时间分别为 0.1s、1s 及 10s 时，测量到的光子数分别为

$$Rt = 10, \ 10 \pm \sqrt{10} = 6 \sim 13$$
$$Rt = 100, \ 100 \pm \sqrt{100} = 90 \sim 110$$
$$Rt = 1000, \ 1000 \pm \sqrt{1000} = 970 \sim 1030$$

可见，光子计数器的计数时间越长，则计数结果的相对起伏越小，即测量准确性越高。但是，相应测量时间也越长，这一点与第 6 章介绍的 Boxcar 的平均次数 n 越长，信噪比越高是一致的。

综上所述，要提高光子计数器的计数准确性，关键是要减小光电倍增管的噪声脉冲及增加计数时间，在光子计数器电路设计时，应着重加以考虑。

8.1.3 光电子脉冲堆积效应

光子计数器可以用来测量极微弱的光强，但对于强光测量时就可能造成较大误差。这是因为光强很高时，光子速率 R 很大，因此很可能在同一时刻有多个光子一起发射及接收，从而相当于一个光子的效应，造成了计数丢失的现象。在光子计数器中，这种由于光电倍增管光电子渡越时间的离散性而造成输出脉冲互相重叠的脉冲堆积效应限制了光子计数器可测量的最高光子速率。显然，光越强，相当于 R 越大，则漏计概率也越大。因此，光子计数器只能用于极微弱光测量，对于强光则测量误差很大。

8.1.4 光子计数原理框图

图 8.1 是光子计数原理框图。光子计数器主要由光电倍增管、放大器、甄别器和计数器组成。光电计数器工作时，光电倍增管的光电阴极接受光辐射的照射，在光电倍增管的负载上形成了一系列的电脉冲，把它连接到放大器上。这些脉冲经放大器放大后，加在甄别器的输入器上，甄别器滤除部分噪声脉冲，只允许那些和光辐射功率成正比的脉冲通过，并送入计数器。

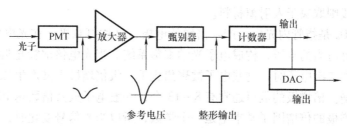

图 8.1 光子计数原理框图

8.2 常用单光子探测器

8.2.1 光电倍增管

光电倍增管(Photo Multiplier Tube，PMT)是最悠久也是最成熟的单光子检测器件，它是一种基于外光电效应和二次电子发射效应的电真空器件。由于 PMT 具有高增益，低噪声等效功率(暗电流小)等优点，在光电检测领域获得广泛的应用，但它有些缺点也限制了其在某些方面的应用，如体积庞大、反向偏压高，只能工作在超紫外和可见光谱范围使其无法在红外通信波段中应用、抗外磁场差、使用维护复杂等，因此不少国家和机构投入大量人力物力继续对 PMT 进行研究改进。本节将对光电倍增管的组成、类型以及使用特性进行介绍。

1. 光电倍增管的组成

光电倍增管主要由光窗、光阴极、倍增极和阳极组成，其构造示意图如图 8.2 所示。
光窗 W 是光线或射线射入的窗口，检测不同波长的光，应选择不同的光窗玻璃。光电倍增管的窗材料通常由硼硅玻璃、透紫玻璃(UV 玻璃)、合成石英玻璃和氟化镁(或镁氟化物)玻璃制成。硼硅玻璃窗材料可以透过近红外至 300nm 可见入射光，而其他三种玻璃材料则可用于对紫外区不可见光的探测。

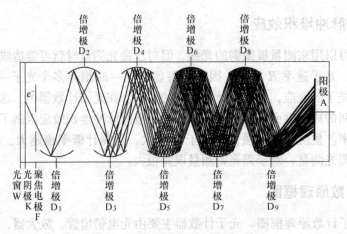

图 8.2　光电倍增管的构造示意图

光阴极 K 是接收光子产生光电子的电极，常用光电转换系数大的 Cs-Sb 锑铯化合物、K-Cs-Sb 双碱阴极材料等，一般为半透明镀膜。一般情况下，光谱响应特性的长波段取决于光阴极材料，短波段则取决于入射窗材料。

倍增极 $D_1 \sim D_9$ 是指管内光电子产生倍增的电极，又称打拿极。在光电倍增管的光阴极及各倍增极上加有适当的电压，构成电子光学聚集系统。当光电倍增管光阴极产生的光电子打到倍增极上产生二次电子时，这些电子被聚焦到下一级倍增极上又产生二次电子，因此使管内电子数目倍增。倍增极的数目通常有 8～13 个，一般电子放大倍数达 $10^6 \sim 10^9$。当极间电压一定后，倍增极的倍增因子基本上是一个常数，所以当光信号变化时，倍增后的光电子也随之变化，使输出的阳极电流正比于输入光子数。

阳极 A 是最后收集电子的电极，常用 Ni、Mo、Nb 等电子电离能较大的材料制作。经过多次倍增后的电子被阳极收集，形成输出信号，阳极与末级倍增极间要求有最小的电容。

对于图 8.2 的 9 级倍增极，若各倍增极的次级发射系数为 4，则 PMT 的总增益 G 为

$$G = 4^9 = 2.6 \times 10^5$$

即从阴极发射出一个光电子，阳极就能收到 2.6×10^5 个电子，增益用分贝表示可达 $20\lg G = 108$dB。由于 PMT 的输出电流是通过逐级倍增来实现的，先要从阴极产生光电发射，而第一级要收到光电子才有效，因此从阴极到第一打拿级的电子收集最为重要。聚焦电极 F 可以对光阴极发出的光电子聚焦，提高下一级电极对电子的收集效率。

2. 光电倍增管的供电方式及分压电阻的选择

（1）光电倍增管的供电方式

图 8.3a 和 b 分别为光电倍增管的正、负高压供电方式。对于正高压供电，阳极及最后几个打拿极处于高电位，隔直电容需要耐高压，体积较大，增加了分布电容，使输出脉冲的幅度减小，也增加了噪声；而闪烁体与光阴极处于低电位，操作安全。对于负高压供电，阳极处于低电位，隔直电容体积小，分布电容变小，输出脉冲的幅度变大，噪声低；但光阴极处于负高压，操作需要小心。对于这两种供电方式，阳极输出均为负信号，倍增极输出为正信号。因为光电倍增管的放大倍数正比于高压，所以，要保持放大倍数的稳定性，高压电源的稳定性应好于 0.1%。

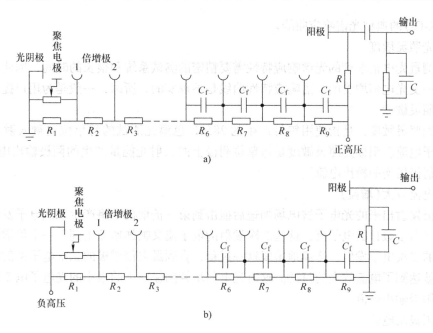

图 8.3　光电倍增管的正、负高压供电方式

a）正高压供电　b）负高压供电

（2）分压电阻的选择

光电倍增管各电极上的电压由电阻组成的分压器提供，电压值与电阻绝对值的大小无关，只与它们的相对值有关。分压电阻的绝对值决定了分压器的静态工作电流的大小。

对于野外仪器使用的光电倍增管，应减小静态工作电流，以降低电源的功率消耗，分压电阻应该取大一些。但分压电阻也不能太大，否则会影响光电倍增管的工作稳定性。因为辐射引起的极间动态电流会使极间电阻发生变化，进而影响极间电压的分配。为防止极间电压的突变，后几级倍增极之间需要加旁路电容 C_f，大小为 $0.001 \sim 0.01 \mu F$。一般讲，分压电阻的总值能保证 1mA 的静态工作电流即可。前几级倍增极的分压电阻的大小对放大倍数影响较大，后几级倍增极的分压电阻取值应避免空间电荷饱和现象，否则会影响能量分辨本领。第一个倍增极的电压应适当高一点，有利于提高信噪比。阳极不再倍增电子，只起收集电荷的作用，因此最后一个倍增极与阳极之间的电压可低一些。

3. 光电倍增管的使用特性

（1）光谱响应

光电倍增管由阴极接收入射光子的能量并将其转换为光子，其转换效率（阴极灵敏度）随入射光的波长而变。这种光阴极灵敏度与入射光波长之间的关系叫做光谱响应特性。图 8.4 给出了双碱光电倍增管（其光阴极材料为 Sb-Rb-

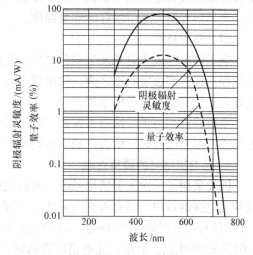

图 8.4　双碱光电倍增管的典型光谱响应曲线

Cs 和 Sb-K-Cs)的典型光谱响应曲线。

(2) 光照灵敏度

由于测量光电倍增管的光谱响应特性需要精密的测试系统和很长的时间，因此，要为用户提供每一支光电倍增管的光谱响应特性曲线是不现实的，所以，一般是为用户提供阴极和阳极的光照灵敏度。

阴极光照灵敏度，是指使用钨灯产生的 2856K 色温光测试的每单位通量入射光产生的阴极光电子电流。阳极光照灵敏度是每单位阴极上的入射光能量产生的阳极输出电流(即经过二次发射极倍增的输出电流)。

(3) 电流放大(增益)

光阴极发射出来的光电子被电场加速后撞击到第一倍增极上将产生二次电子发射，以便产生多于光电子数目的电子流，这些二次发射的电子流又被加速撞击到下一个倍增极，以产生又一次的二次电子发射，连续地重复这一过程，直到最末倍增极的二次电子发射被阳极收集，这样就达到了电流放大的目的。这时光电倍增管阴极产生的很小的光电子电流即被放大成较大的阳极输出电流。

(4) 阳极暗电流

光电倍增管在完全黑暗的环境下仍有微小的电流输出。这个微小的电流叫做阳极暗电流。它是决定光电倍增管对微弱光信号的检出能力的重要因素之一。

(5) 磁场影响

大多数光电倍增管会受到磁场的影响，磁场会使光电倍增管中的发射电子脱离预定轨道而造成增益损失。这种损失与光电倍增管的型号及其在磁场中的方向有关。

一般而言，从阴极到第一倍增极的距离越长，光电倍增管就越容易受到磁场的影响。因此，端窗型尤其是大口径的端窗型光电倍增管在使用中要特别注意这一点。

(6) 温度特点

降低光电倍增管的使用环境温度可以减少热电子发射，从而降低暗电流。另外，光电倍增管的灵敏度也会受到温度的影响。在紫外和可见光区，光电倍增管的温度系数为负值，到了长波截止波长附近则呈正值。由于在长波截止波长附近的温度系数很大，所以在一些应用中应当严格控制光电倍增管的环境温度。

(7) 滞后特性

当工作电压或入射光发生变化之后，光电倍增管会有一个几秒钟至几十秒钟的不稳定输出过程，在达到稳定状态之前，输出信号会出现一些微过脉冲或欠脉冲现象。这种滞后特性在分光光度测试中应予以重视。

滞后特性是由于二次电子偏离预定轨道和电极支撑架、玻壳等的静电荷引起的。当工作电压或入射光改变时，就会出现明显的滞后。

4. 光电倍增管的噪声性能

因为采用了二次发射倍增系统，所以光电倍增管在探测紫外、可见和近红外区的辐射能量的光电探测器中，具有极高的灵敏度和较低的噪声。另外，光电倍增管还具有响应速度快(输出信号上升时间小于 1ns)、高增益(大于 10^6)以及探测面积大(直径可达 20in，1in = 0.0254m)等优点。但是，光电倍增管的输出噪声限制了其对微弱光的检测，噪声类型主要有下列几种：

（1）散粒噪声

这种噪声来自光电子发射及倍增过程的随机起伏，通常把它称为"信号内部噪声"。

（2）暗电流噪声

暗电流是指将 PMT 置于完全黑暗的环境中，当外加工作电压时输出的电流。阴极的热电子发射是暗电流产生的主要因素，其次还有第一打拿极的热电子发射、阳极漏电流、场致发射等。暗电流噪声与温度密切相关，因此采用冷却阴极的制冷套或在阴极端附加磁场滤去热电子的办法可以降低暗电流噪声。

（3）离子噪声

PMT 内离子或反馈离子入射到光阴极，也同样要激发出光电子。另外，还有宇宙线也会引起光阴极的光电子发射，从而也会引起噪声。

经过测量，发现各种噪声脉冲与光电子信号脉冲幅度还是有差别的。大致可以分成三类：

1）噪声脉冲小于光信号脉冲：各级打拿极热电子发射。

2）噪声脉冲大于光信号脉冲：玻璃发射、反馈离子、宇宙线。

3）噪声脉冲等于光信号脉冲：光阴极热发射、反馈光子。

5. 光电倍增管的阳极波形

用光电倍增管监测微弱光时，若光微弱到其光子一个个地到达，则光电倍增管的输出将是一个个分离的电脉冲，假定光阴极的量子效率为 1，那么每个输出的电脉冲相当于一个光子入射到光阴极上，设每个倍增极约产生 4 个次级电子。

当一个光子在光阴极上产生一个电子时，经过逐级倍增，在阳极可得到大约 10^6 个电子。这些电子的总电荷量 $Q = 1.6 \times 10^{-13}$ C。因为它们是几乎全部同时到达阳极，对阳极输出电容 C_a 进行瞬时充电，所以在阳极输出一个电脉冲，如图 8.5 所示。

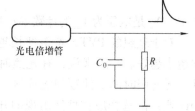

图 8.5　光电倍增管的阳极波形

阳极电容一般为 10 ~ 100pF，负载电阻 R 为 50Ω，阳极输出脉冲电压 $V_a = Q/C_a = 1 ~ 10$mV，脉冲宽度在 10 ~ 30ns。由此可见，如果已知光阴极在入射光波长上的量子效率，测得阳极输出的脉冲数，则可以用脉冲计数的方法来推算出入射光子流的强度。

然而，光电倍增管由于光阴极和倍增极的热电子发射，也会在阳极输出一个电脉冲，它与入射光的存在与否无关，所以称它为暗电流脉冲，即是光电倍增管中的热噪声。光阴极造成的热噪声脉冲与单光子脉冲幅度相同，而各倍增极造成的大量的热噪声脉冲幅度一般均小于单光子幅度。图 8.6 是这两种脉冲幅度的概率分布曲线。由此提供了一个去除噪声脉冲的简单方法，即将光电倍增管的输出脉冲通过一个幅度甄别器，调节甄别器阈值 h，使 $h > h_1$，则可以甄别掉大部分噪声脉冲，而对信号脉冲来说，损失却是很小的，从而可以大大提高监测信号的信噪比。

用于光子技术的光电倍增管要求光阴极的量子效率要高而稳，响应速度要快，管子热噪声要小，并且

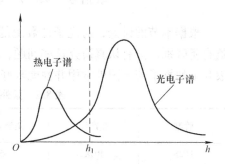

图 8.6　光电子脉冲与热电子脉冲
的幅度分布曲线

要求有明显的单光子峰。图 8.7 为光电倍增管阳极回路输出的脉冲计数随脉冲幅度大小的分布，它是选择光电倍增管的重要依据。若定义

$$峰谷比 = \frac{单光子峰的输出脉冲幅度}{谷点输出脉冲幅度} = \frac{E_P}{E_v}$$

$$分辨率 = \frac{单光子峰的半宽度}{单光子峰的输出脉冲幅度} = \frac{\Delta E}{E_P}$$

则峰谷比越大或分辨率越小的光电倍增管，越适合用作弱光检测。峰谷比与光电倍增管的工作温度有关，温度越低，峰谷比越大，通常要求光电倍增管处于低温下工作，以降低热噪声。

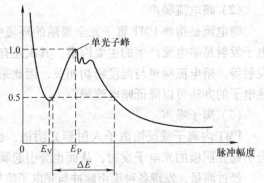

图 8.7　光电倍增管的脉冲幅度分布曲线

6. 光电倍增管的计数坪区

对同一 PMT 测量计数率和高压的关系，发现当增加电压时，计数率逐渐出现一个变化缓慢的坪区。同时，将 PMT 置于全黑暗状态，暗计数率也有所变化，一般随电压的增高而增高。设

$$坪长 = V_{a2} - V_{a1}$$

$$坪斜 = \frac{(N_2 - N_1)}{\bar{n}(V_{a2} - V_{a1})} \% / 100\text{V}$$

式中，N_2 是电压为 V_{a2} 的计数率；N_1 是电压为 V_{a1} 的计数率；$\bar{n}$ 为平均计数率。

对于理想的 PMT，希望坪长越宽、坪斜越小越好。一般来说，有光照时出现坪区，无光照时的暗计数却无坪区。所以对 PMT 高压的选择应在坪区出现的开始，如 V_{a1}，此时具有最大的 SNR；若电压选在 V_{a2}，此时坪区刚结束，SNR 最差。因此实际应用时应选择 V_{a1}。注意，由于图 8.8 的纵坐标计数率为对数刻度，故其最佳 SNR 的间隔为

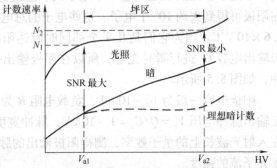

图 8.8　光电倍增管的计数坪区

$$\lg(信号 + 噪声) - \lg(噪声) = \lg\frac{S+N}{N} \approx \lg\frac{S}{N} = \lg\text{SNR}$$

根据本节的讨论，对光子计数用的 PMT 考虑其弱光检测的特点，它的使用将与 DC 测量有所区别，只有认真研究这些问题，才能正确发挥 PMT 的特性，而达到最佳条件的使用。表 8.1 列举了若干国外常用并性能较好的 PMT，小的暗计数正是我们所需要的。

表 8.1　国外较好的光子技术用 PMT 比较

管型	生产厂	阴极材料	阴极面积/mm²	截止波长/nm (0.1%QE)	暗计数(20℃)
1P28	RCA	S5	200(铜)	650	300
P650	RCA	Bialkali	1500	700	200
C31034	RCA	GaAs	4×10	920	50(−25℃)

（续）

管型	生产厂	阴极材料	阴极面积/mm²	截止波长/nm (0.1%QE)	暗计数(20℃)
C31034A	RCA	GaAs(高 QE)	4×10	920	50(-25℃)
FW-130-1	ITT	S20	$D = 0.014$in	860	5
FW-130-2	ITT	S20	0.4in × 0.04in	860	500
9789QA	EMI	Bialkali	80	650	2

8.2.2　雪崩光敏二极管[48]

雪崩光敏二极管（Avalanche photodiode，APD）是一种基于电离碰撞效应的光电检测器件，半导体材料吸收光子后产生的一对电子-空穴对在电场的加速下，在一定的条件下，被加速的电子和空穴获得足够的能量，不断地与晶格碰撞产生大量的新的电子-空穴对，如此反复形成雪崩倍增，从而形成较大的二次光电流，雪崩过程如图 8.9 所示。

用于单光子探测 APD 的两个最重要的特性是量子效率和暗计数率。量子效率与器件结构、工作波长及光吸收区材料有关，在 400 ～ 900nm 范围、盖革模式下，硅 APDs 可以达到 60% 的光子探测效率，暗计数低于 100 每秒。对于长波长范围，有报道用 InGaAs-InP APD 对 1550nm 的入射光子可以达到 10% 的光子探测效率和 50% 的量子效率。暗计数率起因于后脉冲记数、隧穿效应、散粒噪声及热噪声等，与 APD 两端偏压、温度、过剩噪声因子等因素有关。

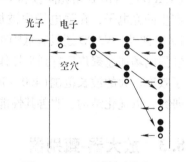

图 8.9　APD 雪崩探测原理

由于要使 APD 的灵敏度达到能探测单光子，其工作电压要高于雪崩击穿电压，这种工作模式称为盖革模式。在盖革模式下，任何光子的吸收都会产生自持雪崩，若不加以抑制将导致 APD 的损坏，所以需要抑制电路进行控制。早期有无源抑制和有源抑制电路，这种电路使 APD 处于高于雪崩电压的状态，对其寿命有不利影响，并且由后脉冲和散粒噪声导致的暗计数很多。后来又发展了门控模式，即让 APD 两端的电压低于雪崩电压，当光子要到达时向 APD 提供一个门脉冲电压，使其处于接收单光子状态，雪崩过后即将门关上，使 APD 两端电压恢复到低电压状态。门模式可以更有效地降低猝灭时间和减少恢复时间与暗计数，并且延长了 APD 的工作寿命。通过门控方式，使由于热激发而产生暗计数的概率大大降低，因此现在大多数单光子探测研究用的 APD 电路都用门控模式。但要保持门脉冲与光子到达同步，尤其是远距离传输时怎样使光子到达时门刚好打开，这是需要研究的一项课题。

全主动抑制电路是最近刚提出来的一个技术，其原理为用精确的时序开关控制电路雪崩猝灭与恢复过程，将雪崩信号反馈到 APD 加速其猝灭，而后将与 APD 串联的高阻切换为低电阻，从而达到快速充电恢复的目的。此方式使死时间缩短至 120ns，计数率达到 8MHz 以上。

对 APD 外围电路的改进另一方面是增加或改进制冷电路。由于 APD 对温度变化非常敏感，其雪崩电压、隧穿噪声、暗电流热噪声等都随着温度而变化，要使其稳定地工作必须将其放在恒定的温度下，为了减少噪声应尽量降低 APD 的工作温度，但温度的降低也导致灵敏度的下降，因此最好是根据管子特性选择合适的工作温度。最近出现的半导体帕尔贴电热制冷已取代传统的液氮制冷方式，能使 APD 工作在最佳工作温度下，取得了很好的效果。

APD 的内部制作工艺也在不断的改进中，相对于传统的线性倍增 APD，测量单光子用 APD 要考虑到光子信号离散的特点，改进器件以达到减小暗电流热噪声的目的，如采用表面平坦结构增大光敏面积，分离吸收和倍增区，改进掩膜和扩散技术对边缘弯曲部分的处理，在边缘增加安全环结构以降低边缘击穿可能性等都为减小暗计数率而考虑。

APD 的光谱响应范围很广，这是它的一大优点，其中 Si-APD 工作在 400 ~ 1100nm，Ge-APD 在 800 ~ 1550nm，InGaAs-APD 在 900 ~ 1700nm。尤其是在光纤传输损耗较小的红外波段 InGaAs-APD 有很大优势。APD 单光子探测器具有量子效率高、功耗低、工作频谱范围大、体积小、工作电压较低等优点，但同时也有增益低、受温度影响大，噪声大、记数率低、外围控制电路及热电制冷电路复杂等缺点，目前大量的研究集中在改进 APD 的制作工艺与外围电路两方面。

针对 PMT 和 APD 的特点，研究人员开发出了由两者结合而成的真空雪崩光敏二极管（VAPD）。VAPD 由光阴极和一个大光敏面积的 APD 封装在真空容器中。入射光照到光阴极产生的光电子，在强电场中被加速，与 APD 碰撞后产生大量电子-空穴对。两者增益可达 10^6，此外，VAPD 还具有低噪声和动态范围大的优点。增强光敏二极管（IPD）则是让光电子经强电场加速聚焦后打到半导体 PIN 结或肖特基二极管上而得到高的增益。IPD 具有高的量子效率、大的波长范围（400 ~ 700nm）及低噪声和高响应速度。对 VAPD 和 IPD 需要进一步研究，以优化结构、改善其性能、减小体积和提高性价比。

8.3 放大器-甄别器

8.3.1 放大器

放大器把光电倍增管阳极回路输出的光电子脉冲及其他的噪声脉冲线性放大，因而放大器的设计要有利于电子脉冲的形成和传输，要求具有足够的通频带宽，有较宽的线性动态范围及低噪声系数。放大器的带宽过窄将会使放大器输出脉冲展宽，从而影响计数准确性。

如果阳极脉冲电流幅度为 $8\mu A$，宽度为 20ns，前置放大器的输入阻抗为 50Ω，则前放输入端电压脉冲幅度为 0.4mV，脉冲宽度也为 20ns。假定该脉冲近似为矩形方波，该信号的带宽 $B = 50MHz$；如果 $t_w = 10ns$，则 $B = 100MHz$。因此前置放大器的通频带必须大于 100MHz。所以，与光电倍增管阳极输出相连的前置放大器应是低噪声宽带放大器。对这种放大器的要求通常是：带宽要达到 100 ~ 200MHz，上升及下降时间要求小于 3ns，非线性度优于 1%，以及具有良好的增益稳定性（< 0.1% /℃）。而放大器的放大倍数仅需 10 ~ 200 倍即可。

图 8.10 所示是一种用于光电倍增管的跟随器形式的前置放大器电路，称为怀特射

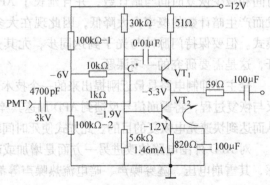

图 8.10 一种用于光电倍增管的跟随器
形式的前置放大器电路

极输出器。与一般跟随器比较，这种电路加入了 VT_2 放大级，所以它的传输系数更接近于 1。此外，VT_1、VT_2 可相应对正向和负向信号提供较大的输出电流，故对任意极性的信号都有较好的过渡特性。图中 C^* 为加速电容，正脉冲瞬间，VT_1 电流减小，通过电容的耦合，降低 VT_2 的 be 极电压，增加输出电流。同理，负脉冲瞬间，C^* 会减少输出电流。

8.3.2 甄别器

甄别器的作用是去除低幅度的噪声脉冲，降低光子计数器的背景计数率，提高检测结果的信噪比。甄别器具有第一甄别电平 V_1 和第二甄别电平 V_2，可实现只将阴极发射而形成的单光子脉冲和热电子脉冲转换为标准脉冲参加计数。V_1 和 V_2 根据光电倍增管的脉冲幅度分布曲线设定，分别抑制脉冲幅度低的暗噪声与脉冲幅度高的由宇宙射线和天电干扰等造成的外来干扰脉冲，经过甄别器鉴别的输出信号是一个幅度与宽度标准化的脉冲，最后通过计数器或定标器记录，可测得排除大部分噪声的信号光子数。

在性能完善的光子计数器中，常采用双阈值电平放大-甄别器。它有两个鉴别电平，故可用于三种工作方式：单电平工作方式、窗口工作方式和校正工作方式，见表 8.2。

表 8.2　双阈值电平鉴别器的不同工作方式

光电脉冲	脉冲幅度	输出计数脉冲数		
		单电平方式	窗口工作方式	校正工作方式
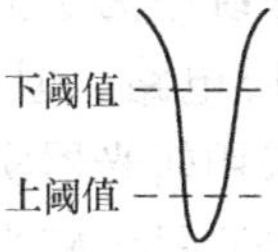 下阈值 上阈值	<下阈值	0	0	0
	{ >下阈值 <上阈值	1	1	1
	>上阈值	1	0	2

图 8.11 是经简化后的双阈值放大-甄别器框图。光电倍增管的输出脉冲信号经放大器放大，供上阈值和下阈值鉴别电路鉴别，鉴别置上阈值和下阈值电平调节。其工作过程如下：

（1）单电平工作方式

反符合电路只让下阈值鉴别器的输出通过。开关 S_3 置于 1 位置，计数器直接对反符合电路的输出进行计数。在光子速率较高时，用预置 ×10 的方式，S_1 合上，S_3 置于 2 位置时，鉴别器的输出已被除以 10。

（2）窗口工作方式

当信号越过第二鉴别电平时，上、下电平鉴别器均有输出，此时反符合电路无输出。信号在两鉴别电平之间，仅下电平鉴别器有输出，反符合电路也有输出。上述工作过程实际上等效于一个"异或门"的逻辑功能，其输出将开关 S_3 置于 1 位置可以直接进行计数，也可以通过 S_1 除以 10 后将 S_3 置于 2 位置进行计数（即预置 ×10）。

（3）校正工作方式

校正工作方式是考虑有脉冲堆积的情况时使用。当信号超过第二鉴别电平时，认为这是双光子现象，要求输出两个脉冲。在这种工作方式时，S_1、S_2 合上，S_3 置于 2 端。信号经两鉴别电平之间时，反符合电路有输出，经除以 10 后供计数，此时和上述两种工作方式相同。当信号超出第二鉴别电平时，上、下两鉴别器皆有输出，但反符合电路无输出，上阈值鉴别电路的输出通过 S_2 至求和电路，以除以 5 的倍率同样供计数器计数。这样它输出 5 个脉冲，就等效于下阈值鉴别器输出 10 个高脉冲。因为它少除以了一个 2 倍，其结果是一个高脉冲等于两个窗口内的脉冲，从而实现了校正的工作方式。

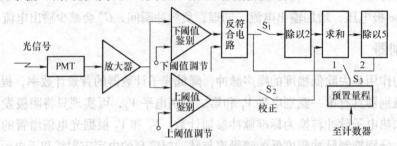

图 8.11　双阈值鉴别器框图

8.4　光子计数器的自动背景扣除测量法

在光子计数器中，在杂散光和热的激励下，光电倍增管的光阴极将产生鉴别器无法消除的暗计数，又称背景计数。如果信号计数的速率比背景计数的速率高得多，则背景计数可以忽略，此时可采用直接测量法、源补偿测量法或"倒数"测量法。但是，若背景计数相对于信号是比较大的情况，它将构成一个严重的误差源。因此，在有些光子计数系统中为了消除这一误差，而设置了具有扣除背景的检测功能(只要背景相对地保持恒定即可)电路。但是，背景计数率与多种因素有关，往往不是一个常数。为了更精确的测量，必须采用斩光器实时自动背景扣除法，这种工作方式和恒定背景扣除测量法类似，只是挡光和信号测量由斩光器交替进行，如图 8.12 所示。

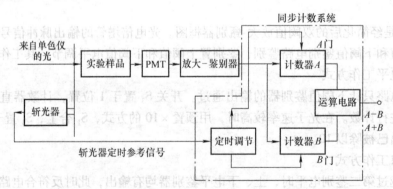

图 8.12　斩光器实时背景扣除测量法

其测量的过程可按以下程序进行：

斩光器用来接通或切断光束，并产生交替的"信号＋背景"和"背景"的计数率，输入到同步计数系统。斩光器还对计数器 A 和 B 提供选通信号。图 8.13 说明信号按选通的方式进入计数器 A 和计数器 B 的情况。在斩波器的周期 t_p 内，产生一次接通和一次切断，即开和关各一次。当斩光器处于"切断"状态时，它禁止光子信号输入光电倍增管，此时光电倍增管的所有输出脉冲都是噪声 N，由计数器 B 进行计数；当斩光器处于"接通"状态时，来自放大-鉴别器的信号脉冲和噪声脉冲之和($S+N$)，由计数器 A 进行计数。它们都有相同的选通取样时间 t_s，一般 $t_p > t_s$。积累在计数器 A 和计数器 B 中的数据经过运算电路可以分别得到($A-B$)、($A+B$)输出。其中

$$A - B = S + N - N' \approx S$$
$$A + B = S + N + N' = 总计数$$

(8.9)

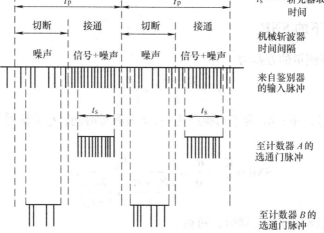

图 8.13　自动背景扣除的工作波形

对于泊松分布，标准偏差 $\sigma = \sqrt{Rt} = \sqrt{A+B}$。例如：

1）设测量时间 $t = 10\text{s}$，A 的计数为 10^6，B 的计数为 4.4×10^5，则 $A - B = 5.6 \times 10^5$，$\sigma = \sqrt{A+B} = 1.2 \times 10^3$，$\text{SNR} = \dfrac{A-B}{\sqrt{A+B}} = 467$，精度 $= \dfrac{1}{\text{SNR}} = 0.2\%$。

2）设测量时间 $t = 10\text{s}$，A 的计数为 10^6，B 的计数为 9.99×10^5，则 $SNR = 0.71$，精度 $\approx 141\%$。

从 1）、2）两个例子可以看出，当 A 和 B 两个计数相差无几时，可能出现的误差将增加，精度降低。

8.5　光子计数器的信噪比

关于光子计数器的信噪比，可以有两种情况：一是考虑量子效率 QE 的影响，二是斩波形式的数字锁相情况，现分别讨论。

8.5.1　量子效率和 SNR

n 个光子在时间 t 内打到 PMT 光阴极的概率服从泊松分布

$$P(n,\ t) = \frac{(Rt)^n \mathrm{e}^{-Rt}}{n!}$$

当量子效率为 QE 时，从光阴极发射的光电子的分布为

$$P_{光电子}(n,\ t) = \frac{(QERt)^n \mathrm{e}^{-QERt}}{n!} = \frac{N^n \mathrm{e}^{-N}}{n!} \qquad (8.10)$$

其中 $N = QERt$，其标准偏差为

$$\sigma = \sqrt{QERt} = \sqrt{N} \qquad (8.11)$$

信噪比为

$$\mathrm{SNR} = \frac{S}{N} = \sigma \qquad (8.12)$$

8.5.2 斩波条件下的 SNR

斩波情况下信号测量的方差为

$$\sigma^2 = \frac{R_S + R_N}{t_s} + \frac{R_N}{t - t_s} \qquad (8.13)$$

式中，R_S 为平均信号速率；R_N 为平均噪声速率；t 为测量时间；t_s 为信号作用时间（参看图 8.13）。

$$\mathrm{SNR} = \frac{R_S}{R_N} = \frac{R_S}{\sigma} = \frac{R_S}{\left(\dfrac{R_S + R_N}{t_s} + \dfrac{R_N}{t - t_s} \right)^{1/2}} \qquad (8.14)$$

设 t 不变，将式(8.14)对 t_s 微分，可得

$$\mathrm{SNR} = \frac{R_S \sqrt{t/2}}{\sqrt{R_S + 2R_N}} \qquad (8.15)$$

这说明在斩波方式的数字技术中，并不存在零点漂移的影响，原则上可根据信号本身的噪声来确定测量精度，而不受检测器和信号处理系统的限制。

思考题与习题

1. 单光子探测技术与模拟光检测技术相比有何优点？
2. 提高光子计数器的计数准确性的关键因素是什么？
3. 试说明光子计数原理框图中各组成部分的作用。
4. 光电倍增管的噪声有哪些？怎样减小或消除这些噪声？
5. 怎样通过脉冲计数的方法推算出入射光子流的强度？
6. 对光电倍增管的放大器电路性能有何要求？
7. 简述双阈值鉴别器的工作原理。
8. 简述自动背景扣除测量法的工作原理。

参 考 文 献

[1] 高晋占. 微弱信号检测[M]. 2版. 北京：清华大学出版社，2011.

[2] 唐鸿宾. 微弱信号检测[M]. 南京：南京大学微弱信号检测中心，2008.

[3] 曾庆勇. 微弱信号检测[M]. 2版. 杭州：浙江大学出版社，1994.

[4] 陈佳圭. 微弱信号检测[M]. 北京：中央广播电视大学出版社，1987.

[5] 戴逸松. 微弱信号检测方法及仪器[M]. 北京：国防工业出版社，1994.

[6] 南京大学信息物理系. 弱信号检测技术[M]. 北京：高等教育出版社，1991.

[7] 聂春燕. 混沌系统与弱信号检测[M]. 北京：清华大学出版社，2009.

[8] 李月，杨宝俊. 混沌振子系统(L-Y)与检测[M]. 北京：科学出版社，2007.

[9] 李月，杨宝俊. 混沌振子检测引论[M]. 北京：电子工业出版社，2004.

[10] 胡茑庆. 随机共振微弱特征信号检测理论与方法[M]. 北京：国防工业出版社，2012.

[11] Meyer Y. Wavelets Algorithms and Applications[M]. Society for Industrial and Applied Mathematics，1993.

[12] Newland D E. Harmonic Wavelet Analysis[J]. Proc R SocLond：A，1993，443：203-225.

[13] Newland D E. Ridge and Phase Identification in the Frequency Analysis of：Transient Signals by Harmonic Wavelets[J]. Journal of Vibration and Acoustics：Transactions of the ASME，1999，121(2)：149-155.

[14] 李舜酪，等. 微弱振动信号的谐波小波频域提取[J]. 西安交通大学学报，2004，38(1)：51-55.

[15] Mallat S，Zhang Z. Matching Pursuits with Time-frequency. Dictionaries[J]. IEEE Transactions of Signal Processing，1993，41：3397-3415.

[16] Wim C. van Etten. Introduction to Random Signals and Noise[M]. N J：John Wiley & Sons，Ltd，2005.

[17] 景占荣，羊彦. 信号检测与估计[M]. 北京：化学工业出版社，2004.

[18] 梁红，张效民. 信号检测与估值[M]. 西安：西北工业大学出版社，2011.

[19] 赵树杰，赵建勋. 信号检测与估计理论[M]. 北京：清华大学出版社，2005.

[20] 齐国清. 信号检测与估计-原理及应用[M]. 北京：电子工业出版社，2010.

[21] 段凤增. 信号检测理论[M]. 2版. 哈尔滨：哈尔滨工业大学出版社，2002.

[22] 周求湛，胡封晔，张利平. 弱信号检测与估计[M]. 北京：北京航空航天大学出版社，2007.

[23] Motchenbacher C D，菲特钦 F C. 低噪声电子设计[M]. 龙忠琪，译. 北京：国防工业出版社，1977.

[24] 方志豪. 晶体管低噪声电路[M]. 北京：科学出版社，1984.

[25] 唐鸿宾. 现代模拟电路实验[M]. 南京：南京大学出版社，2009.

[26] Bruce Carter，Ron Mancini. 运算放大器权威指南[M]. 3版. 姚剑青，译. 北京：人民邮电出版社，2010.

[27] Art Key. 运算放大器噪声优化手册[M]. 杨立敬，译. 北京：人民邮电出版社，2013.

[28] 赛尔吉·欧佛朗哥. 基于运算放大器和模拟集成电路的电路设计[M]. 3版. 刘树棠，等译. 西安：西安交通大学出版社，2009.

[29] 黄争，李琰. 运算放大器应用手册-基础知识篇[M]. 北京：电子工业出版社，2010.

[30] Texas Instruments. Auto-zero Amplifiers ease the Design of High-precision circuits[EB]. Literature：SLYT204，2005.

[31] Texas Instruments. Noise Analysis in Operational Amplifier Circuits[EB]. Application Report：SL-VA043B，2007.

[32] Texas Instruments. Calculating Noise Figure in OP Amps[EB]. SLYT094，2003.

[33] Analog Devices. Op Amp Total Output Noise Calculations for Single-Pole System[EB]. Tutorial：MT-049，2008.

[34] Analog Devices. Op Amp Total Output Noise Calculations for Second-Order System[EB]. Tutorial：MT-050，2009.

[35] R. Jacob Baker. CMOS：Circuit Design, Layout, and Simulation[M]. 3rd ed. New York：IEEE Press and Wiley and Sons Press, 2010.

[36] Ott H. W. Noise Reduction Techniques in Electronics Systems[M]. 2nd ed. John Wiley and Sons Press, 1988.

[37] 何兆湘. 光电信号处理[M]. 武汉：华中科技大学出版社，2008.

[38] Walt Kester. ADC 噪声系数——一个经常被误解的参数[EB]. Analog Devices Tutorial：MT-006，2009.

[39] 唐鸿宾. 微弱信号检测实验/现代模拟电路实验研讨班教材[M]. 南京：南京大学微弱信号检测中心，2008.

[40] 唐鸿宾. 微弱信号检测实验指导书：第一分册[M]. 南京：南京大学微弱信号检测中心，2008.

[41] 唐鸿宾. 微弱信号检测实验指导书：第二分册[M]. 南京：南京大学微弱信号检测中心，2008.

[42] 孙志斌，陈佳圭. 锁相放大器的新进展[J]. 物理，35(6)：879-884.

[43] 翁尧钧. 微弱信号检测讲座——第七讲：信号平均[J]. 物理，19(9)：553-559.

[44] 中国科学院物理研究所微弱信号检测小组. 取样积分器——一种检测微弱信号的手段[J]. 物理，8(2)：154-160.

[45] 罗鹏飞. 统计信号处理[M]. 北京：电子工业出版社，2009.

[46] Steven M. Kay. 统计信号处理基础——估计与检测理论[M]. 罗鹏飞，等译. 北京：电子工业出版社，2006.

[47] Thomas Schonhoff, Arthur A. Giordano. Detection and Estimation Theory and Its Application(影印版)[M]. 北京：电子工业出版社，2007.

[48] 张雪皎，万钧力. 单光子探测器件的发展与应用[J]. 激光杂志，28(5)：13-15.

[49] 陆大金. 随机过程及其应用[M]. 北京：清华大学出版社，1986.

[50] 张肃文，陆兆熊. 高频电子线路[M]. 3 版. 北京：高等教育出版社，1993.

[51] 曾周末，万柏坤. 动态数据建模与处理[M]. 天津：天津大学出版社，2005.

[52] 许嘉林，卢艳娥，丁子明. ADC 信噪比的分析及高速高分辨率 ADC 电路的实现[J]. 电子技术应用，2004(4)：64-67.